客运专线铁路物资管理手册

虞　纯　编著

中国铁道出版社

2012年·北京

内 容 简 介

客运专线的高标准建设，促进了大量新型材料的应用，本书深入系统地介绍了铁路客运专线建设中涉及的各种新型材料，包括高性能混凝土、桥涵、隧道、轨道、路基以及综合接地等工程中的绝大多数材料，从材料的性能特点、技术标准、检验验收和施工管理要点等方面进行了详细阐述，重点突出了这些材料的新特点和新工艺，适合广大客运专线建设参与者参考使用。

图书在版编目(CIP)数据

客运专线铁路物资管理手册/虞纯编著．—北京：中国铁道出版社，2008．9(2012．1 重印)

ISBN 978-7-113-07879-9

Ⅰ．客…　Ⅱ．虞…　Ⅲ．旅客运输 - 铁路线路 - 铁路工程 - 物资管理 - 手册　Ⅳ．U21 - 62

中国版本图书馆 CIP 数据核字(2008)第 139716 号

书　　名： 客运专线铁路物资管理手册

作　　者： 虞　纯　编著

责任编辑： 许士杰　　**电话：**(010) 51873065　**电子信箱：** syxu99@163.com

封面设计： 马　利

责任校对： 张玉华

责任印制： 李　佳

出版发行： 中国铁道出版社(100054，北京市宣武区右安门西街 8 号)

网　　址： http://www.tdpress.com

印　　刷： 三河市兴达印务有限公司

版　　次： 2008 年 10 月第 1 版　2012 年 1 月第 2 次印刷

开　　本： 787 mm×1 092 mm　1/16　印张：14.25　字数：332 千

印　　数： 3 001～4 000 册

书　　号： ISBN 978-7-113-07879-9

定　　价： 30.00 元

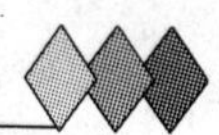

目　录

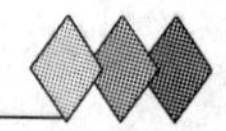

第一章　高性能混凝土原材料

一、水　　泥

（一）规范要求

（1）客运专线铁路应选用硅酸盐水泥、普通硅酸盐水泥。在有充分实践经验证明可行的情况下，大体积混凝土也可选用矿渣硅酸盐水泥。水泥的混合材宜为粉煤灰或矿渣。有耐硫酸盐侵蚀要求的混凝土也可选用中级抗硫酸盐硅酸盐水泥或高级抗硫酸盐硅酸盐水泥。

（2）水泥的技术要求除应满足国家标准 GB 175—2007 的有关规定外，还应满足表 1—1 的规定。

表 1—1　水泥的技术要求

序号	项　　目	技　术　要　求	备　　注
1	比表面积	≤350 m^2/kg（硅酸盐水泥、抗硫酸盐硅酸盐水泥）	按《水泥比表面积测定方法（勃氏法）》（GB/T 8074）检验
2	80 μm 方孔筛筛余	≤10.0%（普通硅酸盐水泥）	按《水泥细度检验方法（80 μm 筛筛析法）》（GB/T 1345）检验
3	游离氧化钙含量	≤1.0%	按《水泥化学分析方法》（GB/T 176）检验
4	碱含量	≤0.80%	
5	熟料中的 C_3A 含量	非氯盐环境下≤8%，氯盐环境下≤10%	按《水泥化学分析方法》（GB/T 176）检验后计算求得
6	Cl^- 含量	≤0.20%（钢筋混凝土） ≤0.06%（预应力混凝土）	按《水泥原料中氯的化学分析方法》（JC/T 420）检验

注：1. 当骨料具有碱—硅酸反应活性时，水泥的碱含量不应超过 0.60%；
2. C40 及以上混凝土用水泥的碱含量不宜超过 0.60%。

（二）客运专线铁路水泥用材与常用材料的主要区别

（1）使用低碱水泥的碱含量不大于 0.6%（碱含量以 $Na_2O+0.658K_2O$ 计算值表示）；

（2）只允许使用立窑生产的水泥，且 f-CaO≤1.0%；

（3）熟料的 C_3A 含量非氯盐环境下不大于 8%，氯盐环境下不大于 10%。

（三）施工中常见质量问题

（1）碱含量超标。由于生产厂家所处的地理位置差异，水泥熟料碱含量较难控制。厂家常常通过调整粉煤灰等低碱材料含量来控制碱含量，这时一定要注意水泥强度会因此而损失一部分。

（2）水泥入罐温度过高。这是由于水泥厂把新出厂的水泥直接交付工地使用造成的，发现这种现象应该立即制止，水泥出厂后须存放 10 d 左右方可使用，让残留的 f-CaO 彻底消解，才能保证水泥的安定性。

(四)管理要点

(1)凡是氧化镁、三氧化硫、初凝时间、安定性中任何一项不符合标准要求的为废品;凡是细度、终凝时间不符合标准,混合材料掺加量超标、强度低于相应的等级指标以及包装不规范的为不合格品。

(2)水泥出厂必须随车带合格证和3 d强度报告,28 d强度报告在32 d内交使用单位。

(3)罐装水泥运输车到现场后,出厂铅封应该完好;有条件的工地要计重验收,卸车后检查是否卸净,看罐车压力表是否为零及拆下的泵管是否有水泥。

(4)为了防止水泥结块,散装水泥仓应该有破拱、除尘功能。

(5)注意新的水泥标准 GB 175—2007 的主要内容变化:取消了水泥的两个低标号:32.5 和 32.5R,强制淘汰了立窑等落后的生产设备。

将原版中要求普通硅酸盐水泥中"掺活性混合材料时,最大掺量不超过15%,其中允许用不超过水泥质量5%的窑灰或不超过水泥质量10%的非活性混合材料来代替"改为现在的"活性混合材料掺加量大于5%且不超过20%,其中允许用不超过水泥质量8%的非活性混合材料或不超过水泥质量5%的窑灰代替"。

将火山灰质硅酸盐水泥中火山灰质混合材料掺量由"20% ~50%"改为"大于20%且不超过40%"。

将复合硅酸盐水泥中混合材料总掺加量由"应大于15%,但不超过50%"改为"大于20%且不超过50%";助磨剂允许掺量由"不超过水泥质量的1%"改为"不超过水泥质量的0.5%"。

新标准还在交货与验收中增加了"安定性仲裁检验时,应在取样之日起10 d以内完成",以及包装标志中将"且应不少于标志质量的98%"改为"且应不少于标志质量的99%"等方面对水泥企业服务管理方面提出更严格的要求。

新标准对水泥出厂合格证也提出了明确的规定,具体内容见第八章《通用硅酸盐水泥新标准摘要》(GB 175—2007)。

二、粉 煤 灰

粉煤灰是火山灰质混合材料中的铝硅玻璃质材料,是从电厂煤粉炉烟道气体中收集的粉末,呈玻璃态球状颗粒。粉煤灰的活性主要决定于玻璃体的含量,主要成分是活性氧化硅和活性氧化铝。

(一)客运专线对粉煤灰的技术要求(表1—2)

表1—2 粉煤灰技术要求

序号	项 目	技 术 要 求		备 注
		C50以下混凝土	C50及以上混凝土	
1	细度(%)	≤20	≤12	按《用于水泥和混凝土中的粉煤灰》(GB/T 1596)检验
2	Cl^-含量(%)	不宜大于0.02		按《水泥原料中氯的化学分析方法》(JC/T 420)检验
3	需水量比(%)	≤105	≤100	按《用于水泥和混凝土中的粉煤灰》(GB/T 1596)检验

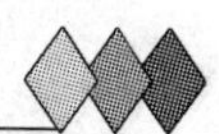

续上表

序号	项 目	技术要求		备 注
		C50 以下混凝土	C50 及以上混凝土	
4	烧失量(%)	≤5.0	≤3.0	按《水泥化学分析方法》(GB/T 176)检验
5	含水率(%)	≤1.0(对于排灰而言)		按《用于水泥和混凝土中的粉煤灰》(GB/T 1596)检验
6	SO_3 含量(%)	≤3		按《水泥化学分析方法》(GB/T 176)检验

注:当烧失量指标达不到表中要求时,在其他指标符合表中要求的情况下,经试验证明能满足混凝土耐久性要求时,烧失量指标可适当放宽,但用于 C50 以下混凝土时,不得大于 8%,用于 C50 及以上混凝土时,不得大于 5%。

(二)客运专线规范与国标的区别

(1)GB/T 1596—2005 技术参数见表 1—3。

表 1—3 GB/T 1596—2005 技术参数

序号	项 目	技术要求		
		一级灰	二级灰	三级灰
1	细度(%)	≤12	≤25	≤45
2	需水量比(%)	≤95	≤105	≤115
3	烧失量(%)	≤5.0	≤8.0	≤15.0
4	游离氧化钙(%)	F 类粉煤灰≤1.0; C 类粉煤灰≤4.0		
5	含水率(%)	≤1.0		
6	SO_3 含量(%)	≤3		
7	体积安定性	C 类粉煤灰≤5.0 mm		

(2)注意用于客运专线 C50 以下混凝土、C50 以上混凝土的粉煤灰与 GB/T 1596—2005 中一级灰、二级灰的参数差别,特别是细度、烧失量、需水量比的区别,不能简单地认为客运专线用于 C50 以上混凝土的粉煤灰就是一级灰,用于 C50 以下混凝土的粉煤灰就是二级灰。

(三)施工中常见质量问题

(1)细度不合格。用静电收尘法的产量很低,厂家为了增加产量,经常会出现细度超标的现象,要求现场加大抽检频次。细度值越小,需水量越小。但是,粉煤灰的品质,应该首先关注烧失量和需水量比,细度不能作为评价粉煤灰质量的惟一标准。

(2)烧失量超标。粉煤灰中的未燃碳是有害成分,烧失量越大,含碳量越高,混凝土的需水量就越大,从而导致水胶比提高,严重影响了粉煤灰效用的充分发挥,同时粉煤灰烧失量过高会严重影响对混凝土中含气量的控制。

粉煤灰的含碳量与锅炉性质和燃烧技术有关;同一台设备生产的粉煤灰,其烧失量的大小与煤的品种及产地有关,电厂使用煤的产地,粉煤灰加工厂是很难控制的,所以在采购粉煤灰时应该确认电厂主要煤产地,以便适时掌握烧失量的变化。一般情况下,用同一产地的煤生产的粉煤灰,表观颜色越深,烧失量越大。

(3)混凝土含气量变化。粉煤灰质量出现波动时,会导致混凝土含气量超标。粉煤灰的烧失量对混凝土的含气量影响很大,所以抗冻混凝土要尽量降低粉煤灰的烧失量。

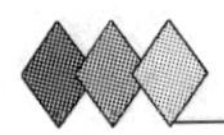

(4)自燃煤矸石粉。在南方,火力发电厂较少,粉煤灰资源匮乏,价格甚至高于水泥,一些不法供应商利用煤渣和煤矸石灰渣等材料自燃并磨细后冒充粉煤灰,这种产品从细度和烧失量等指标上和粉煤灰没有什么差别,但是在显微镜下基本上看不见粉煤灰的核心物质——玻璃体,其火山灰活性极其有限。防止假粉煤灰出现,必须从源头上进行监控,即检查生产原料是不是火力电厂的产品以及粉煤灰生产厂家是否有必要的分选设备。

(5)使用湿排灰和陈灰。湿排灰在排放过程中加入了一定量的水,含水率大于3%;陈灰是指露天存放的粉煤灰,含水率很高。湿排灰和陈灰使用价值不高,在客运专线上应该禁止直接使用。

(四)管理要点

(1)粉煤灰活性选择。高钙灰(CaO 含量大于10%)活性大于低钙灰(CaO 含量小于10%),干排灰活性大于湿排灰,通常高钙粉煤灰的颜色偏黄,低钙粉煤灰的颜色偏灰。

(2)罐装车到现场后,应该有完好的铅封,有出厂检测报告原件和合格证。

(3)粉煤灰细度检测比较简单,现场实验室应该对每车粉煤灰的细度进行检测,细度合格后才能打入灰罐;烧失量检测时间相对较长,但是由于烧失量指标的重要性,应该根据不同的条件加大定期或定量检测的频次。

(4)粉煤灰取样不能仅从罐车料口处抽取,应该设法从罐车中部取样(可以采用类似洛阳铲的工具取样)。

(5)规模生产的粉煤灰加工厂应该有在线监测系统。微波仪可以加监测粉煤灰的含碳量,激发散射仪可以测定粉煤灰的细度。

(6)电厂的电收尘器一般分为三级电场,也有的分为四级。烧失量大小为:一级电场 > 二级电场 > 三级电场 > 四级电场。对于采用四级电场电收尘器的合格粉煤灰加工厂,四级电场的粉煤灰质量最好,相当于一级灰以上标准,适合于 C50 及以上高性能混凝土,三级电场的粉煤灰相当于二级灰,适用于 C50 以下的混凝土。

(7)GB/T 18736 对粉煤灰活性指数提出了要求,Ⅰ级粉煤灰 7 d 和 28 d 胶砂的活性指数分别为 80% 和 90%;Ⅱ级粉煤灰 7 d 和 28 d 胶砂的活性指数分别为 75% 和 85%。

(五)粉煤灰的加工

1. 细度的提高

(1)粉磨。粉磨可以明显改善粉煤灰的性能,但是通常的球磨机很难获得微米级的颗粒,需要使用气流磨或振动磨,加工成本比较大。

(2)筛分。筛分可以改善粉煤灰的烧失量,但是利用率太低。

(3)空气分级。利用空气动力对粉煤灰颗粒进行分级,这种方法不利于分离含碳量高的部分,无法控制烧失量指标。

粉煤灰分选设备见图 1—1。

图 1—1　粉煤灰分选设备

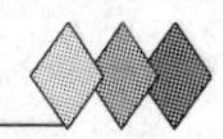

2. 烧失量的控制

我国大部分电厂粉煤灰的烧失量在10%左右,基本上不能直接应用在客运专线的高性能混凝土中,必须除去部分未燃碳,常用的办法有:

(1)筛分。未燃碳主要集中在粗颗粒中,筛去较粗颗粒可以明显降低粉煤灰的含碳量,但是筛选的利用率低。

(2)静电分离。让粉煤灰颗粒呈飘浮状态通过两块平行的板状电极之间,这种方法操作简单,实际效果很好。

(3)燃烧。最直接地降低含碳量的办法就是将粉煤灰中未燃碳通过流化床燃烧工艺烧尽。

三、矿　　粉

矿渣是在炼铁炉中浮于铁水表面的熔渣,排出时用水急冷,得到水淬粒化高炉矿渣。磨细矿渣是将这种粒状高炉水淬渣干燥,再采用专门的粉磨工艺磨至规定细度,在混凝土配制时掺入的一种矿物外加剂,其活性较粉煤灰高,主要成分是 SiO_2,在显微镜下呈光滑的非结晶球形颗粒。

1. 客运专线S95级磨细矿渣粉的技术要求(表1—4)

表 1—4

序号	名　称	技术要求	备　注
1	MgO含量(%)	≤14	按《水泥化学分析方法》(GB/T 176)检验
2	SO_3含量(%)	≤4	
3	烧失量(%)	≤3	
4	Cl^-含量(%)	不宜大于0.02	按《水泥原料中氯的化学分析方法》(JC/T 420)检验
5	比表面积(m^2/kg)	350~500	按《水泥比表面积测定方法(勃氏法)》(GB/T 8074)检验
6	需水量比(%)	≤100	按《高强高性能混凝土用矿物外加剂》(GB/T 18736)检验
7	含水率(%)	≤1.0	按《用于水泥和混凝土中的粒化高炉矿渣粉》(GB/T 18046)检验
8	活性指数(%),28 d	≥95	按《用于水泥和混凝土中的粒化高炉矿渣粉》(GB/T 18046)检验

2. 矿粉的技术等级(GB/T 18046—2000)(表1—5)

表 1—5

级别	密度(g/cm^3)	比表面积(m^2/kg)	活性指数(%)≥		流动度比(%)	含水量(%)	三氧化硫(%)	氯离子(%)	烧失量(%)
			7 d	28 d					
S105	≥2.8	≥350	95	105	≥85	<1.0	<4.0	<0.02	<3.0
S95			75	95	≥90				
S75			55	75	≥95				

3. 施工中常见的质量问题

(1)细度超标。矿粉细度较低时,随着掺量的增大,泌水性增大;矿粉对混凝土的干缩影响不大，但超细矿粉（比表面积 >500 m^2/kg）会增加混凝土的收缩开裂。比表面积应控制在 350 ~ 500 m^2/kg 范围内。

（2）活性指数不够。如果试件 7 天强度低于设计强度的 75%，基本上可以断定矿粉活性指数不够，要警惕供应商用低标号矿粉冒充高标号矿粉。

4. 管理要点

（1）考察原料来源，矿粉原料是钢厂粒化高炉矿渣，是钢厂的副产品，加工厂一般设在钢厂附近，应该有稳定的优质原料来源。粒化高炉矿渣见图 1—2。

（2）粉磨设备。立磨投资规模大，产量高，能耗相对经济；振动磨产量低，只能作为辅助生产设备；目前使用较多的是中小水泥厂转产的球磨机，投资小，但生产能耗较高，单位成本明显高于立磨产品。

（3）罐装车运输到现场后，应该有完好的铅封，有出厂检测报告原件和合格证。

（4）矿粉取样不能仅从罐车料口处抽取，应该设法从罐车中部取样（可以采用类似洛阳铲的工具取样）。

（5）应该加大 3 d、7 d 活性指数检验力度，从而及时推断 28 d 活性指数是否合格。

粒化高炉矿渣见图 1 - 2。

图 1—2 粒化高炉矿渣

四、硅　灰

硅灰是铁合金厂在用电弧炉冶炼硅铁合金或金属硅时，从烟气净化装置中回收的工业烟尘，在袋滤器中收集。硅灰具有极高的活性。

1. 客运专线硅灰的技术要求（表 1—6）

表 1—6　客运专线硅灰技术要求

序号	名　称	技 术 要 求	备　注
1	烧失量（%）	≤6	按《水泥化学分析方法》（GB/T 176）检验
2	Cl^- 含量（%）	不宜大于 0.02	按《水泥原料中氯的化学分析方法》（JC/T 420）检验
3	SiO_2 含量（%）	≥85	按《高强高性能混凝土用矿物外加剂》（GB/T 18736）检验
4	比表面积（m^2/kg）	≥18000	
5	需水量比（%）	≤125	

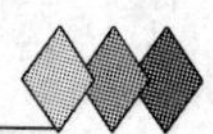

续上表

序号	名　称		技 术 要 求	备　注
6	含水率(%)		≤3.0	按《水泥化学分析方法》(GB/T 176)检验
7	活性指数(%)	28 d	≥85	按《高强高性能混凝土用矿物外加剂》(GB/T 18736)检验

2. 施工现场常见的质量问题

(1)温度变形。硅灰的高活性使混凝土温升提前,对混凝土早期开裂有促进作用。

(2)水泥浆变稠。硅灰的需水量比较大,若掺量过大,水泥浆就会变得十分黏稠,不利于施工。

(3)混凝土自收缩。硅灰的高活性和大比表面积促进了混凝土自收缩的发生,导致早期收缩过大的问题。

3. 管理要点

(1)硅灰因为实际应用中存在以上质量问题,所以在客运专线上须谨慎使用。

(2)硅灰的价格较粉煤灰和矿粉昂贵,一般工程上较少使用,多用于有特殊要求的建筑。

五、细 骨 料

1. 客运专线技术指标

(1)细骨料应选用级配合理、质地均匀坚固、吸水率低、空隙率小的洁净天然河砂,也可选用采用专门磨机机组生产的人工砂。不宜使用山砂。在不具备可靠冲洗条件的情况下,不得使用海砂。

(2)细骨料的颗粒级配(累计筛余百分率)应满足表1—7的规定。

表1—7　细骨料的累计筛余百分率(%)

级配区 筛孔尺寸(mm)	Ⅰ区	Ⅱ区	Ⅲ区
10.0	0	0	0
5.00	10~0	10~0	10~0
2.50	35~5	25~0	15~0
1.25	65~35	50~10	25~0
0.63	85~71	70~41	40~16
0.315	95~80	92~70	85~55
0.160	100~90	100~90	100~90

除5.00 mm和0.63 mm筛档外,细骨料的实际颗粒级配与上表中所列的累计筛余百分率相比允许稍有超出分界线,但其总量不应大于5%。

(3)细骨料的粗细程度按细度模数分为粗、中、细3种规格,其细度模数分别为:

粗砂　3.7~3.1

中砂　3.0~2.3

细砂　　2.2～1.6

配制混凝土时宜优先选用中砂。当采用粗砂时，应提高砂率，并保持足够的水泥用量，以满足混凝土的和易性；当采用细砂时，宜适当降低砂率。

当所用细骨料的颗粒级配不符合上表的要求时，应采取经试验证明能确保工程质量的技术措施后，方允许使用。

(4)细骨料的吸水率应不大于2%，细骨料的坚固性用硫酸钠溶液循环浸泡法检验，经5次循环后试样的质量损失率应不超过8%。

(5)采用天然砂配制混凝土时，砂的有害物质的含量应符合表1—8的规定。

如发现砂中含有颗粒状的硫酸盐或硫化物杂质时，应进行专门检验，确认其能满足混凝土的耐久性要求时方能采用。

表1—8　砂中有害物质含量限值

项　　目	质　量　指　标		
	<C30	C30～C45	≥C50
含泥量(%)	≤3.0	≤2.5	≤2.0
泥块含量(%)	≤0.5		
云母含量(%)	≤0.5		
	≤0.5		
轻物质含量(%)	≤0.5		
硫化物及硫酸盐含量(折算成 SO_3)(%)	≤0.5		
有机物含量(用比色法试验)	颜色不应深于标准色，如深于标准色，则应按水泥胶砂强度试验方法，进行强度对比试验，抗压强度比不应低于0.95		

(6)细骨料的应采用砂浆棒法检验其碱活性，且砂浆棒的膨胀率应小于0.10%，否则应采取抑制碱—骨料反应的技术措施。

(7)人工砂或混合砂的压碎指标值应小于25%。经亚甲蓝试验判定后，人工砂或混合砂的石粉含量应符合表1—9的规定。

表1—9　人工砂或混合砂中石粉含量限值

混凝土强度等级		<C30	C30～C45	≥C50
石粉含量(%)	MB<1.40	≤10	≤7	≤5
	MB≥1.40	≤5.0	≤3.0	≤2.0

2. 施工中常见的质量问题

(1)含泥量超标。含泥量大小与河流流域的地理特征有关，对于含泥量较大的河流，在采砂过程应该增加水洗设备(螺旋洗砂机和轮式洗砂机)，水洗后仍然不达标的，必须增加设备进行二次水洗。

(2)细度不合格。河砂在一条河流中一般是有规律分布的，上游是粗砂，下游是细砂，中游才是客专大量使用的中砂。施工前要对砂场认真考察，合格的料源要固定使用，不能随意更换砂场。

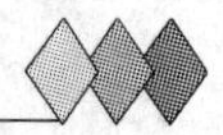

(3)山砂替代。山砂由于含泥量大,有机物杂质多,颗粒粗糙,不能在客专上直接使用。

(4)海砂替代。海砂中含贝壳和盐类有害杂质,氯离子含量高,客专一般不宜采用;预应力钢筋混凝土禁止使用。

3. 管理要点

(1)合格的砂场要固定使用,随意更换砂场会影响外加剂的适应性,混凝土性能就会发生变化。要采取签字卡、三联单等措施保证砂子从砂场到工地之间不会出现掉包现象。

(2)根据工地的条件,宜采用计重验收,但要扣除适当的含水量,含水量由试验室事先根据砂子不同的表观湿度测定;采用验方收料时,应该有两名材料员进行换手验方。

(3)砂子在运输过程和卸载堆积后要进行覆盖,防止发生污染和雨水直接淋湿。

(4)机械作业过程中,注意在装卸不同规格材料时,应该清空机械料斗;清理料场积尘时,不能把积尘混入料堆或拌和站上料斗。

(5)冬季施工(5 ℃以下)时要加强保温措施,设立保温棚,用暖气或蒸汽加温。

六、粗 骨 料

1. 客运专线技术要求

(1)粗骨料应选用级配合理、粒形良好、质地均匀坚固、线膨胀系数小的洁净碎石,也可采用碎卵石,不宜采用砂岩碎石。

(2)粗骨料的最大公称粒径不宜超过钢筋混凝土保护层厚度的2/3,且不得超过钢筋最小间距的3/4。配制强度等级C50及以上预应力混凝土时,粗骨料最大公称粒径(圆孔)不应大于25 mm。

(3)粗骨料应采用二级或多级级配,其松散堆积密度应大于1 500 kg/m^3,紧密空隙率宜小于40%,吸水率应小于2%(用于干湿交替或冻融环境条件下的混凝土应小于1%)。

(4)当粗骨料为碎石时,碎石的强度用岩石抗压强度表示,且岩石抗压强度与混凝土强度等级之比不小于1.5。施工过程中碎石的强度可用压碎指标值进行控制,且应符合下表的规定。若粗骨料为卵石,卵石的强度用压碎指标值表示,且应符合表1—10的规定。

表1—10　粗骨料的压碎指标值(%)

混凝土强度等级	<C30			≥C30		
岩石种类	水成岩	变质岩或深成的火成岩	火成岩	水成岩	变质岩或深成的火成岩	火成岩
碎　石	≤16	≤20	≤30	≤10	≤12	≤13
卵　石	≤16			≤12		

注:水成岩包括石灰岩、砂岩等;变质岩包括片麻岩、石英岩等;深成的火成岩包括花岗岩、正长岩、闪长岩和橄榄岩等;喷出的火成岩包括玄武岩和辉绿岩等。

(5)粗骨料的坚固性用硫酸钠溶液循环浸泡法进行检验。经5次循环后,试样的质量损失率应符合表1—11 的规定。

表1—11　粗骨料的坚固性

结构类型	混凝土结构	预应力混凝土结构
质量损失率(%)	≤8	≤5

(6)粗骨料的有害物质含量应符合表1—12 的规定。

表1—12　粗骨料的有害物质含量限值

<table>
<tr><th>强度等级
项　目</th><th><C30</th><th>C30 ~ C45</th><th>≥C50</th></tr>
<tr><td>含泥量(%)</td><td>≤1.0</td><td>≤1.0</td><td>≤0.5</td></tr>
<tr><td>泥块含量(%)</td><td colspan="3">0.25</td></tr>
<tr><td>针、片状颗粒总含量(%)</td><td>≤10</td><td>≤10</td><td>≤8</td></tr>
<tr><td>硫化物及硫酸盐含量(折算成 SO_3)(%)</td><td colspan="3">≤1.0</td></tr>
<tr><td>卵石中有机质含量(用比色法试验)</td><td colspan="3">颜色不应深于标准色。当深于标准色时,应配制成混凝土进行强度对比试验,抗压强度比不应小于0.95</td></tr>
</table>

(7)粗骨料的碱活性首先应采用岩相法进行检验。若粗骨料含有碱—硅酸反应活性矿物,其砂浆棒膨胀率应小于0.10%,否则应采取抑制碱—骨料反应的技术措施。不得使用具有碱—碳酸盐反应活性的骨料。

2. 施工中常见的质量问题

(1)含泥量超标。碎石的含泥量主要源自加工时产生的石粉,加工场应该设振动筛、滚动筛和鼓风机等除尘设备;仍不达标的碎石要用洗石机进行水洗。

(2)针片状颗粒超标。反击式破碎机性能优于圆锥式破碎机和锤式破碎机,鄂式破碎机产品针片状最多,客专应限制直接使用鄂破机产品。

(3)泥块含量超标。泥块主要是从投料口处投进了山皮土所致,应加强投料口控制。

(4)有害物质含量过大。有害物质主要有风化软弱岩石、煅烧过的石灰石、煤块和炉渣等对混凝土存在危害的物质,使用前应考察石料场岩石的风化情况。

3. 管理要点

粗骨料管理内容同细骨料。

七、外 加 剂

1. 客运专线规范要求

(1)外加剂应采用减水率高、坍落度损失小、适量引气、能明显改善或提高混凝土耐久性能的质量稳定产品。外加剂与水泥之间应有良好的相容性。外加剂产品须经铁道部产品

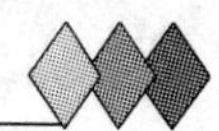

质量监督检验中心检验合格,并通过 CRCC 认证。

(2)外加剂的性能应满足表 1—13 的要求。

表 1—13　外加剂的性能指标

序号	项　目		指　标	备　注
1	水泥净浆流动度(mm)		≥240	按《混凝土外加剂匀质性试验方法》(GB/T 8077)检验
2	硫酸钠含量(%)		≤5.0	
3	氯离子含量(%)		≤0.2	
4	总碱量($Na_2O+0.658K_2O$)(%)		≤10.0	
5	减水率(%)		≥20	按《混凝土外加剂》(GB 8076)检验
6	含气量(%)	用于配制非抗冻混凝土时	≥3.0	
		用于配制抗冻混凝土时	≥4.5	
7	坍落度保留值(mm)	30 min	≥180	按《混凝土泵送剂》(JC473)检验
		60 min	≥150	
8	常压泌水率比(%)		≤20	按《混凝土外加剂》(GB 8076)检验
9	压力泌水率比(%)		≤90	按《混凝土泵送剂》(JC 473)检验
10	抗压强度比(%)	3 d	≥130	按《混凝土外加剂》(GB 8076)检验
		7 d	≥125	
		28 d	≥120	
11	对钢筋锈蚀作用		无锈蚀	
12	收缩率比(%)		≤135	
13	相对耐久性指标(%),200 次		≥80	

注:坍落度保留值、压力泌水率比仅对于泵送混凝土用外加剂而言。

(3)外加剂的匀质性应满足国家标准《混凝土外加剂》(GB 8076)的规定。

2. 聚羧酸减水剂

聚羧酸系减水剂是目前客运专线高性能混凝土最常用的减水剂,它是继木钙为代表的普通减水剂和以萘系为代表的高效减水剂之后发展起来的第三代高性能减水剂,是目前世界上综合性能最优的一种高效减水剂。

(1)性能特点

① 减水率高,一般为 25% ~35%;掺量低,一般为 0.8% ~1.5%。

② 增强效果明显,能有效提高混凝土的抗渗性、抗冻性。

③ 坍落度经时损失小,具有很强的保塑性,对于混凝土的长距离运输及泵送施工极为

有利。

④ 具有一定的减缩功能,可明显降低混凝土收缩,显著提高混凝土体积稳定性及耐久性,能减小混凝土因干缩而开裂的风险。

⑤ 碱含量极低:碱含量≤0.2%,有利于控制混凝土总碱含量。

⑥ 与不同品种水泥和掺合料相容性好:与不同品种水泥和掺合料具有很好的相容性,解决了采用其他类减水剂与胶凝材料相容性问题

⑦ 产品稳定性好,低温时无沉淀析出。

⑧ 无毒无害,是绿色环保产品,有利于可持续发展。

(2)产品类型及型号(表1—14)

表1—14 聚羧酸减水剂常用型号和功能

产品类型	型号	功能描述
普通型聚羧酸系高效减水剂	标准型	用于配制非抗冻混凝土
	引气型	用于配制抗冻混凝土
早强型聚羧酸系高效减水剂	早强型	用于配制超早强混凝土

(3)使用方法及注意事项

① 常用掺量(按重量计)为胶凝材料用量的0.6% ~1.2%,配制超高强混凝土时,掺量可提高到1.3% ~2.0 %;使用时把产品与水同时加入搅拌机即可。

② 严格控制添加量,若过量添加会造成混凝土的泌水、离析。请在推荐掺量范围内使用,并在使用前经过试验确认其最佳掺量。

③ 避免与其他类型减水剂混合使用。试验时,若有其他类型减水剂参与的场合,一定要洗净搅拌机,以避免残留混凝土中的其他类型减水剂造成负面影响。

④ 使用聚羧酸减水剂时,若与其他外加剂品种(如缓凝剂、阻锈剂、引气剂、防冻剂等)同时使用,应预先进行混凝土相容性试验。

⑤ 养护:混凝土终凝后应立即开始覆盖和保湿养护。冬季施工应采取表面防护措施,防止混凝土表面冻害。

(4)常见质量问题及处理方法

由于聚羧酸系减水剂被认为是一种高性能减水剂,人们总是期望其在应用中比传统萘系减水剂更安全、更高效、适应能力更强,但工程中总是更多地碰到这样那样的问题,常常事与愿违,而且有些问题还是使用其他品种减水剂时所从未遇到的,如混凝土拌和料异常干涩、无法卸料,更别谈泵送浇筑了,或者混凝土拌和料分层严重等。另外,应用萘系减水剂所遇到的技术难题,通过近20年的研究已基本上从理论和实践上得到解决,而应用聚羧酸减水剂出现的问题正在发生,还未来得及着手研究和找到正确的解决措施,无疑为聚羧酸系减水剂的安全、高效应用带来很大阻力。

① 减水效果对混凝土原材料和配合比的依赖性大。首先,聚羧酸系减水剂的减水效果与混凝土中水泥用量关系很大。聚羧酸系高效减水剂和萘系本身结构及分散作用机理的不同,当添加到混凝土中,表现出来的混凝土状态也大不相同。当采用GB

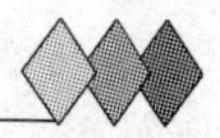

8076—1997标准检验时，到了一定的掺量后甚至出现随掺量增加，减水效果反而“降低”的现象。这并不是说掺量增加其减水作用下降了，而是因为此时水泥浆体对集料不能产生良好的包裹，混凝土出现了严重的离析、泌水现象，流动性难以用坍落度法反映。其减水率测试结果大大低于施工中实际混凝土的检验结果。大量试验表明，水泥用量越大，测得的聚羧酸外加剂减水率越高。日本最新外加剂标准检测聚羧酸减水剂的水泥用量提高到了350 kg/m^3，且基准和受检混凝土坍落度为18 cm。我国也正在修订聚羧酸外加剂的检测标准。

混凝土中集料的颗粒级配以及砂率，对聚羧酸系减水剂的减水效果影响也非常大。试验证明，其他条件都不变，仅把砂率在40% ~50%之间变化时，同种聚羧酸系减水剂的减水率最大可相差4%。

另外聚羧酸系减水剂和其他减水剂一样，减水率还取决于搅拌工艺，如果采用手工拌和，测得的减水率往往比机械低2 ~4个百分点。

② 聚羧酸外加剂保坍效果对减水剂掺量的依赖性大。尽管保坍性能性能好是聚羧酸系高性能减水剂的显著特点之一，但保坍总是同聚羧酸外加剂的掺量相关的。在中、低强度等级的混凝土中，聚羧酸外加剂在掺量低的条件下（固体掺量≤0.15%）就能满足用水量和坍落度的要求，但此时新拌混凝土的坍落度保持能力较弱。可通过复配聚羧酸系保坍剂，或适当调整分子结构来加以解决。

③ 配制的混凝土拌和物性能对用水量极为敏感。由于采用聚羧酸减水剂后混凝土的用水量大幅度降低，单方混凝土的用水量大多在130 ~165 kg，水胶比为0.3 ~0.4，甚至0.2。在低用水量的情况下，加水量波动可能导致坍落度变化很大。正因为用水量对坍落度作用敏感，在测试掺聚羧酸减水剂混凝土的坍落度损失时，由于地板、工具、蒸发等引起的失水以及砂子含水率的波动更容易造成误差，尤其是在低坍落度或水胶比低的情况下更为明显。

若新拌混凝土出现离析、泌水现象，建议适当降低用水量或聚羧酸外加剂掺量。

④ 与其他品种减水剂的相容性很差。聚羧酸系减水剂与其他品种的减水剂复合使用却得不到叠加的效果，且聚羧酸系外加剂溶液与其他品种的减水剂溶液的互溶性本身就很差。目前的实践和研究证明，掺加聚羧酸系减水剂的混凝土碰到极少量的萘系减水剂或者是它们的复配产品，都可能会出现流动性变差、用水量增加、流动性损失严重、混凝土拌和物十分干涩甚至难以卸料等现象，其最终的强度、耐久性将受到影响。

若有其他类型减水剂参与的场合，一定要洗净搅拌机，以避免残留混凝土中的其他类型减水剂造成负面影响。

⑤ 减水和保坍受环境温度的影响大。聚羧酸外加剂的减水和保坍受环境温度影响很大。夏季高温季节，聚羧酸外加剂减水率比冬季略高3% ~5%，且新拌混凝土坍落度会加大。在冬季低温环境，聚羧酸外加剂的减水效果比夏季稍低，但保坍能力大幅度增加，甚至会出现坍落度和扩展度增大的现象。

夏季高温环境下，若出现新拌混凝土坍落度损失过大，可通过复配缓凝组份，或复配聚羧酸系保坍剂，或适当调整分子结构来加以解决。若冬季气温过低，聚羧酸外加剂减水率减小，建议延长混凝土搅拌时间，或提高搅拌强度，在条件许可的情况下建议采用温

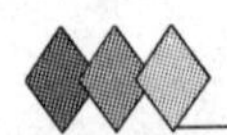

水拌和。

⑥ 聚羧酸系外加剂对混凝土含气量影响大。聚羧酸外加剂具有一定的引气性，且气泡尺寸较大，混凝土的含气量受搅拌强度和搅拌时间的影响比较大，搅拌强度越大或搅拌时间越长，则含气量越大，因此要严格控制混凝土的搅拌时间，必要的时候可加入适量的消泡剂。

(5)包装、运输、保管

聚羧酸高性能减水剂采用塑料桶、槽罐车等容器包装运输。尽可能不选用铁制容器存放聚羧酸减水剂，但如果采用铁桶包装时，最好不要超过 3 个月，似乎 3 个月是个临界点，之内变化不明显，超过 3 个月，有的包装桶外观还会呈现膨胀，有的产品颜色会发生改变，此时，一定要重视，应通过试配加以确定；采用塑料桶或不锈钢包装是最佳的选择。原装塑料桶密封存放可保用一年，贮存期内请注意保持本产品免受霜冻。

八、拌和用水

1. 混凝土拌和水应满足表 1—15 的规定。

表 1—15　拌和用水的品质指标

项　目	预应力混凝土	钢筋混凝土	素混凝土
pH 值	>4.5	>4.5	>4.5
不溶物(mg/L)	<2 000	<2 000	<5 000
可溶物(mg/L)	<2 000	<5 000	<10 000
氯化物(以 Cl^- 计)(mg/L)	<500	<1 000	<3 500
硫酸盐(以 SO_4^{2-} 计)(mg/L)	<600	<2 000	<2 700
碱含量(以当量 Na_2O 计)(mg/L)	<1 500	<1 500	<1 500

2. 用拌和水和蒸馏水(或符合国家标准的生活饮用水)进行水泥净浆试验所得的水泥初凝时间差及终凝时间差均不得大于 30 min，其初凝和终凝时间尚应符合水泥国家标准的规定。

3. 用拌和水配制的水泥砂浆或混凝土的 28 d 抗压强度不得低于用蒸馏水(或符合国家标准的生活饮用水)拌制的对应砂浆或混凝土抗压强度的 90%。

4. 拌和水不得采用海水。当混凝土处于氯盐环境时，拌和水中 Cl^- 含量应不大于 200 mg/L。对于使用钢丝或经热处理钢筋的预应力混凝土，拌和水中 Cl^- 含量不得超过 350 mg/L。

5. 养护用水除不溶物、可溶物可不作要求外，其他项目应符合表 1—15 的规定。不得采用海水养护混凝土。

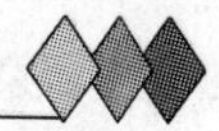

九、混凝土原材料及性能检验要求(表1—16)

表　1—16

检验项目		进场检查		复检		批量抽检	
		项目	频　次	项目	频　次	项目	频　次
水泥	烧失量	(√)	更换料源或每批进货时核查供应商提供的报告。 全部项目更换料源时均须核查，每批进货时仅对括号内项目进行核查	√	下列任一情况为一批，每批检验一次： ①任何新选料源； ②使用同厂家、同批号、同品种水泥达3个月		同厂家、同批号、同品种、同强度等级、同出厂日期的散装水泥每500 t(袋装水泥每200 t)检验一次，当不足500 t或200 t时，也需检验一次。 当对水泥质量有怀疑或水泥出厂日期逾3个月时，也需检验一次
	氧化镁含量	(√)		√			
	三氧化硫含量	(√)		√			
	Cl^-含量	√		√			
	细度	(√)		√		√	
	凝结时间	(√)		√		√	
	安定性	(√)		√		√	
	强度	(√)		√		√	
	碱含量	(√)		√			
	助磨剂名称及掺量	√		√			
	石膏名称及掺量	√		√			
	混合材名称及掺量	(√)		√			
	熟料C_3A含量	(√)		√			
细骨料	细度模数	(√)	更换料源或每批进货时核查供应商提供的报告。 全部项目更换料源时均须核查，每批进货时仅对括号内项目进行核查	√	下列任一情况为一批，每批检验一次： ①任何新选料源； ②使用同厂家、同品种、同规格产品达一年者	√	连续供应同厂家、同规格的细骨料400 m^3(或600 t)检验一次，不足400 m^3(或600 t)时也需检验一次。其中有机物含量每3月检验一次
	吸水率	(√)		√			
	含泥量	(√)		√		√	
	泥块含量	(√)		√		√	
	坚固性	√		√			
	云母含量	(√)		√		√	
	轻物质含量	(√)		√		√	
	有机物含量	(√)		√		√	
	硫化物及硫酸盐含量	√		√			
	Cl^-含量	√		√			
	碱活性	√		√			
粗骨料	颗粒级配	(√)	更换料源或每批进货时核查供应商提供的报告。 全部项目更换料源时均须核查，每批进货时仅对括号内项目进行核查	√	下列任一情况为一批，每批检验一次： ①任何新选料源； ②使用同厂家、同品种、同规格产品达一年者	√	连续供应同厂家、同规格的粗骨料400 m^3(或600 t)产品检验一次，不足400 m^3(或600 t)也需检验一次
	岩石抗压强度	√		√			
	吸水率	(√)		√			
	空隙率	(√)		√			
	压碎指标	(√)		√		√	
	坚固性	√		√			
	针片状颗粒含量	(√)		√		√	
	含泥量	(√)		√		√	
	泥块含量	(√)		√		√	
	硫化物及硫酸盐含量	√		√			
	有机物含量(卵石)	(√)		√		√	
	碱活性	√		√			

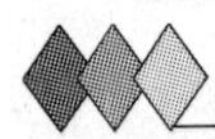

续上表

检验项目		进场检查		复检		批量抽检	
		项目	频次	项目	频次	项目	频次
水	pH 值			√	下列任一情况为一批，每批检验一次： ①任何新水源； ②同一水源的水使用达一年者	√	同一水源的涨水季节检验一次
	不溶物含量			√		√	
	可溶物含量			√		√	
	氯化物含量			√		√	
	硫酸盐含量			√		√	
	碱含量			√		√	
	凝结时间			√			
	抗压强度比			√			
外加剂	水泥净浆流动度，mm	(√)	更换料源或每批进货时核查供应商提供的报告。 全部项目更换料源时均须核查，每批进货时仅对括号内项目进行核查	√	下列任一情况为一批，每批检验一次： ①任何新选货源； ②使用同厂家、同批号、同品种产品达6个月者		同厂家、同批号、同品种产品每50 t检验一次，不足50 t也需检验一次
	硫酸钠含量(%)	√		√			
	Cl^-含量(%)	√		√			
	碱含量(%)	(√)		√			
	减水率	(√)		√		√	
	坍落度保留值	(√)		√			
	常压泌水率比	(√)		√		√	
	压力泌水率比	(√)		√			
	含气量	(√)		√		√	
	凝结时间差	√		√		√	
	抗压强度比	√		√		√	
	对钢筋的锈蚀作用	√		√			
	相对耐久性指标	√		√			
	收缩率比	√		√			
粉煤灰	细度	(√)	更换料源或每批进货时核查供应商提供的报告。 全部项目更换料源时均须核查，每批进货时仅对括号内项目进行核查	√	下列任一情况为一批，每批检验一次： ①任何新选货源； ②使用同厂家、同批号、同品种产品达3个月者	√	同厂家、同批号、同品种产品每120 t检验一次，不足120 t也需检验一次
	烧失量	(√)		√		√	
	含水率	(√)		√			
	需水量比	(√)		√		√	
	三氧化硫含量	√		√			
	碱含量	(√)		√			
	Cl^-含量	√		√			

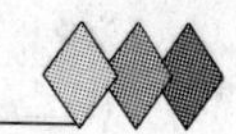

续上表

检验项目		进场检查		复　检		批量抽检	
		项目	频　次	项目	频　次	项目	频　次
磨细矿渣粉	比表面积	(√)	更换料源或每批进货时核查供应商提供的报告。 全部项目更换料源时均须核查，每批进货时仅对括号内项目进行核查	√	下列任一情况为一批，每批检验一次： ①任何新选货源； ②使用同厂家、同批号、同品种产品达3个月者	√	同厂家、同批号、同品种产品每120 t检验一次，不足120 t也需检验一次
	烧失量	(√)		√		√	
	氧化镁含量	√		√			
	三氧化硫含量	√		√			
	Cl^-含量	(√)		√			
	含水率	(√)		√			
	流动度比	(√)		√		√	
	碱含量	(√)		√			
	活性指数	(√)		√			
硅灰	烧失量	(√)	更换料源或每批进货时核查供应商提供的报告。 全部项目更换料源时均须核查，每批进货时仅对括号内项目进行核查	√	下列任一情况为一批，每批检验一次： ①任何新选货源； ②使用同厂家、同批号、同品种产品达3个月者	√	同厂家、同批号、同品种产品每30 t检验一次，不足30 t也需检验一次
	Cl^-含量	√		√			
	SiO_2含量	(√)		√			
	比表面积	(√)		√		√	
	需水量比	(√)		√		√	
	含水率	(√)		√			
	活性指数	√		√			

第二章 桥涵工程材料

一、预应力体系

(一)钢 绞 线

由于设计梁体较大,客专预应力钢绞线的规格一般为 1×7ϕ15.24 mm,由 6 根外层钢丝围绕着一根中心钢丝绞成,中心钢丝直径加大 2.5%,执行 GB 5224—2003 及其引用标准。主要质量要求为:

F_{pk} = 1 860 MPa;$E_p = 1.95 \times 10^5$ MPa。生产钢绞线所用的普通碳素钢应符合 GB 700 的要求。1×7 钢绞线的规格和力学性能见表 2—1 和表 2—2。

表 2—1 1×7 结构钢绞线的尺寸、允许偏差及参考重量

钢绞线结构	公称直径 D(mm)	直径允许偏差(mm)	钢绞线参考截面积 S_n(mm^2)	钢绞线参考重量(kg/m)	中心钢丝直径 d_0 加大范围(%)不小于
1×7	9.5	+0.30 -0.15	54.8	0.430	2.5
	11.10	+0.30 -0.15	74.2	0.582	
	12.70	+0.40 -0.20	98.7	0.775	
	15.20	+0.40 -0.20	140	1.101	
	15.70	+0.40 -0.20	150	1.178	
	17.80	+0.40 -0.20	190	1.500	
1×7C(模拔钢绞线)	12.7	+0.40 -0.20	112	0.890	
	15.2	+0.40 -0.20	165	1.295	
	18.00	+0.40 -0.20	223	1.750	

表 2—2 预应力混凝土用钢绞线力学性能

钢绞线结构	钢绞线公称直径 DN(mm)	抗拉强度 R_m(MPa)不小于	整根钢绞线的最大力 F_m(kN)不小于	规定非比例伸长力 $F_{p0.2}$(kN)不小于	最大力总伸长率($L_0 \geq 400$ mm)Agt(%)不小于	应力松弛性能	
						初始负荷相当于公称最大力的百分率(%)	1 000 h 后应力松弛率 r(%)不大于
1×7	12.70	1 720	170	153	3.5	60	1.0
		1 860	184	166			
		1 960	193	174			
	15.20	1 770	241	217		70	2.5
		1 860	260	234			
		1 960	274	247			
	15.70	1 770	258	232			
		1 860	279	251			
	17.80	1 720	327	294		80	4.5
		1 860	353	318			
1×7C	12.70	1 860	208	187			
	15.20	1 820	300	270			
	18.00	1 720	384	346			

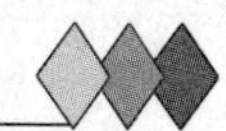

（二）预应力波纹管

预应力塑料波纹管见图2—1。

塑料波纹管执行标准为JT/T 529—2004，能与不同规格的预应力锚具配套使用，具有密封性好、强度高、不漏浆、不易被振动棒凿破、摩阻系数小等优点，在预应力桥梁、预应力构件中使用。圆型塑料波纹管形成的孔道，解决了传统金属波纹管易漏浆，造成孔道堵塞，无法进行预应力穿束、张拉、灌浆施工的蔽端。采用真空灌浆工艺提高预应力孔道灌浆的饱满度及密实度，提高了预应力混凝土结构的安全性和耐久性。

塑料波纹管连接可以采用专用的连接套，或者在施工现场用塑料焊剂焊接。技术参数见表2—3和表2—4。

表2—3　圆形塑料波纹管技术参数(mm)

型号	内径 d		外径 D		壁厚 s		不圆度	配套使用的锚具	
	标准值	偏差	标准值	偏差	标准值	偏差			
SBG-50	50	±1.0	63	±1.0	2.5	+0.5	6%	M12-7	M15-5
SBG-60	60		73		2.5			M12-12	M15-7
SBG-75	75		88		2.5			M12-19	M15-12
SBG-90	90	±2.0	106	±2.0	3.0			M12-22	M15-17
SBG-100	100		116		3.0			M12-31	M15-22
SBG-115	115		131		3.0			M12-37	M15-27
SBG-130	130		146		3.0			M12-42	M15-31

表2—4　扁形塑料波纹管技术参数(mm)

型号	长轴		短轴		壁厚 s	
	标准值	偏差	标准值	偏差	标准值	偏差
SBG-41	41	±1.0	22	+0.5	2.5	+0.5
SBG-55	55		22		2.5	
SBG-72	72		22		3.0	
SBG-90	90		22		3.0	

预应力金属波纹管见图2—2。

金属波纹管用镀锌或不镀锌低碳钢带螺旋折叠咬口制成，主要用于后张法预应力混凝土结构或构件的成孔，执行标准为JG/T 3013—94。

金属波纹管可用大一号的金属波纹管进行连接，接头长度为200～300 mm。技术参数见表2—5和表2—6。

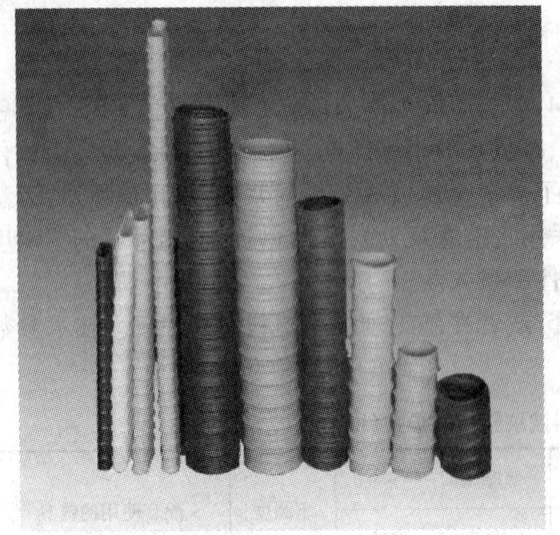

图 2—1

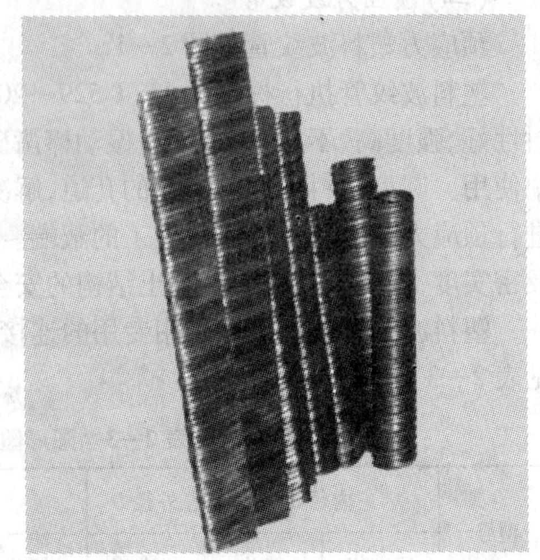

图 2—2

表 2—5 圆形截面金属波纹管技术参数(mm)

<table>
<tr><th>内　径</th><th>允许偏差</th><th>标准型钢带厚度</th><th>增强型钢带厚度</th></tr>
<tr><td>40</td><td rowspan="6">+0.5</td><td>0.25</td><td rowspan="3">–</td></tr>
<tr><td>50</td><td rowspan="9">0.3</td></tr>
<tr><td>60</td></tr>
<tr><td>70</td><td rowspan="6">0.4</td></tr>
<tr><td>80</td></tr>
<tr><td>90</td></tr>
<tr><td>100</td><td rowspan="6">+1.0</td></tr>
<tr><td>110</td></tr>
<tr><td>120</td></tr>
<tr><td>130</td><td rowspan="3">0.5</td></tr>
<tr><td>140</td><td rowspan="2">–</td></tr>
<tr><td>150</td></tr>
</table>

表 2—6 扁形截面金属波纹管技术参数(mm)

<table>
<tr><td rowspan="2">短轴方向</td><td>长　　度</td><td>19</td><td>19</td><td>19</td><td>19</td><td>25</td><td>25</td><td>25</td><td>25</td></tr>
<tr><td>允许偏差</td><td colspan="4">+3.0</td><td colspan="4">+3.0</td></tr>
<tr><td rowspan="2">长轴方向</td><td>长　　度</td><td>50</td><td>60</td><td>70</td><td>90</td><td>56</td><td>66</td><td>76</td><td>96</td></tr>
<tr><td>允许偏差</td><td colspan="4">+1.0</td><td colspan="4">+2.0</td></tr>
<tr><td colspan="2">标准型钢带厚度</td><td colspan="8">0.30</td></tr>
</table>

金属波纹管与塑料波纹管相比具有以下明显的劣势：使用寿命短(一般为 5 年左右)；摩擦力大(摩擦力约为塑料波纹管的 2 倍)；容易导电；振动棒不能触碰；容易漏浆；与混凝

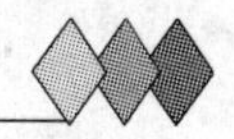

土粘接不好。所以在客运专线桥梁不建议使用金属波纹管,而应该采用塑料波纹管或使用橡胶抽拔棒。

(三)橡胶抽拔管

橡胶抽拔管是一种用于混凝土构件小直径成孔的新型芯模,它主要为桥梁上形成较小预应力孔而设计,也可用于其他建筑行业混凝土的成孔。它是利用其高强度,高弹性和橡胶体积不可压缩性能,在管体轴向受力时,会轴向伸长,径向自然弯细。抽拔有力,施工方便,可反复使用,寿命长,表面光滑,平整度好,预留孔孔壁光滑,且抽拔时不受混凝土凝固时间的限制,经济效益是显而易见的。规格尺寸和物理性能见表2—7和表2—8。

表2—7 抽拔管常用规格尺寸表(mm)

外径	内径	壁厚
50	20	15
55	22	16.5
60	25	17.5
65	32	16.5
70	32	19
75	38	18.5
80	38	21
90	45	22.5

注:外径椭圆度为2 mm,不同心度为±2 mm;直径公差为±2 mm。

表2—8 抽拔管的物理性能表

项目		指标
硬度(邵尔A)(度)		65±5
拉伸强度(MPa)≥		15
扯断伸长率(%)≤		380
压缩永久变形≤		20
撕裂强度(kN/m)≥		30
热空气老化(70 ℃×168 h)	硬度(邵尔A)(度)≤	8
	拉伸强度(MPa)≥	12
	扯断伸长率(%)≤	300

使用方法:固定环将抽拔管固定在正确的位置上,固定环的间隔以能控制悬垂为准,一般约为300~500 mm。浇注混凝土,待混凝土凝固后抽拔即可,如想减少固定环个数,可在抽拔管的中孔内穿入一定直径的钢筋。抽拔时应先抽出钢筋,再对棒体进行抽拔。如预留孔是带弧度的(限单弧)或构件孔很长,可采用从混凝土构件两头抽拔的方法。这时一定要注意将接头处封闭严密,不可使灰浆灌入,形成锚头。

抽拔工具:卷扬机、工程车。

使用注意事项:抽拔时不要回力,要一直抽拔,直到全部拔出。抽拔管表面千万别涂油类隔离剂。在抽拔管使用一段时间后，检查抽拔管上是否有划伤裂纹，如顺轴向出现裂纹不影响使用。如沿径向有裂纹深度 2 mm 以上，请停止使用。在不用时应避高温、日光照射及接触腐蚀性物品。

(四)锚具及张拉体系

1. 锚具的使用要求

(1)预应力筋用锚具、夹具和连接器应具有可靠的锚固性能、足够的承载能力和良好的适用性，以保证充分发挥预应力筋的强度，并安全地实现预应力张拉作业。

(2)夹片式锚具的限位板和工具锚须采用同一锚具厂家的配套产品，不得分别使用不同厂家的产品。

(3)锚具生产厂家须给出钢绞线直径为 15.2 mm 时限位板的限位高度，提供钢绞线直径每增加 0.1 mm 时限位高度的具体参数。

(4)锚具或其附件上宜设置灌浆孔或排气孔。灌浆孔的孔位及孔径应符合灌浆工艺要求，且应有与灌浆管连接的构造。必要时锚具或其附件上宜设置安装锚具封闭罩的连接构造。

(5)工作锚不得代替工具锚使用。

(6)1 ~5 孔锚板、6 ~12 孔锚板、13 孔及以上锚板最外侧锥孔大口外边缘到锚板边缘的距离分别不得小于 11.0 mm、13.0 mm、15.0 mm。

(7)1 ~21 孔锚板的最小直径和最小厚度的尺寸应符合表 2—9 的规定。

表 2—9 1 ~21 孔锚板最小直径和厚度

锚具孔数	锚板尺寸(mm)		锚具孔数	锚板尺寸(mm)		锚具孔数	锚板尺寸(mm)	
	直径	厚度		直径	厚度		直径	厚度
1	48	48	8	136	55	15	186	68
2	86	50	9	146	55	16	196	70
3	91	50	10	156	58	17	196	73
4	102	50	11	166	58	18	206	75
5	112	50	12	166	60	19	206	75
6	126	53	13	170	63	20	226	80
7	126	53	14	176	65	21	226	80

2. 锚具的基本性能要求

(1)静载锚固性能

用预应力筋—锚具组装件静载试验测定的锚具效率系数 η_a 和达到实测极限拉力时组装件受力长度的总应变 ε_{apu}，来判定锚具的静载锚固性能是否合格。

锚具效率系数 η_a 按下式计算：

$$\eta_a = \frac{F_{apu}}{F_{pm}}$$

式中 F_{apu}——预应力筋锚具组装件的实测极限拉力；

F_{pm}——预应力筋的实际平均极限抗拉力，由预应力筋试件实测破断荷载平均值计

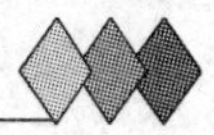

算得出。

锚具的静载锚固性能应同时满足下列两项要求：

$\eta_a \geq 0.95, \varepsilon_{apu} \geq 2.0\%$

此时，预应力筋锚具组装件的破坏形式应当是预应力筋的断裂（逐根或多根同时断裂），锚具零件的变形不得过大或碎裂，且应按规定确认锚固的可靠性。

(2)疲劳荷载性能。预应力筋锚具组装件，除必须满足静载锚固性能外，尚须满足循环次数为200万次的疲劳性能试验。

当锚固的预应力筋为钢丝、钢绞线或热处理钢筋时，试验应力上限取预应力钢材抗拉强度标准值f_{ptk}的65%，疲劳应力幅度应不小于100 MPa。如工程有特殊需要，试验应力上限及疲劳应力幅度取值可以另定。

试件经受200万次循环荷载后，锚具零件不应疲劳破坏。预应力筋因锚具夹持作用发生疲劳破断的截面面积不应大于试件总截面面积的5%。

(3)周期荷载性能。在有抗震要求的结构中使用的锚具，预应力筋锚具组装件还应满足循环次数为50万次的周期荷载试验。

当锚固的预应力筋为钢丝、钢绞线或热处理钢筋时，试验应力上限取预应力筋抗拉强度标准值f_{ptk}的80%，下限取预应力筋抗拉强度标准值f_{ptk}的40%。

试件经50次循环荷载后预应力筋在锚具夹持区域不应发生破断。

(4)锚板强度要求。在荷载达到预应力筋标准强度的95%之后释放荷载，锚板挠度残余变形不得大于1/600；在荷载达到预应力筋标准强度1.2倍时，锚板不得有肉眼可见裂纹或破损。

(5)夹片式低回缩锚具由普通夹片式锚具和外套螺母组合而成，应实现锚固后预应力筋的回缩量小于1 mm。

(6)用于低应力可更换型拉索的锚具，应有防松、防腐蚀、可更换的构造措施，且能满足工程建设的耐久性要求。

(7)锚板应进行调质热处理，表面硬度应不小于HB225（相应HRC20）。

(8)夹片应进行化学热处理，表面硬度应不小于HRA79（相应HRC56）。

(9)在预应力筋—锚具组装件张拉到0.8 f_{ptk}时，相邻两孔外露夹片间的距离不得小于5.0 mm。

3. 夹具的基本性能要求

(1)夹具的静载锚固性能，应由预应力筋夹具组装件静载锚固试验测定的夹具效率系数η_g确定：

$$\eta_g = \frac{F_{gpu}}{F_{pm}}$$

式中　F_{gpu}——预应力筋夹具组装件的实测极限拉力；

F_{pm}——预应力筋的实际平均极限抗拉力。由预应力钢材试件实测破断荷载平均值计算得出。

夹具的静载锚固性能应符合$\eta_g \geq 0.92$。

(2)在预应力筋夹具组装件达到实测极限拉力时，应当是由预应力筋的断裂，而不应由夹具的破坏所导致；夹具的全部零件均应有重复使用的品质。夹具应有良好的自锚性能、松锚性能和重复使用性能。使用过程中，必须保证对操作人员的安全不造成危害。

(3)夹具锚板应进行调质热处理，表面硬度应不小于HB251(相应HRC25)。

4. 连接器的基本性能要求

在先张法或后张法施工中，在张拉预应力后永久留在混凝土结构或构件中的连接器，都必须符合锚具的性能要求；如在张拉后还须放张和拆卸的连接器，则必须符合夹具的性能要求。

5. 锚垫板要求

(1)锚垫板长度应保证钢绞线在锚具底口处的最大折角不得大于4°。

(2)锚垫板的构造尺寸(包括承压面厚度、壁厚、肋板等)应能满足使用功能要求，锚垫板下须设置螺旋筋。

(3)必要时，可按国际标准《后张预应力体系的验收和应用建议》(FIP—1993年版)中的有关规定对锚垫板的承压性能进行检验。

6. 材料要求

产品所使用的材料必须符合设计要求，并有机械性能和化学成分合格证明书、质量保证书。材料进厂后应进行验收试验。

7. 制造工艺要求

(1)零件机械加工应符合JG/T 5011.10的有关规定。

(2)螺纹的未注精度等级，不应低于GB/T 197—2003中的7H/8g。有特殊要求的螺纹按图样执行。

(3)未注公差尺寸的公差等级，应符合GB/T 1804—2000中的有关规定。

(4)零件毛坯的锻造，应符合JG/T 5011.8的有关规定。锻件不得有锻造裂纹、过烧、折叠和局部晶粒粗大等缺陷。

(5)零件热处理加工应按照产品设计图样进行，并应符合JG/T 5011.9的有关规定，不应产生裂缝、过烧和脱碳。所采用的热处理工艺及设备应能保证零件工作表面及芯部的硬度和金相组织要求，且产品质量均匀一致。

8. 锚具的辅助性能

(1)锚具的内缩量应不大于6 mm；

(2)锚具应满足分级张拉、补张拉和放松钢绞线的要求；

(3)锚具的锚口摩阻损失和喇叭口摩阻损失合计不宜大于6%。

9. OVM15锚具及张拉体系

锚具规格型号较多，但是其功能特点相似，我们以较为典型的OVM15型锚具为例做一说明。

OVM15型锚具用于夹持直径为15.24钢绞线，锚具有自锚性，内缩量稳定。静载及疲劳性能满足GB/T 14370—2000《预应力筋用锚具、夹具和连接器》和国际预应力混凝土协会(FIP)1993《后张预应力体系的验收建议》，生产体系已通过ISO9000和BSI质量认证体系，以及铁道部CRCC认证。

OVM15 锚具分两种型号，采用圆塔形锚垫板的为 OVM. M15A 型锚具(图 2—3)，采用方形锚垫板的为 OVM. M15 型锚具(图 2—4)，其具体尺寸参数见表 2—10 和表2—11。

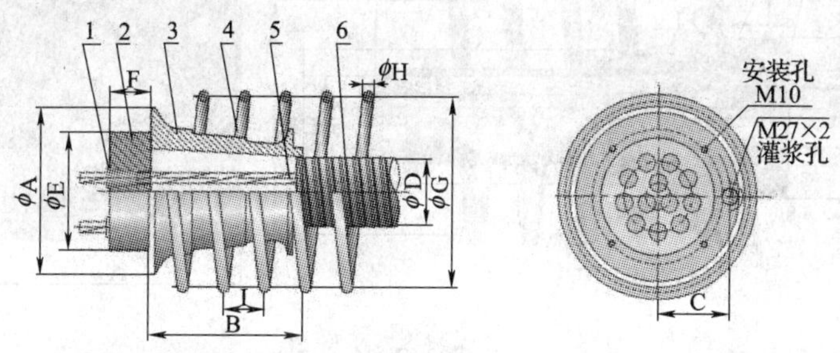

图　2—3

1—夹片；2—锚板；3—锚垫板；4—螺旋筋；5—钢绞线；6—波纹管。

表 2—10　OVM. M15 型锚具参数表

型号	锚垫板	锚垫板	锚板	螺旋筋	波纹管
	$\phi A\times BC$	安装孔孔距	外径 ϕE 厚度 F	ϕG　ϕH　I　N	内径 D
OVM. M15A-1		——	46　48	80　6　30　4	——
OVM. M15A-2	φ132×93　63.5	105	85　48	115　8　40　4	45
OVM. M15A-3	φ136×102　63.5	105	85　48	130　10　50　4	50
OVM. M15A-4	φ140×125　72	120	101　48	150　12　50　4	55
OVM. M15A-5	φ155×130　79	135	116　48	170　12　50　4	55
OVM. M15A-6	φ165×160　85	145	126　48	200　12　50　4	70
OVM. M15A-7	φ172×170　85	145	126　52	200　12　50　4	70
OVM. M15A-8	φ185×180　93	162	143　53	216　14　50　5	80
OVM. M15A-9	φ200×190　98	175	152　53	240　14　50　5	80
OVM. M15A-10	φ210×210　105	190	166　55	270　14　60　5	90
OVM. M15A-11	φ210×220　105	190	166　57	270　16　60　5	90
OVM. M15A-12	φ214×230　105	190	166　60	270　16　60　5	90
OVM. M15A-13	φ224×230　105	190	166　62	270　16　60　5	90
OVM. M15A-14	φ233×235　111	200	175　62	285　16　60　5	90
OVM. M15A-15	φ246×245　122	220	195　65	300　16　60　5	90
OVM. M15A-16	φ246×245　122	220	195　65	300　18　60　5	90
OVM. M15A-17	φ258×250　122	220	195　70	300　18　60　5	90
OVM. M15A-18	φ272×280　125	230	205　70	310　18　60　6	100
OVM. M15A-19	φ272×280　125	230	205　73	310　18　60　6	100

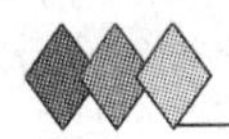

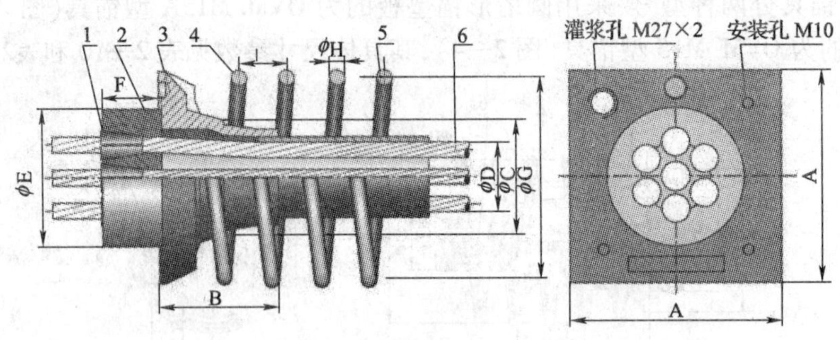

图 2—4

1—夹片;2—锚板;3—锚垫板;4—螺旋筋;5—波纹管;6—钢绞线。

表 2—11

型号	锚垫板	波纹管	锚板		螺旋筋				锚垫板
	A×*B*×φ*C*	内径 *D*	外径 φ*E*	厚度 *F*	φ*G*	φ*H*	*I*	*N*	安装孔孔距
OVM. M15-1	80×80×δ14	——	46	48	80	6	30	4	——
OVM. M15-2	115×100×φ80	45	85	48	115	8	40	4	80
OVM. M15-3	135×110×φ83	50	85	48	130	10	50	4	95
OVM. M15-4	165×120×φ93	55	101	48	150	12	50	4	120
OVM. M15-5	180×130×φ93	55	116	48	170	12	50	4	135
OVM. M15-6	210×160×φ108	70	126	48	200	12	50	4	145
OVM. M15-7	210×160×φ108	70	126	52	200	12	50	4	145
OVM. M15-8	220×160×φ125	80	143	53	216	14	50	5	160
OVM. M15-9	240×180×φ125	80	152	53	240	14	50	5	180
OVM. M15-10	270×210×φ140	90	166	55	270	14	60	5	200
OVM. M15-11	270×210×φ140	90	166	57	270	16	60	5	200
OVM. M15-12	270×210×φ140	90	166	60	270	16	60	5	200
OVM. M15-13	270×210×φ140	90	166	62	270	16	60	5	200
OVM. M15-14	285×220×φ152	90	175	62	285	16	60	5	210
OVM. M15-15	300×240×φ170	90	195	65	300	16	60	5	225
OVM. M15-16	300×240×φ170	90	195	65	300	18	60	5	225
OVM. M15-17	300×240×φ170	90	195	70	300	18	60	5	225
OVM. M15-18	310×250×φ174	100	205	70	310	18	60	6	230
OVM. M15-19	310×250×φ174	100	205	73	310	18	60	6	230

OVM 锚具的开发,主要通过以下标准和规范为依据进行设计、计算和试验:

(1)国际预应力混凝土协会《后张预应力体系的验收建议》(FIP)1993。

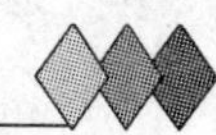

(2)中华人民共和国国家标准《预应力筋用锚具、夹具和连接器》(GB/T 14370—2000)。

(3)中华人民共和国交通行业标准《公路钢筋混凝土及预应力混凝土桥涵设计规范》(JTG D62—2004)。

二、后张有粘结预应力体系施工工法

(一)概 述

后张有粘结预应力技术是通过在结构或构件中预留孔道,允许孔道内预应力筋在张拉时自由滑动,张拉完成后在孔道内灌注灌浆剂或其他类似材料,而使预应力筋与混凝土永久粘结不产生滑动的施工技术。

在桥梁结构中,后张有粘结预应力技术广泛用于大跨径简支梁板结构、边续梁结构、T形刚构和连续刚构等大跨径桥梁中。后张有粘结预应力施工工序较多,其主要工艺流程见图2—5。

(二)前期准备工作

(1)熟悉原图纸,图纸的二次设计,预应力损失计算,参照总进度计划而制作预应力施工进度表;

(2)张拉记录表、压浆记录表的准备;

(3)材料准备,制定锚具使用计划及数量、核算钢绞线用量及订购、波纹管规格用量及订购、定位钢筋规格及用量;排气管材料选用、压浆材料及压浆配合比试验;

(4)机具准备,根据所需的锚具规格选用相应的设备及辅助工具。

(三)现场准备工作

1. 材料抽检

(1)钢绞线到达现场应进行抽检,抽检在现场监理监督下进行,抽检样品送至当地有资质的检测单位作试验,在试验报告出来、有关各项指标符合要求后方可使用。

(2)根据规范要求,现场作摩阻试验、压浆配合比试验。

(3)资料递交:

① 钢绞线、锚具、波纹管及张拉机具的资料递交;

② 预应力施工方案递交;

③ 预应力损失计算方法、控制张拉应力、张拉预应力束计算伸长值及测量方法递交;

④ 千斤顶、仪表标定及标定证书递交;

⑤ 张拉记录表、压浆记录表、摩阻试验记录表递交。

2. 预应力筋下料及制作

钢绞线的下料长度,以穿心式千斤顶在构件上张拉时,钢绞线束的处料长度 L,按下式计算。

① 两端张拉

$$L = l + 2(l_1 + l_2 + l_3 + 100)$$

② 一端张拉

$$L = l + 2(l_1 + 100) + l_2 + l_3$$

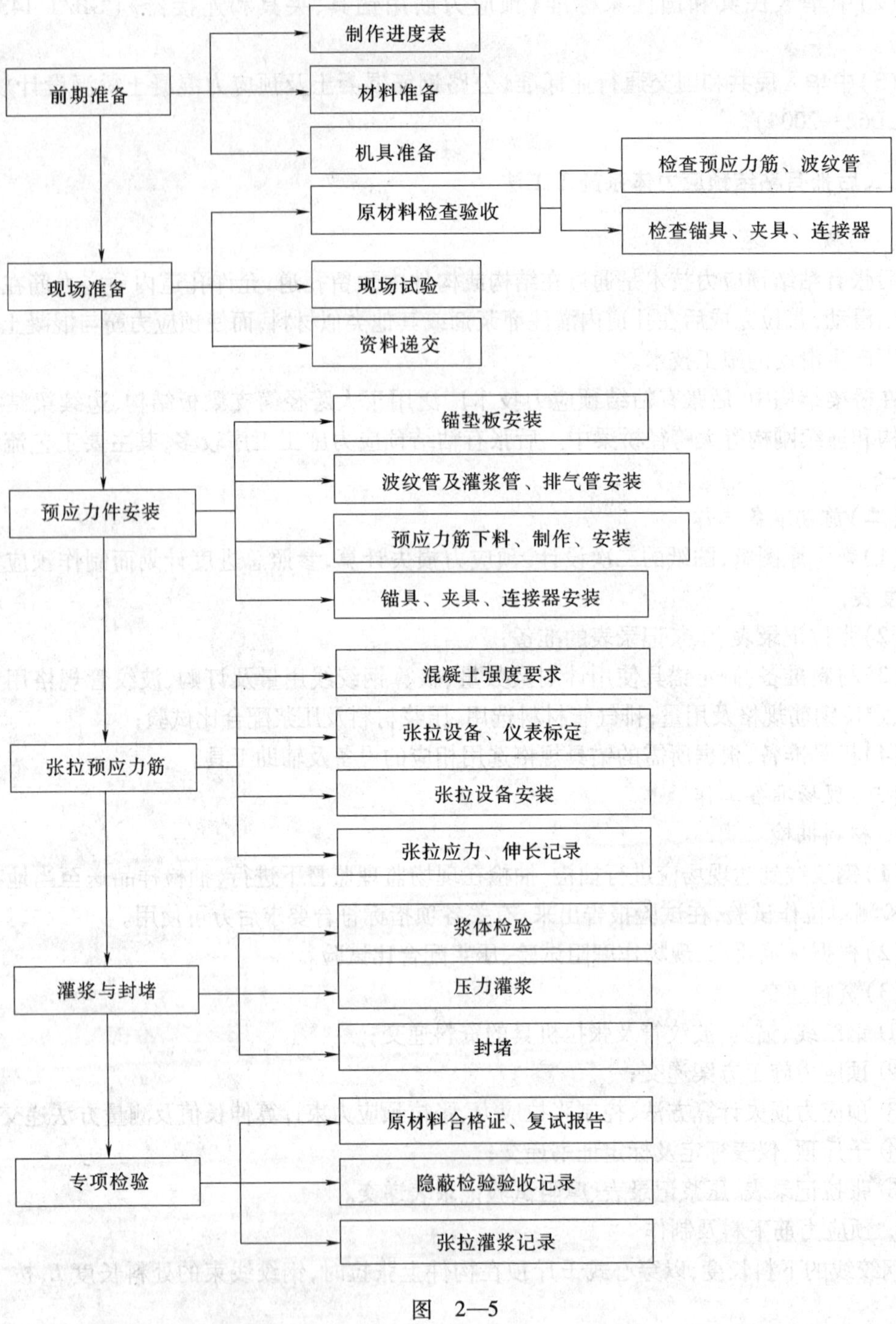

前期准备 → 制作进度表、材料准备、机具准备

现场准备 → 原材料检查验收（检查预应力筋、波纹管；检查锚具、夹具、连接器）、现场试验、资料递交

预应力件安装 → 锚垫板安装、波纹管及灌浆管、排气管安装、预应力筋下料、制作、安装、锚具、夹具、连接器安装

张拉预应力筋 → 混凝土强度要求、张拉设备、仪表标定、张拉设备安装、张拉应力、伸长记录

灌浆与封堵 → 浆体检验、压力灌浆、封堵

专项检验 → 原材料合格证、复试报告、隐蔽检验验收记录、张拉灌浆记录

图　2—5

式中　l——构件的孔道长度；

l_1——工作锚板厚度；

l_2——穿心式千斤顶长度；

l_3——工具锚板厚度。

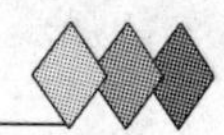

3. 挤压锚具组装

挤压锚具主要用钢绞线预应力筋的固定端锚具和连接器端的挂筋连接锚具。其挤压过程如下：

(1)材料：挤压套、挤压弹簧、钢绞线。

(2)挤压操作步骤：将挤压机及油泵联接好，接好电源→在挤压模上涂润滑脂→将挤压弹簧套入钢绞线，并一起穿过挤压模→在钢绞线头挤压弹簧外再套挤压套→开动油泵，挤压机活塞伸出压挤挤压套通过挤压模，使挤压套变细而嵌套在钢绞线上。

(3)质量控制要点

① 挤压通过挤压模时，最高油压值应在 25 ~ 35 MPa 之间；

② 挤压套挤压后，要求底部与钢绞线嵌套紧密无凹坑，挤压弹簧应全部嵌入在挤压套及钢绞线之间；

③ 挤压套挤压后长度及外径应符合厂家给定值，外部应光滑无裂痕。

(4)自检

① 挤压时油压值应在允许范围内；

② 挤压套挤压后端头不能出现凹坑，挤压套表面平整光滑；

③ 挤压弹簧应绝大部分嵌入钢绞线与挤压钢套之间。见图 2—6。

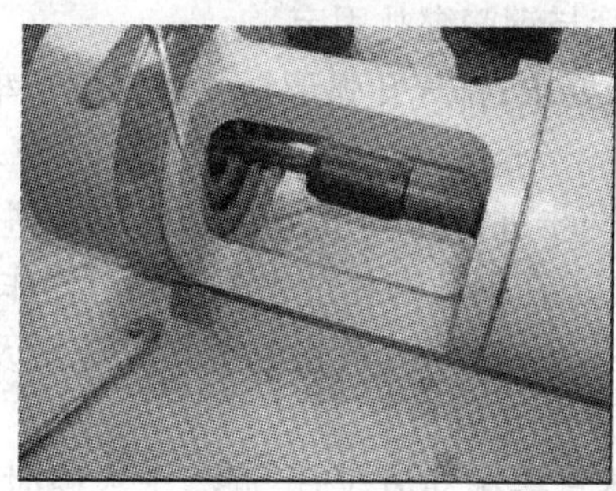

图　2—6

4. 安装锚垫板

安装锚垫板：在梁端模上定好锚垫板标高尺寸后，用 ϕ8 mm 丝杆将锚垫板定位，并用牛皮胶布封压浆口，用玻璃胶密封锚垫板的周边。

质量控制要点：锚垫板外观检查无裂缝，喇叭口光滑无毛刺。锚垫板定位准确。

自检：锚垫板规格是否正确；密封是否达到要求；固定是否牢固。

5. 预留孔道

预应力筋的孔道形状有直线、曲线和折线三种。孔道的直径与布置，主要根据预应力混凝土或结构的受力性能，并参考预应力筋张拉锚固体系特点与尺寸确定。

(1)安装波纹管定位筋：依据图纸或设计给定的管道标高坐标，在钢筋笼箍筋上标出水平定位筋定位高度，然后绑扎定位钢筋。

质量控制要点：① 复核标高尺寸，将误差控制在允许范围内；② 复核定位筋纵向水平间距，使其符合规范要求。

自检：检查标高尺寸，水平定位筋纵向间距不大于 600 mm；定位筋绑扎是否牢固。

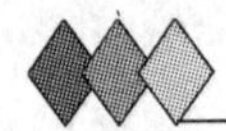

(2)安装并接长波纹管:从一端向另一端穿波纹管,接长波纹管采用比主管大一号的波纹管作接头管(例如ϕ100 mm 波纹管则采用ϕ105 mm 波纹管作接头管),接头管每节长为300 mm 左右。接头管安装好后,在接头管外圈再用密封胶布缠包。在波纹管与锚垫板接口处用牛油布缠包、外圈用扎丝扎紧。

质量控制要点:① 波纹管线型控制,复核波纹管标高及水平间距,使其符合设计要求。② 外观检查,确保波纹管无裂缝及砂眼,防止漏浆。

自检:检查标高及水平尺寸,实际值与设计值误差控制在5 mm 范围内;检查绑扎完成后的管道有无损伤及不规则变形,确保其密封性;接头管密封良好;波纹管与锚垫板接口处密封并绑扎牢固。

(3)安装排气孔:在梁段波纹管线型范围内,排气管安装依照如下规定进行安装

① 线型范围内曲线段波峰、波谷各安装一排气孔;

② 排气孔设置间距不超过15 m;

③ 梁端部均应设置排气孔或压浆孔。

质量控制要点:

① 排气孔用气管要求有一定的抗挤压能力,在混凝土浇筑时保持不被压扁;

② 排气孔弧形板底应加垫海棉垫,并用扎丝将弧形板扎实;

③ 弧形板气嘴与气管用扎丝扎牢,并将气管与钢筋绑扎固定。

自检:检查排气孔设置数量及位置是否符合要求;排气孔弧形板及气管绑扎牢固;

6. 钢筋工程及混凝土工程

预应力筋预留孔道的施工过程与钢筋工程同步进行,施工时应对节点钢筋进行放样,调整钢筋间距及位置,保证预留孔道顺畅通过节点。在钢筋绑扎过程中应小心操作,确实保护好预留孔道位置、形状及外观。在电气焊操作时,更应小心,禁止电气焊火花触及波纹管及胶管,焊渣不得堆落在孔道表面,应切实保护好预留孔道。

混凝土浇筑是一道关键工序,禁止将振捣棒直接振动波纹管,混凝土入模时,严禁将下料斗出口对准孔道下料。此外混凝土材料中不应含带氯离子的外加剂和其他侵蚀性离子。

混凝土浇筑完成后,对抽拔管成孔应按时组织人员抽拔钢管或胶管,检查孔道及灌浆孔等是否通畅。对预埋金属螺旋管成孔,应在混凝土终凝能上人后,派人用通孔器清理孔道,或抽动孔道内的预应力筋,以确保孔道及灌浆孔通畅。

在浇筑上层混凝土之前要求预埋千斤顶吊架用弯钩,每一个吊架需使用2个弯钩。

7. 钢绞线穿束

(1)穿束时机。根据空束与浇筑混凝土之间的先后关系,可分为先穿束各后穿束两种。

先穿束法。先穿束法即在浇筑混凝土之前穿束,对埋入式固定端或采用连接器施工,必须采用先穿法,此法穿束省力,但穿束占用工期,束的自重引起的波纹管摆动会增大摩擦损失,束端保护不当易生锈,按穿束与预埋螺旋管之间的配合,又可分为以下三种情况:

先穿束后装管:即将预应力筋先穿入钢筋骨架内,然后将螺旋管逐节从两端套入并连接;

先装管后穿束:即在螺旋管先安装就位,然后将预应力筋穿入;

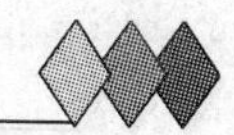

二者组装后放入:即在梁外侧的脚手架上将预应力筋与套管组装后,从钢筋骨架顶部放入就位,箍筋应先作成开口箍,再封闭。

后穿束法。后穿束法即在浇筑混凝土之后穿束。此法可在混凝土养护期内进行,不占工期,便于用通孔器或高压水通孔,穿束后即张拉,晚易于防锈,但穿束较为费力。

(2)穿束方法

将钢绞线吊运到适当位置,放置在放线架内,在穿送钢绞线的放线范围内作适当铺垫。利用单根穿束机进行钢绞线穿束。穿束时在钢绞线头安装导向子弹头,防止在穿束过程中刮伤波纹管及与其他钢绞线打绞。

质量控制要点:外观检查,有浮锈要求彻底清除,钢绞线表面有损伤或麻坑不得使用;每一盘钢绞线放盘完后,对该盘钢绞线的下料根数、钢绞线安装的具体位置作好记录;利用外径大过钢绞线直径的子弹头(取 ϕ25 mm)作导向帽,避免钢绞线在穿束过程中出现打绞现象。

自检:外观检查无裂纹,无损伤,表面无锈蚀;钢绞线放盘后钢绞线能自然伸直,无变形;每束单根钢绞线数量准确无误。

8. 连接器施工

(1)挤压套挂上连接器的安装(如果是没有连接器二端张拉梁段,则省略此工序)

在上一梁段已经安装好连接器及打紧夹片,并张拉、压浆后,则可进行挂挤压套与连接器固定的操作;

将已挤好挤压套的钢绞线逐根挂入相应连接器的卡口内;

将挤压套敲进连接器卡口,让挤压套紧贴止口底部,并在整束挤压套的前端、后端部及中部外圈用扎丝各绑扎一道。

在整束挤压套连入连接器后,将中部及后端的铁丝捆绑牢固,并将前端的铁丝剪断抽出不用。

质量控制要点:连入挤压套时卡位牢固;连入的带挤压套钢绞线应平顺,整束钢绞线应松紧均匀。

自检:带挤压套的钢绞线连入连接器要保证挤压套紧贴连接器卡口端面;整束带挤压套钢绞线用铁丝绑紧。

(2)安装保护罩(如果是没有连接器的二端张拉梁段,则省略此工序)

质量控制要点:保护罩二半片之间用玻璃胶密封好;保护罩与波纹管间有约束圈,约束圈前后用牛油布缠包,并用扎丝扎牢固;保护罩与锚垫板间先用1″×1″海棉条塞垫,再用牛油布缠包,最后用扎丝扎紧。

自检:保护罩二半间的密封及与波纹管、锚垫板接口的密封是否符合要求; 气嘴与排气孔管连接的牢固与密封是否符合要求。

(四)预应力筋张拉

1. 张拉施工准备

预应力筋张拉施工是预应力混凝土结构施工的关键工序,张拉施工的质量直接关系到结构安全、人身安全。张拉施工前应精心组织、策划,做好各项施工准备工作,以保证张拉施工顺利进行。后张预应力混凝土结构张拉施工前应做好以下准备工作:

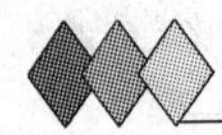

(1)材料、设备及配套工具的准备;

(2)结构构件的准备;

(3)施工操作条件的准备;

(4)张拉施工技术准备;

(5)施工安全及技术交底。

2. 锚具选用

按要求选用合适的锚具,并按规定进行验收;

3. 张拉设备的选用及标定

施工时应根据志用预应力筋张拉锚固工艺情况,选用张拉设备。预应力筋的张拉力一般为设备额定张拉力的50% ~80%,预应力筋的一次张拉伸长值不应超过设备的最大张拉行程,当一次张拉不足时,可采取分级重复张拉的方法,但所用的锚具与夹具应适应重复张拉的要求。

施加预应力用的机具设备及仪表,应由专人使用和管理,并应定期维护和标定。

张拉设备应进行配套标定,以确定张拉力与压力表读数的关系曲线。标定张拉设备用的试验机或测力计精度不得低于±2%。压力表的精度不宜低于1.5级,最大量程不家小于设备额定张拉力的1.3倍。标定时,千斤顶活塞的运行方向应与实际工作状态一致。

张拉设备的标定期限,不宜超过半年。当发生下列情况之一时,应对张拉设重新标定:

① 千斤顶经过拆卸修理;

② 千斤顶久置后重新使用;

③ 压力表爱过碰撞或出现失灵现象;

④ 更换压力表;

⑤ 张拉中预应力筋发生多根破断事故或张拉伸工值误差较大。

4. 混凝土强度检验

预应力筋张拉前,应提供结构构件(含后浇带)混凝土的强度试压报告。当混凝土的立方体强度满足设计要求后,方可施加预应力。

施加预应力时构件的混凝土强度应在设计图纸上标明,如设计无要求时,不应低于强度等级的75%。立缝处混凝土或砂浆强度如设计无要求时,不应低于块体混凝土强度等级的40%,且不得低于15 N/mm^2。

如后张法构件为了搬运等需要,可提前施加一部分预应力,使梁体建立较低的预应力,足以承受自重荷载,但混凝土立方体强度不应低于设计强度等级的60%。

5. 预应力筋的张拉力值

预应力筋的张拉力大小,直接影响预应力效果。张拉力越高,建立的预应力值越大,构件的抗裂性也越好;但预应力筋在使用过程中经常处于过高应力状态下,构件出现裂缝的荷载与破坏荷载接近,往往在破坏前没有明显的警告,这是危险的。别外,如张拉力过大,造成构件反拱过大或预拉区出现裂缝,也是不利的。反之,张拉阶段预应力损失越大,建立的预应力值越低,则构件可能过早出现裂缝,也中不安全的,因此,设计人员不仅在图纸要标明张拉力大小,而且还要注明所考虑的预应力损失项目与取值,这样,施工人员如遇到实际施工情况所产生的预应力损失与设计值不一致,则有可能调整张拉力,以准确建立预应力值。

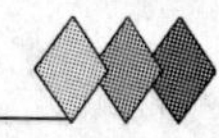

(1)预应力筋设计张拉力。预应力筋设计张拉力 P_j,按下式计算:

$$P_j = \sigma_{con} \cdot A_P$$

式中 σ_{con}——预应力筋设计张拉控制应力值;

A_P——束预应力筋的截面面积。

(2)预应力筋施工张拉力。预应力筋张拉施工时,相应于设计所考虑的松弛损失计算方法,采用以下施工程序及张拉力值。

设计时松弛按一次张拉程序取值

$$0 \rightarrow P_j \text{ 锚固}$$

设计时松弛损失按超张拉程序取值

$$0 \rightarrow 1.03P_j \text{ 锚固}$$

以上各种张拉操作程序,均可分级加载,分级量测伸长值。

(3)张拉力值的量测。预应力施工张拉力值应通过千斤顶、油压表配套标定的油压值——张拉力关系曲线换算成相应的张拉油压表数值,油压表的精度不宜低于1.5级,张拉油压值不宜大于压力表量程的75%。

6. 预应力筋张拉伸长计算

预应力筋张拉伸长值 ΔL,可按下式计算:

$$\Delta L = \frac{P \cdot L_T}{A_P E_S}$$

式中 P——预应力筋的平均张拉力,取张拉端拉力与跨中(二端张拉)或固定端张拉(一端张拉)扣除孔道摩擦损失后的拉力平均值,即:

$$P = P_j\left(1 - \frac{\kappa\chi + \mu\theta}{2}\right)$$

式中 L_T——预应力筋的实际长度;

A_P——预应力筋的截面面积;

E_S——预应力筋的实测弹性模量;

P_j——张拉控制力,超张拉时按超张拉力取值;

κ——孔道局部偏摆系数,按规范取值;

χ——预应力筋与孔道的摩擦系数,按规范取值;

μ——从张拉端至计算截面的孔道长度(以m计),可近似取轴线投影长度,对一端张 $\chi = L_T$,对两端对称张拉 $\chi = L_T/2$;

θ——从张拉端至计算截面曲线孔道貌岸然部分切线夹角(以弧度计),对一端张拉,θ 取曲线孔道总转角的一半。

用上述方法进行计算时,对多曲线段组成的曲线束,或直线段与曲线段组成的折线束,应分段计算,然后叠加,较为准确。

7. 孔道摩擦损失的现场测试

对重要的预应力混凝土工程,应在现场测定实际的孔道摩擦损失。其常用的测试方法有精密压力表法与传感器法。

(1)精密压力表法 在预应力筋的两端各安装一台千斤顶,测试时首先将固定端千斤顶的油缸拉出少许,并将回油阀关死;然后开动千斤顶进行张拉,当张拉端压力表读数达到预定的张拉力时,读出固定端压力表读数并换算成张拉力。两端张拉力差值即为孔道摩擦损失。

(2)传感器法 在预应力筋的两端千斤顶尾部各装一台传感器,测试时用电阻应变仪读出两端传感器的应变值。将应变值换算成张拉力,即可求得孔道摩擦损失。

如实测孔道摩擦损失与计算值相差大于张拉力的5%,则应调整张拉力,建立准确的预应力值。

根据张拉端拉力 P_j 与实测固定端拉力 P_a,可按下列二式分别算出实测的 μ 值与跨中拉力 P_m:

$$\mu = \frac{-\ln\left(\frac{P_a}{P_j}\right) - \kappa\chi}{\theta}$$

$$P_m = \sqrt{P_j \cdot P_n}$$

8. 张拉施工前的其他准备工作

(1)张拉操作平台的搭设;

(2)构件端头清理及钢张绞线清理;

(3)清理锚垫板端面:主要是清理锚垫板止口内不得留有漏浆块,及时清洁压浆孔,保持压浆孔畅通;

质量控制要点:锚垫板压浆孔保证畅通;锚垫板面及锚垫板止口无浆块残渣,喇叭口内无浆块残渣;V 形铁块安装位置准确、牢固。

自检:锚垫板压浆孔是否畅通;锚垫板止口是否清理干净、彻底;

(4)动力电源及照明电源的布置;

(5)张拉班组布置及安全技术交底;

(6)工具锚、限位板、顶压器等配套设备及配磁套工具准备等。

9. 预应力筋隐蔽检查、验收

(1)预应筋、夹具、锚固件等的品种、数量、规格等符合设计要求;产品合格证、复试报告齐全。

(2)预应力筋的矢高位置,满足设计要求。

(3)张拉端的承压板需固定可靠,严防振捣混凝土时移动,并保持张拉作用线与承压板垂直(绑扎时应保持预应力筋与锚杯轴线重合)不得留有间隙。

(4)预应力筋的张拉端和锚固端的螺旋筋,要紧靠承压板和锚板,或按设计要求放置钢筋网片。

(5)预应筋长度、承压板位置偏差符合相关要求。

10. 预应力筋张拉

(1)预应力筋张拉顺序

预应力筋的张拉顺序,应使结构及构件受力均匀、同步,不产生扭转、侧弯,不应使混凝土产生超应力,不应使其他构件产生过大的附加内力及变形等。因此,无论对结构整体,还是对单个构件而言,都应遵循同步、对称张拉的原则。此外,安排张拉顺序还应考虑到尽量减少张拉设备的移动次数。

(2)分级张拉一次锚固

① 安装锚具、夹片。质量控制要点:锚具安装应对中,夹片打紧后锚具应嵌入在锚垫板止口内夹片安装前应保证其外层涂抹有退锚灵;夹片打紧后应外露一致。

自检:夹片均匀打紧并外需一致;工作锚具一定进入锚垫板止口内。

② 张拉设备安装。安装步骤:安装限位板,限位板有止口与锚板定位→安装千斤顶,千斤顶止口应对准限位板→安装工具锚,应与前端张拉端锚具对正,使孔位排列一致,不得使钢绞线在千斤顶的穿心孔发生交叉,以免张拉时出现失锚事故,工具锚夹片均匀涂退锚灵→连千斤顶油管,接油表,接油泵电源→开动油泵,将千斤顶活塞来回打出几次,以排出可能残存于千斤顶缸体中的空气。

质量控制要点:限位板应将写有对应使用规格数字的面对准工作锚板安装。例如现在工地用的限位板面有12.9、另一面有12.7字样,工程中所使用的是$\phi 12.9$ mm的钢绞线,所以应将刻有12.9字样的一面正对工作锚板安装;安装后保证工作锚板在锚垫板止口内;保证限位板、千斤顶、工具锚板同轴。如果选用的千斤顶与张拉用的限位板、工具锚板并不配套,注意应加工合适的垫环配套使用。

自检: 千斤顶安装要对中,张拉设备安装完成后工作锚具应在锚垫板止口内; 工具夹片均匀涂上退锚灵; 工具夹片均匀打紧并外需一致; 安装的油表应与配套标定千斤顶一一对应。

③ 张拉:张拉按图纸的张拉顺序进行对称均衡张拉;油泵供油给千斤顶张拉油缸,按五级加载过程依次上升油压,分级方式为20%、40%、60%、80%、100%;张拉过程中每一级进行测量和记录,测量一是测夹片的外露剩余长度,二是测每一级张拉后的活塞伸长值,并随时检查伸长值与计算值的偏差;张拉时,操作人员要控制好加载速度,给油平稳,持荷稳定;及时校核测量数据,进行现场分析,确定无异常后,方可进行下一步的工作。

质量控制要点: 先应确保油泵能正确保压;加载时应缓慢平稳,到达测量压力时应持荷稳定;及时检验测量数据,压力及伸长值符合要求后方可卸荷;这里伸长值规定是单根偏差在$-5\% \sim +10\%$之间、整个梁段预应力束伸长值误差控制在$-5\% \sim +5\%$之间;工具锚板锥孔、工具夹片应经常涂退锚灵。

安全注意事项:在张拉前用围护胶带将桥面张拉操作区域进行围挡,并设置警告牌;千斤顶操作时前方不许站人,设备安装要求端部平整对中;油泵操作时需缓慢、均速加压和卸压,严禁超压和快速加压;千斤顶起吊、安装时要求起落平稳,注意对锚具的保护;严禁非专业人员擅自操作机械。

自检：张拉记录表准备完整，及时记录；加载时应缓慢平稳，到达测量压力时应持荷稳定，阶段间实测伸长值应基本相同；张拉完成校核测量数据，控制伸长值偏差在规范规定允许偏差范围内。

④ 千斤顶回油，拆卸工具锚，换束重新安装锚具、设备。

(3)分级张拉分级锚固。预应力张拉用液压千斤顶的张拉行程一般为150～200 mm，对较长的预应力筋束(一般当预应力筋长度大于25 m时)，其张拉伸长值会超过千斤顶的一次全行程，必须分级张拉、分级锚固。对超长预应力筋束(如大跨径桥梁、电视塔等结构)，其张拉伸长值甚至达到千斤顶的好几倍，必须经过多次张拉，多次锚固，才能达到最终张拉力和伸长值。

分级张拉、分级锚固应根据计算伸长值，将张拉过程分成若干次，每次均实施一轮张拉锚固工艺，每一轮的初始油压即为一轮的最油压，每一轮的拉力差值应取相同值，以便控制，一直到最终油压值锚固。

(4)一端张拉工艺。一端张拉工艺就是将张拉设备放置在预应力筋一端的张拉形式，主要用于埋入式固定端、分段施工采用固定式连接器接连接的预应力筋和其他可以满足一端张拉要求的预应力筋。

一端张拉工艺过程可以是分级张拉一次锚固，也可以是分级张拉、分级锚固。

(5)两端张拉工艺。两端张拉工艺是张拉设备同时布置在预应力筋两端同时同步张拉的施工工艺，适用于较长的预应力筋束，原则上讲，两端张拉应同时同步进行，但当张拉设备不足或由于张拉顺序安排关系，了可先在一端长张拉完成后，再移至另一端补足张拉力后锚固。

对一端张拉完成后，另一端损失值不大，再补张另一端时，出现张拉力达到期要求机时伸长值没有增加的情况时，应考虑采用两端同步张拉工艺。出现这种情况是因为夹片式锚具锚固楔紧后，若要重新打开夹片，必须同时克服夹片与锚环锥孔的楔紧摩擦力和预应力筋中的锚固力，方能重新打开夹片，此时预应力筋中张拉力与油表显示值一致。

(6)张拉安全注意事项

① 在预应力作业中，必须特别注意安全。因为预应力筋持有很大的能量，万一预应力筋被拉断或锚具与张拉千斤顶失效，巨大能量急剧释放，有可能造成很大危害。因此，在任何情况下工作人员不得站在预应力筋的两端，同时在张拉千斤顶的后面应设立防护装置。

② 操作千斤顶和测量伸长值的人员，应站在千斤顶侧面操作，严格遵守操作规程。油泵开动过程中，不得擅自离开岗位。如需离开，必须把油阀门全部松开或切断电路。

③ 张拉时应认真做到孔道、锚环与千斤顶三对中，以便张拉工作顺利进行，并不致增加孔道摩擦损失。

④ 采用锥锚式千斤顶张拉钢丝束时，先使千斤顶张拉缸进油，至压力表略有起动时暂停，检查每根钢丝的松紧并进行调整，然后再打紧楔块。

⑤ 钢丝束镦头锚固体系在张拉过程中应随时拧上螺母，以策安全；锚固时如遇钢丝束偏长或偏短，应增加螺母或用连接器解决。

⑥ 工具锚的夹片，应注意保持清洁和良好的润滑状态。新的工具锚夹片第一次使用前，应在夹片背面涂润滑脂，以后每使用5～10次，应将工具锚上的挡板连同夹片一同卸下，

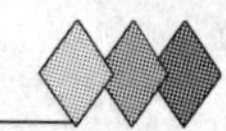

向锚板的锥形孔中重新涂上一层润滑剂，以防夹片在退楔时卡住。润滑剂可采用石墨、二硫化钼、石蜡或专用退锚灵等。

⑦ 多根钢绞线束夹片锚固体系如遇到个别钢绞线滑移，可更换夹片，用小型千斤顶单根张拉。

⑧ 多根钢丝同时张拉时，构件截面中断丝和滑脱钢丝的数量不得大于钢丝总数的3%，但一束钢丝只允许一根。

⑨ 每根构件张拉完毕后，应检查端部和其他部位是否有裂缝，并填写张拉记录表。

⑩ 预应力筋锚固后的外露长度，不宜小于 30 mm，长期外露的锚具，可涂刷防锈油漆，或用混凝土封裹，以防腐蚀。

(五)孔道灌浆

预应力筋张拉后，利用灌浆泵将水泥浆压灌到预应力筋孔道中去，其作用有二：一是保护预应力筋，以免锈蚀；二是使预应力筋与构件混凝土有交的粘结，以控制超载时裂缝的间距与宽度，并减轻梁端锚具的负荷状况，因此，对孔道灌浆的质量，必须重视。

预应力筋的张拉后应及时灌浆，在高应力下不及时灌浆，容易锈蚀。

① 切除多余钢绞线头、封锚，安装注浆管接头：张拉后，将张拉数据整理递交，在获得通过后，方可进行切除多余钢绞线头、封锚的工作。

质量控制要点：钢绞线切除剩余钢绞线头长度要求符合有关规范，这里规定是大于钢绞线直径或大于 10 mm；钢绞线切除采用砂轮机，不得用电焊或氧炔烧断；封锚应采取有效措施保证锚头的密封性及能承受 0.5 MPa 的压力；这里采用白胶浆拌水泥进行封裹，能够满足要求。

自检：切除多余钢绞线头、封锚的工作一定要在张拉资料上交，监理人员同意进行切除的情况下才能进行；钢绞线切除采用砂轮机，钢绞线头剩余长度符合规范要求；封锚材料保证能承受一定压力。

② 压力水清洗孔道、压缩空气将孔道吹干：在封锚后 12 h 左右，即可进行压力水清洗孔道，接着用压缩空气吹干。

质量控制要点：清洗孔道用水采用干净的自来水；压缩空气吹送应保证一定的时间，以便吹干残留于钢绞线束中的水分，这里一般取 15 min；检查有无管道堵塞或排气孔堵塞，应保证每一个排气孔均畅通。

自检：检查每一个排气孔，保证其通畅；压缩空气保证吹送一定时间，便于将孔道吹干。

③ 压浆：准备工作：测试压浆泵是否能正常工作；通知试验人员准备进场作试验；准备妥当压浆用材料及辅助工具，如水泥、添加剂、冰块、秤量工具等。

压浆工作：搅拌水泥浆，依压浆配合比进行浆体搅拌；试验人员对浆体进行流动度测试、温度测试，合格后可以使用；接驳压浆接头管，开动压浆泵，进行压浆；记录压浆开始和结束时间，记录环境温度；从一端压浆口进浆，直至另一端流出浓浆，依次关闭所有排气孔，保持 0.5 MPa 压力 5 min，方可关闭进浆口，拆走压浆管。压浆全部完成后，对泵体、压浆管及桥面受浆体污染的地方进行清洗，清走所有垃圾。

质量控制要点：控制拌合水泥浆的水灰比；用冰水控制水泥浆温度符合规范要求，这里要求水泥浆温度在 3 ℃ ~25 ℃之间；依据规范之规定进行试验取样；及时量测每一孔道的压浆体积并与理论计算体积进行比较;保压时注意压力的稳定性,如遇封锚头破坏,采取补救措施。这里采用快干水泥进行封堵;在封堵效果不佳时,用干净水将水泥浆冲洗干净,再用压缩空气进行吹干;重新封堵,隔上一段时间再进行压浆。

自检:压浆配合比控制,每一份配比材料量严格控制;控制拌合的浆体温度符合要求;控制压浆的保压时间及压力符合要求;量测浆体实际用量并与理论计算用量进行对比,保证实际用量大于理论计算用量。

④ 质量验收。单项工程完成后,检查下列技术资料,并做好归档;要求资料真实,签字齐全、有效,符合规范、规程要求。

预应力工程施工方案、技术交底记录。设计变更、洽商记录。预应力筋出厂合格证。锚具出厂合格证。预应力筋进场验收试验报告。锚具进场试验报告。千斤顶校验报告。预应力张拉应力及伸长计算表。预应力筋张拉应力、伸长记录表。预应力筋、锚固端隐检记录。预应力检验批、分项工程质量验收记录

⑤ 灌浆料主要性能指标

流动性好:在推荐配合比条件下,浆体流动性为18~25 s。

无收缩:塑性阶段微膨胀,硬化干燥后基本无收缩,预应力孔道具有足够的充盈度,保证浆体与孔道间的有效粘结。

高强度:浆体硬化后密实均匀,抗压强度和抗折强度均有良好的表现,长龄期强度均有较为明显的增长。

均匀度高:浆体充分搅拌静置,无泌水、分层、沉陷等不良现象,各界面浆体色泽一致,均匀性好。

阻锈性:对钢筋有良好的保护作用。

耐久性:浆体具有高抗冻、高氯离子渗透性能。

适应性:可在低、负温环境下施工,可采用普通硅酸盐水泥、硅酸盐水泥进行配制使用。

技术指标见表2—12。

表 2—12

性能指标	流动度	30 min 静置流动度	压力泌水率		28 d 限制膨胀率	凝结时间		抗压强度	抗折强度	阻锈性能
			0.14 MPa	0.22 MPa		初凝时间	终凝时间	28 d	28 d	
试验结果	≤25 s	≤35 s	≤2.5%	≤0.5%	0~0.1%	>4 h	<12 h	≥35 MPa	≥7 MPa	合格

实用范围。主要用于后张法施工预应力孔道灌浆,灌入法施工土路基的快速加固,设备基础、锚杆、道钉等的构件灌浆,同时也可用于混凝土疏松、孔洞灌浆等缺陷修补。

使用方法。推荐掺量占胶凝材料总量的15%(水泥: 灌浆剂=0.85:0.15)。推荐水胶比:0.30~0.34。采用高速搅拌设备,浆体应搅拌均匀。一般宜采用42.5及以上强度等级水泥。贮运过程中应防潮、防破损。可在一年内有效使用。

注意事项:最佳掺量可根据实际要求调整,应通过试验确定。

包装与储存:一般采用三合一纸塑复合袋包装,每袋净重25 kg;贮运过程中防潮、防破损。保质期12个月。

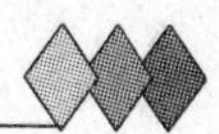

三、客专桥梁支座

（一）KTPZ 支座

1. 支座代号

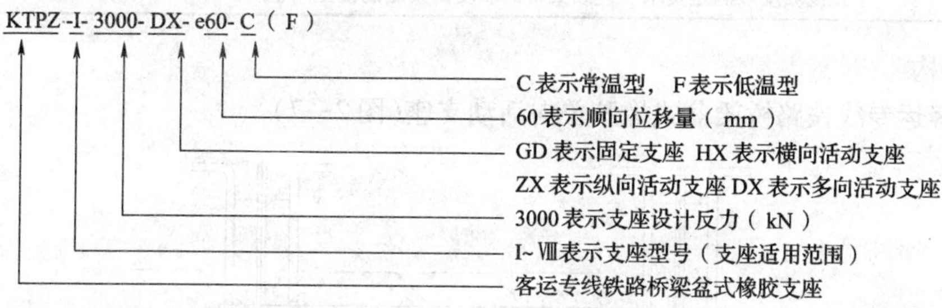

该代号表示支座设计反力为3 000 kN，顺桥向位移量为±60 mm 的常温型多向活动客运专线铁路桥梁盆式橡胶支座。

2. KTPZ 系列盆式橡胶支座主要技术性能（表2—13）

表　2—13

型号	适用范围	支座设计反力	类型
KTPZ-I	七度地震区双线简支箱梁	3 000、3 500、4 000、4 500、5 000、5 500、6 000 和 7 000 kN	DX、HX、ZX、GD
KTPZ-Ⅱ	七度地震区双线连续梁	4 000、5 000、6 000、7 000、8 000、9 000、12 500、15 000、17 500、20 000、22 500、25 000、27 500、30 000、32 500、35 000、37 500、40 000 和 45 000 kN	DX、HX、ZX、GD
KTPZ-Ⅲ	七度地震区双线连续梁（调高支座）	4 000、5 000、6 000、7 000、8 000、9 000、12 500、15 000、17 500、20 000、22 500、25 000、27 500、30 000、32 500、35 000、37 500、40 000 和 45 000 kN	DX、HX、ZX、GD
KTPZ-Ⅳ	八度地震区双线简支箱梁	3 000、3 500、4 000、4 500、5 000、5 500、6 000 和 7 000 kN	DX、HX、ZX、GD
KTPZ-Ⅴ	八度地震区双线连续梁	4 000、5 000、6 000、7 000、8 000、9 000、12 500、15 000、17 500、20 000、22 500、25 000、27 500、30 000、32 500、35 000、37 500、40 000 和 45 000 kN	DX、HX、ZX、GD
KTPZ-Ⅵ	八度地震区双线连续梁（调高支座）	4 000、5 000、6 000、7 000、8 000、9 000、12 500、15 000、17 500、20 000、22 500、25 000、27 500、30 000、32 500、35 000、37 500、40 000 和 45 000 kN	DX、HX、ZX、GD
KTPZ-Ⅶ	七度/八度地震区单线简支箱梁	3 000、3 500 kN	ZX、GD
KTPZ-Ⅷ	七度/八度地震区多片T梁	1 500、2 000 kN	DX、ZX、GD
设计转角	0. 02 rad		
支座水平力	DX 多向活动支座为支座反力的5%； GD 固定支座各向、ZX 纵向活动支座横桥向；HX 横向活动支座顺桥向为支座反力的15%（用于7度地震区）和30%（用于8度地震区）； ZX 纵向活动支座顺桥向及 HX 横向活动支座横桥向为支座反力的5%		
支座位移	活动支座设计位移量±（10～±100）mm；当位移量超过规定时，可按特殊要求进行设计		
活动支座摩擦系数	常温型为0. 03，低温型为0. 05		
调高支座高度调节范围	$^{+30}_{-10}$ mm		

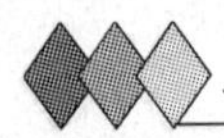

续上表

温度适用范围	常温型 氯丁橡胶 -25 ℃ ~ +60 ℃ 低温型 三元乙丙橡胶 -40 ℃ ~ +40 ℃
支座坡度	支座坡度适用范围 0 ~ 12‰；预制简支桥梁采用改变上支座板顶面坡度的方式以适应梁体的坡度要求，坡度分 $0 \leqslant i < 4‰$，$4‰ \leqslant i < 8‰$，$8‰ \leqslant i < 12‰$ 三级，当线路坡度大于 12‰，可改变上支座板预设坡度以满足要求。连续梁桥的坡度由梁底混凝土调整

3. 结构

(1)客运专线铁路桥梁盆式橡胶单向活动支座(图 2—7)

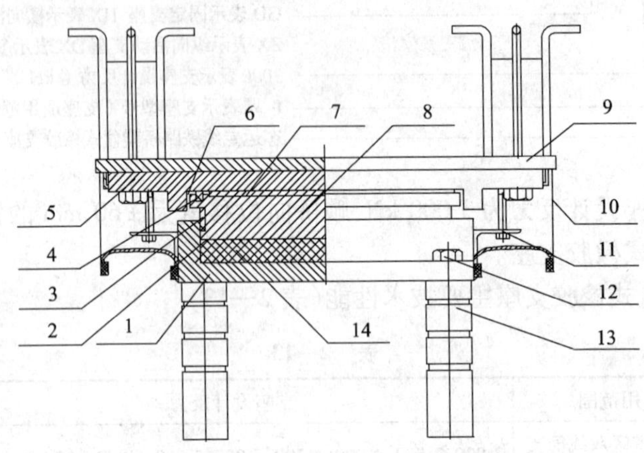

图 2—7

1—下支座板；2—黄铜紧箍圈；3—密封圈Ⅰ；4—密封圈Ⅱ；5—上支座板；6—SF-Ⅰ板；7—聚四氟乙烯滑板；8—中间钢衬板；9—预埋钢板及螺栓；10—支座围板；11—连接钢板和连接螺栓；12—螺栓；13—定位套筒；14—承压橡胶板。

(2)客运专线铁路桥梁盆式橡胶多向活动支座(图 2—8)

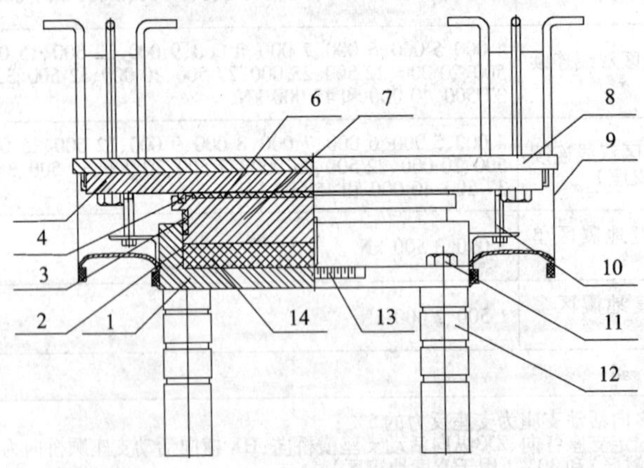

图 2—8

1—下支座板；2—黄铜紧箍圈；3—密封圈Ⅰ；4—密封圈Ⅱ；5—上支座板；6—聚四氟乙烯滑板；7—中间钢衬板；8—预埋钢板及螺栓；9—支座围板；10—连接钢板和连接螺栓；11—螺栓；12—定位套筒；13—位移标尺；14—承压橡胶板。

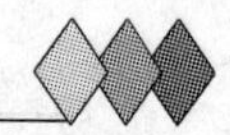

(3)客运专线铁路桥梁盆式橡胶固定支座(图 2—9)

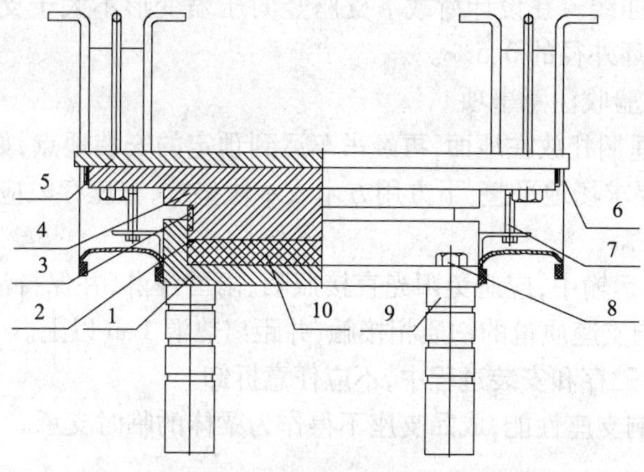

图　2—9

1—下支座板;2—黄铜紧箍圈;3—密封圈Ⅰ;4—上支座板;5—预埋钢板及螺栓;
6—支座围板;7—连接钢板和连接螺栓;8—螺栓;9—定位套筒;10—承压橡胶板。

(4)客运专线铁路桥梁盆式橡胶抗震型固定支座(图 2—10)

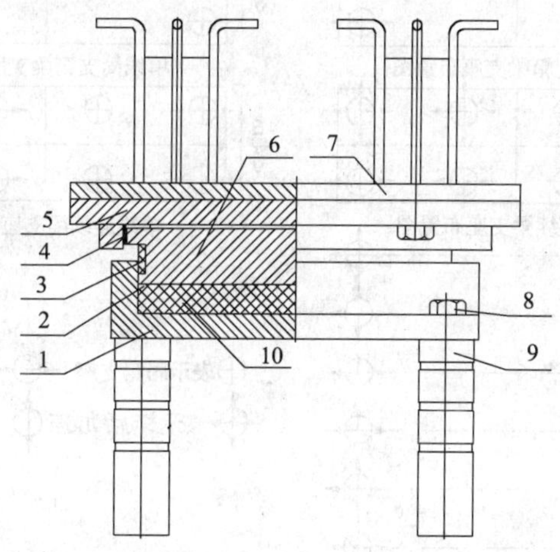

图　2—10

1—下支座板;2—黄铜紧箍圈;3—密封圈;4—高阻尼橡胶减震条;5— 上支座板;
6—中间钢衬板;7—预埋钢板及螺栓;8—螺栓;9—定位套筒;10—承压橡胶板。

4. 检测方法

支座按 TB/T 2331—2004 中附录 C 进行检测,具体要求为:

支座竖向承载力试验应测定垂直荷载作用下,荷载—支座竖向压缩变形曲线和荷载—盆环径向变形曲线。检验荷载为支座竖向设计承载力的 1. 5 倍。在试验支座四周对称放置 4 个百分表测定竖向压缩变形,用 4 个千分表测定盆环径向变形。试验时先预压 3 遍。试验荷载由零至检验荷载均分 10 级,试验时以支座竖赂设计承载力的 0. 5% 作为初始压力,然后逐级加压,每级荷载稳压 2 min 后读取百分表及千分表数据,直至检验荷载,稳压 3 min 后卸载,往复加载 3 次。

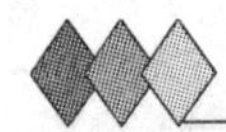

变形分别取 4 个百分表及千分表读数的算术平均值，绘制荷载—竖向压缩变形曲线和荷载—盆环径向变形曲线。在设计荷载下支座竖向压缩变形不大于支座总高的 2%，盆环径向变形不应大于盆环外径的 0.5‰。

5. 运输、保管、及验收注意事项

(1) 支座需用软绳捆扎放在地面，再经吊车运到预定的安装地点，如果工地没有立即安装，支座存贮的场所要求场地平整，下方用方木或木块垫放，支座存贮应不影响工地施工，且方便运输和吊装。

(2) 支座在贮存、运输中，应避免阳光直接照晒、雨雪浸淋，并保持清洁。不应与酸、碱、油类、有机溶剂等影响支座质量的物质相接触，并距离热源 1 m 以上。

(3) 支座在运输、贮存和安装过程中，不应任意拆卸。

(4) 为避免给影响支座性能，成品支座不得作为梁体的临时支承。

6. 支座使用

(1) 支座安装要求

① KTPZ 系列盆式橡胶支座按照桥梁支座布置原则，其布置方式见图 2—11。

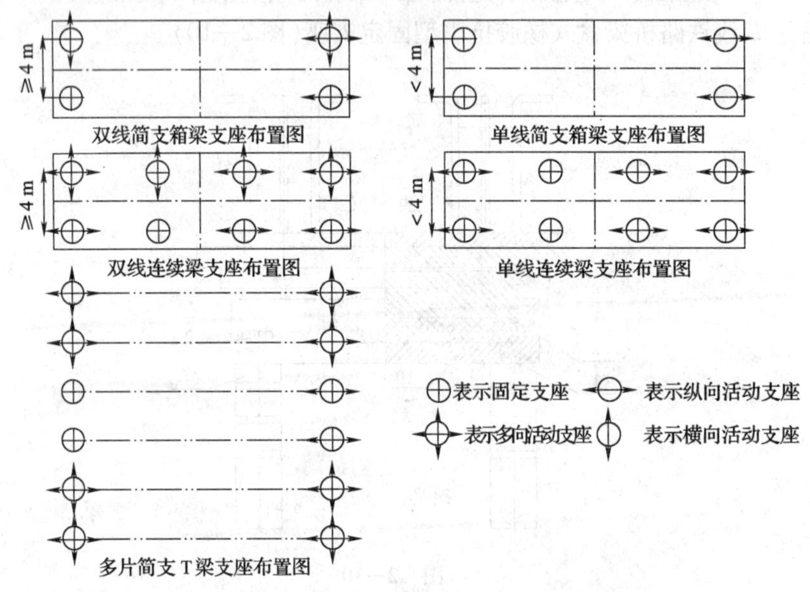

图 2—11

② 连续梁的固定支座宜设置在出现较大支座反力的部位。

③ 对可能发生下部结构不均匀沉陷的连续梁桥，宜设置调高支座。

④ 对位于坡道上的桥梁，固定支座原则上要设置在桥梁的下坡端。

⑤ 支座垫石的混凝土标号不低于 C50，垫石顶面四角高差不得大于 2 mm，为安装和必要时更换支座方便，梁底与墩顶净高不宜小于 600 mm。

(2) 支座安装工艺

① 在支座安装前，工地应检查支座连接状况是否正常，但不得任意松动上/下支座连接螺栓。

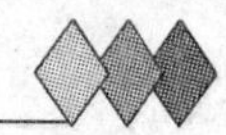

② 梁体吊装前，先将支座安装在预制箱梁底部。

③ 凿毛支座安装部位的支承垫石表面，清除预留孔中的杂物，安装灌浆用模板，用水将支承垫石表面浸湿。灌浆用模板可采用钢模，底面设一层 4 mm 厚橡胶防漏条，通过膨胀螺栓固定在支承垫石顶面。（钢模固定示意图见图 2—12）

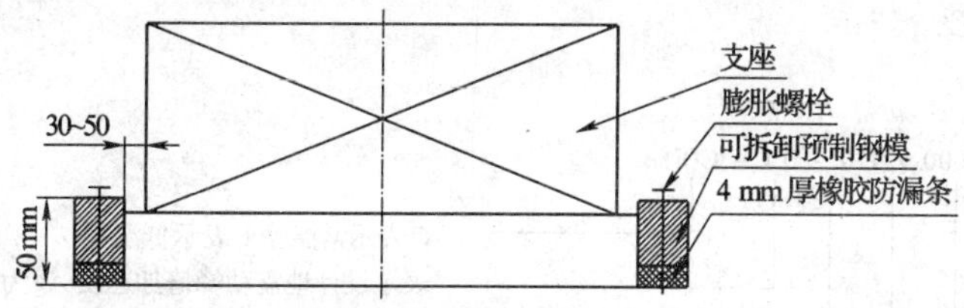

图 2—12　钢模固定示意图

④ 吊装预制箱梁（带支座），将箱梁落在临时支承千斤顶上，通过千斤顶（应保证每个支点反力与四个支点反力的平均值相差不超过 ±5%）调整梁体位置及标高。（落梁示意图见图 2—13）

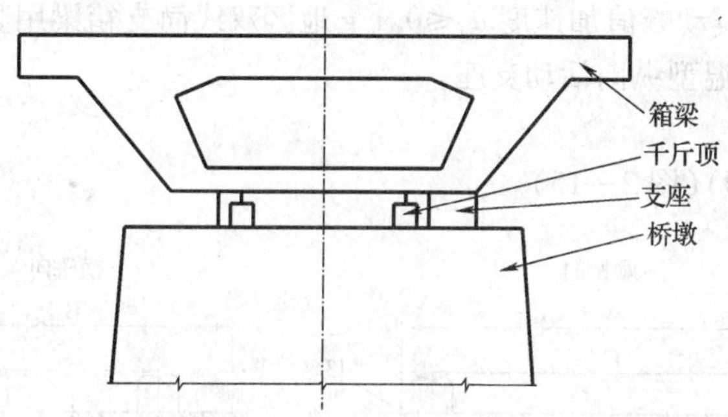

图 2—13　落梁示意图

⑤ 支座就位后，在支座底板与桥墩或桥台支承垫石顶面之间应留有 20 ~ 30 mm 的空隙，以便灌注无收缩高强度灌注材料，灌注材料性能应能满足《350 km/h 客运专线预应力混凝土预制梁技术条件》的要求。（无收缩高强度材料灌注示意图见图 2—14）

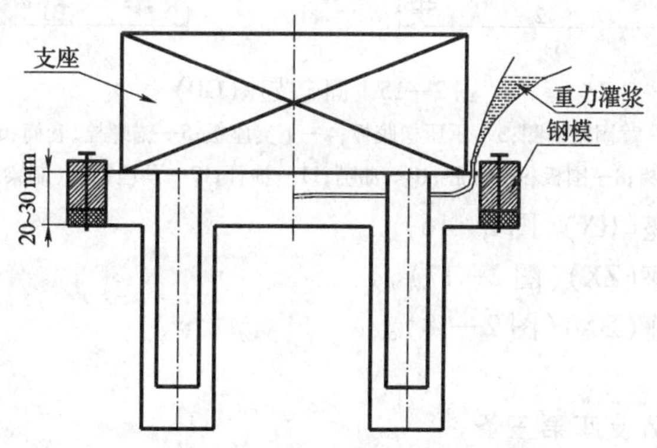

图 2—14　无收缩高强度材料灌注示意图

⑥ 采用重力灌浆方式，灌注支座下部及锚栓孔处空隙，灌浆过程应从支座中心部位向四周注浆，直至从模板与支座底板周边间隙处观察到灌浆材料全部灌满为止。

⑦ 灌浆前应初步计算所需浆体体积，灌注实用浆体数量不应与计算值产生过大的误差，防止中间缺浆。

⑧ 强度达到 20 MPa 之后，拆除钢模板，检查是否有漏浆处，必要时对漏浆处进行补浆，拧紧下支座板锚栓，拆除各支座上、下支座连接角钢及螺栓，拆除临时千斤顶。

（二）TGPZ 支座

1. 支座代号

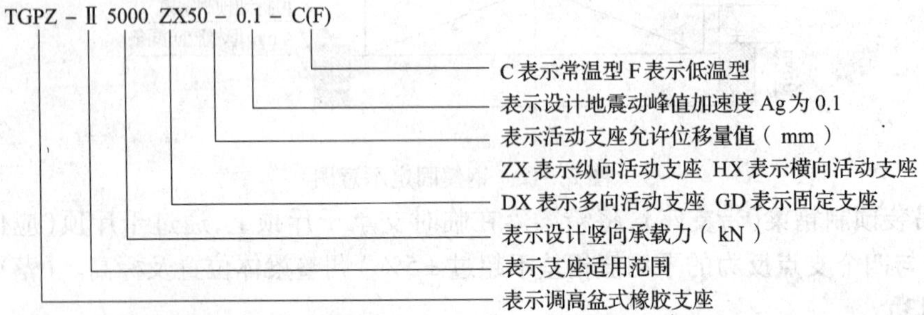

本例表示设计地震动峰值加速度 $a_g \leqslant 0.1$ g 地区双线简支箱梁用竖向承载力5 000 kN，位移量为 ±50 mm，常温型纵向活动支座。

2. 结构

（1）固定支座（GD）（图 2—15）。

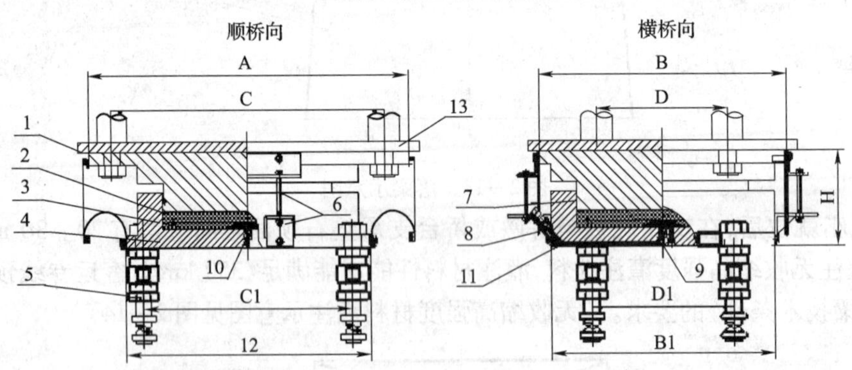

图 2—15　固定支座（GD）

1—上支座板；2—黄铜紧箍圈；3—承压橡胶板；4—下支座板；5—锚螺栓、套筒；6—连接板、螺栓；7—密封圈；8—围板；9—油腔；10—油嘴；11—油管；12—预埋钢板（制梁厂提供）。

（2）横向活动支座（HX）（图 2—16）。

（3）纵向活动支座（ZX）（图 2—17）。

（4）多向活动支座（DX）（图 2—18）。

3. 检测方法

检测方法同 KTPZ 支座第三条。

4. 运输、保管、及验收注意事项

运输、保管、及验收注意事项同 KTPZ 支座第四条。

5. 支座使用

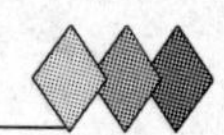

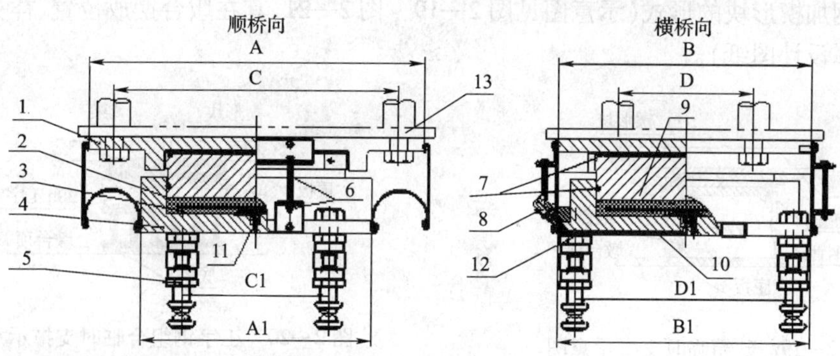

图 2—16　横向活动支座(HX)

1—上支座板;2—黄铜紧箍圈;3—承压橡胶板;4—下支座板;5—锚螺栓、套筒;6—连接板、螺栓;7—密封圈;8—围板;9—中间钢衬板;10—油腔;11—油嘴;12—油管;13—预埋钢板(制梁厂提供)。

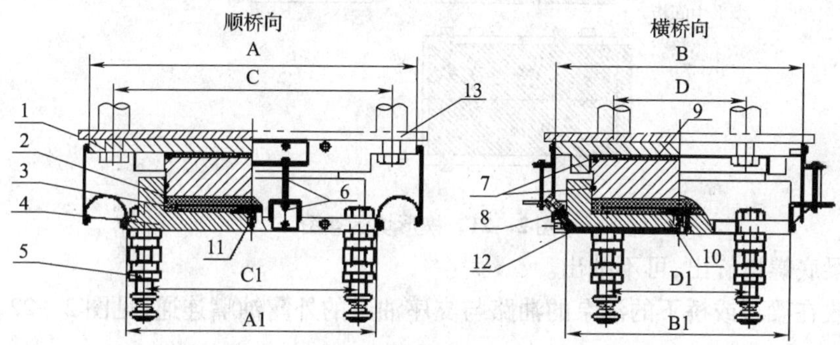

图 2—17　纵向活动支座(ZX)

1—上支座板;2—黄铜紧箍圈;3—承压橡胶板;4—下支座板;5—锚螺栓、套筒;6—连接板、螺栓;7—密封圈;8—围板;9—中间钢衬板 10—油腔;11—油嘴;12—油管;13—预埋钢板(制梁厂提供)。

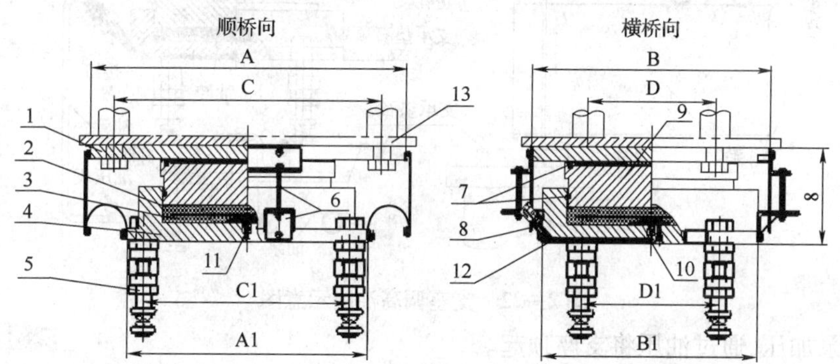

图 2—18　多向活动支座(DX)

1—上支座板;2—黄铜紧箍圈;3—承压橡胶板;4—下支座板;5—锚螺栓、套筒;6—连接板、螺栓;7—密封圈;8—围板;9—中间钢衬板;10—油腔;11—油嘴;12—油管;13—预埋钢板(制梁厂提供)。

普通支座使用同 KTPZ 支座第五条,调高支座使用为:

(1)TGPZ - Ⅰ ~ Ⅵ系列支座调高工艺细则

① 在需要调高的支座旁,将临时刚性支撑布置好,为减轻单件重量,可采用砂箱加楔形

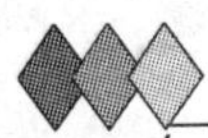

块或工字钢加楔形块的形式(示意图见图2—19～图2—21,其在墩台摆放位置、祥见尺寸等见临时支撑设计图纸)。

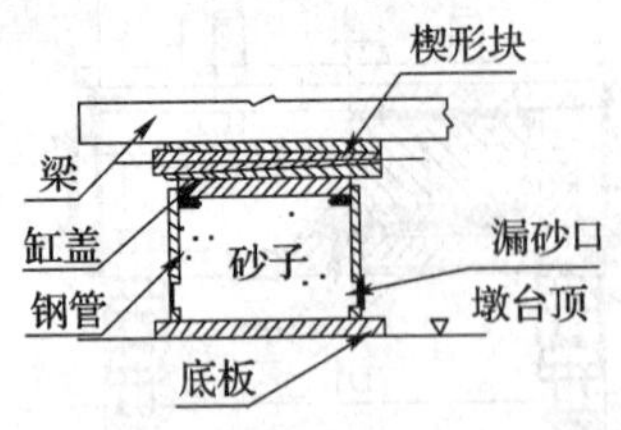

图2—19　砂箱临时支撑示意图

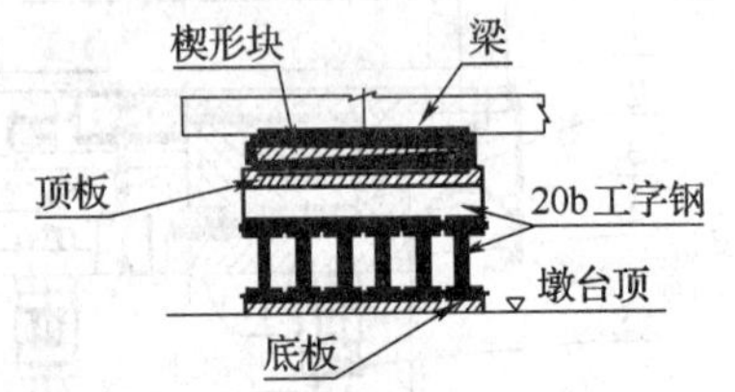

图2—20　工字钢组合临时支撑示意图

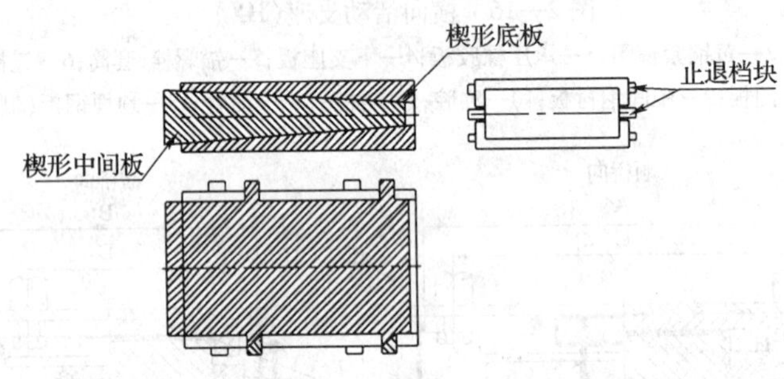

图2—21　楔形块示意图

② 将梁底螺栓旋出,可不抽出。

③ 将放在梁顶或桥下的油泵的油路与支座油腔的外露油嘴连通,见图2—22。

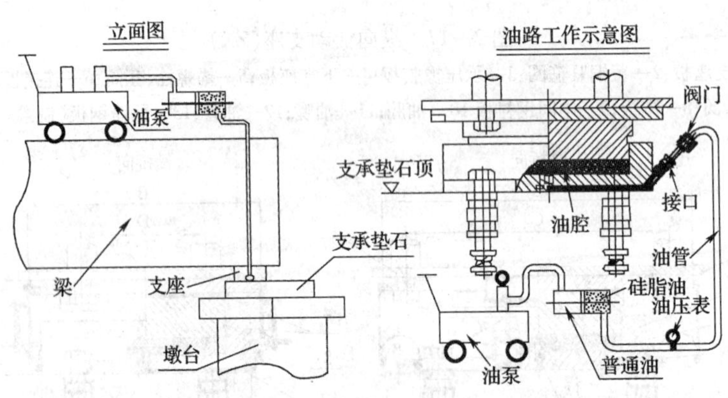

图2—22　支座调高油路示意图

④ 油泵加压,通过油压将支座顶起。

⑤ 当支座顶升到某一额定值(最大8 mm)时,停止加压,调高临时刚性支撑将梁顶紧。

⑥ 油泵回油,拧紧支座上、下支座板的连接螺栓将油腔内的硅脂油压出,用(或调换)临时钢垫板(平面上分4块均匀布置)插入上座板顶与梁底之间(或下座板底与垫石之间,优先选择在上座板顶与梁底之间填塞钢板)的间隙,拧松支座连接螺栓。

⑦ 重复步骤4～6,直到顶升到需要调整的高度为止。

⑧ 最后用刚性支撑将梁临时撑住,拧紧上、下座板的连接螺栓将油腔内的硅脂油压出,用预

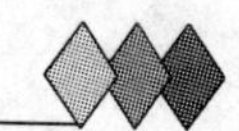

先准备好的与支座调高量相同的永久钢垫板(为精确调高,按照 1 mm 分级、任意组合,见图 2—23)插入上座板顶与梁底之间(或下座板底与垫石之间),油泵再次加压、将梁稍稍顶起,拆除刚性临时支撑,油泵回油后,拧紧支座梁底螺栓(或地脚螺栓),即可达到支座调高的目的。

(2)TGPZ－ⅠA～ⅥA 系列支座调高工艺细则

① 在基础发生不均匀沉陷时,先经测量确定支座调高量,并制定调高时的顶梁千斤顶布置方案以及梁体允许起顶量。

② 本系列支座采取加钢垫板的方式调高(可在上座板顶与梁底之间或下座板底与垫石之间加钢垫板,优先选择上座板顶与梁底之间加钢垫板)。

③ 根据支座尺寸和所需调高量加工调高用钢垫板。

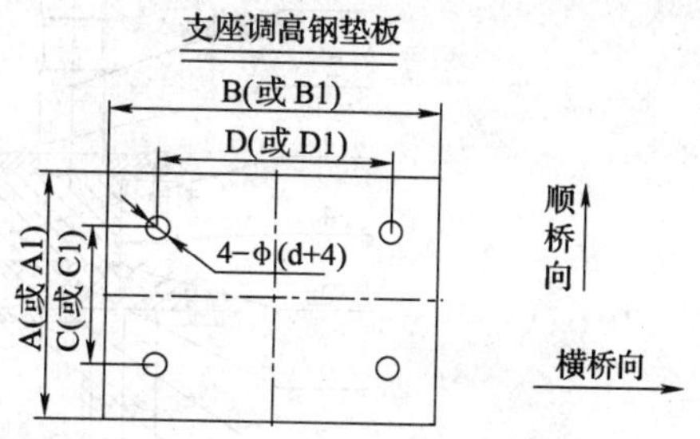

图 2—23　支座调高钢垫板示意图

④ 在需要调高的支座墩台顶部设临时支撑或测力千斤顶,并连接油路。

⑤ 拧出支座上锚栓(在上座板顶与梁底之间加钢垫板时)或下锚栓(在下座板底与垫石之间加钢垫板时)。

⑥ 顶梁至高出所需调高量 1～3 mm,插入调高钢垫板(在下座板底与垫石之间加钢垫板时,需用支座连接钢板和连接螺栓),拧上支座锚螺栓,但不拧紧。

⑦ 油泵回油,使支座承压,拧紧支座锚螺栓,拆除千斤顶,调高完成。

⑧ 检查支座就位状态,对支座与钢垫板之间的缝隙进行封堵,并油漆进行防护。

上述调高过程中,薄型液压缸或测力千斤顶若采用手动加压,则同一梁端的两个支点的起顶反力差应控制在 5% 以内,同一梁端的两个支点的薄型液压缸或测力千斤顶油路应连通。同时对于简支箱梁梁体顺桥向两端不能同时起顶,以确保安全。

(三)CKPZ 支座

1. 支座代号

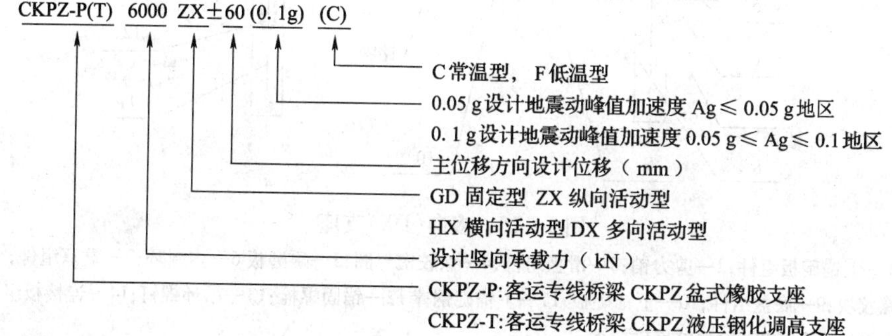

2. 结构

(1)固定(GD)型支座结构简图(图 2—24)

(2)多向(DX)型活动支座结构简图(图 2—25)

(3)横向(HX)型活动支座结构简图(图 2—26)

(4)纵向(ZX)型活动支座简图(图 2—27)

3. 检测方法

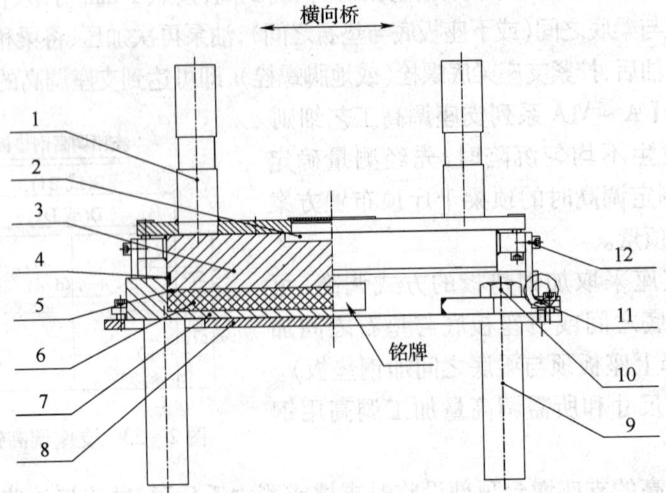

图 2—24　固定(GD)支座

1—上锚碇板组件;2—剪力销;3—盆塞组件;4—橡胶密封圈;5—内封环;6—橡胶块;
7—底盆组件;8—下锚碇板;9—下锚碇钢棒;10—锚固螺栓;11—吊环螺钉;12—连接板组件。

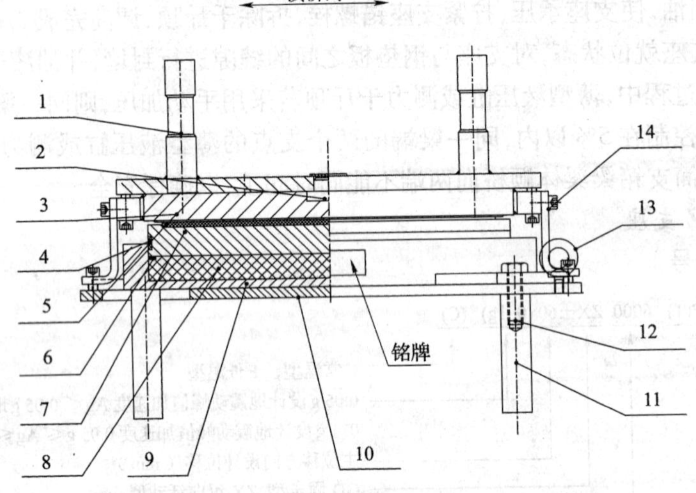

图 2—25　多向(DX)支座

1—上锚碇板组件;2—剪力销;3—滑板组件;4—橡胶密封圈;5—耐磨板 6—内封环;7—盆塞组件;
8—橡胶块;9—底盆组件;10—下锚碇板;11—下锚碇钢棒 12—锚固螺栓;13—吊环螺钉;14—连接板组件。

检测方法同 KTPZ 支座第三条。

4. 运输、保管、及验收注意事项

运输、保管、及验收注意事项同 KTPZ 支座第四条。

5. 支座使用

支座使用同 TGPZ 支座第五条。

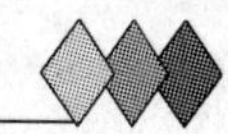

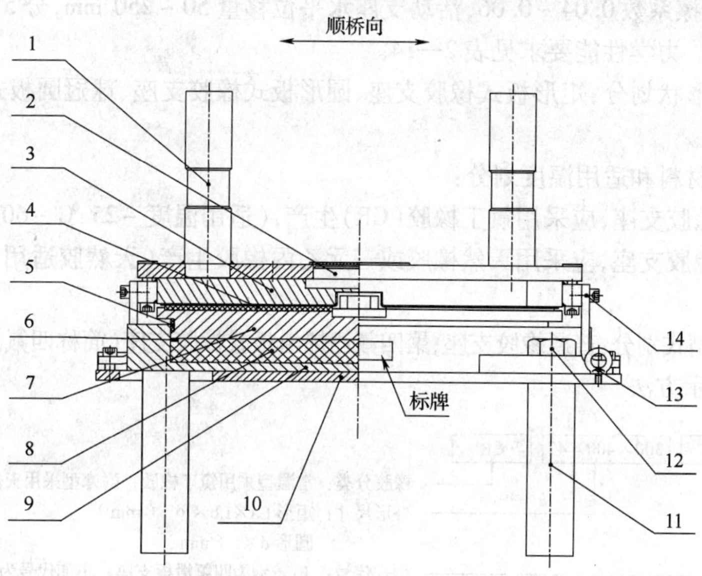

图 2—26　横向(HX)支座

1—上锚碇板组件;2—剪力销;3—滑板组件;4—橡胶密封圈;5—耐磨板 6—内封环;7—盆塞组件;8—橡胶块;9—底盆组件;10—下锚碇板;11—下锚碇钢棒 12—锚固螺栓;13—吊环螺钉;14—连接板组件。

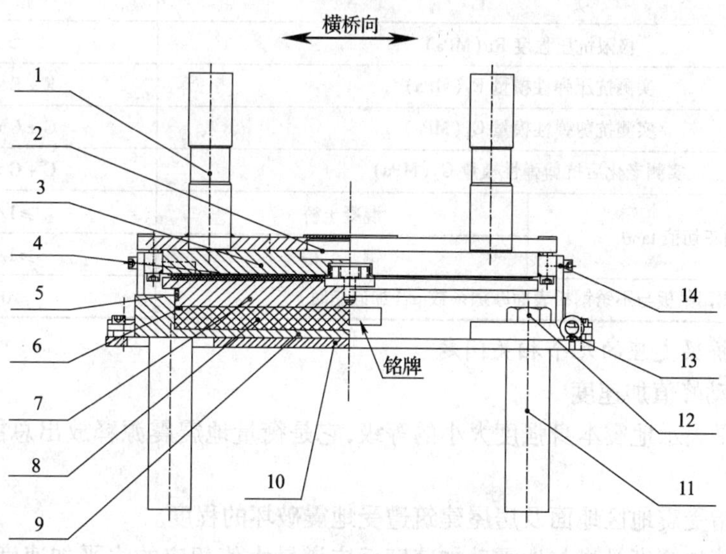

图 2—27　纵向(ZX)支座

1—上锚碇板组件;2—剪力销;3—滑板组件;4—橡胶密封圈;5—耐磨板 6—内封环;7—盆塞组件;8—橡胶块;9—底盆组件;10—下锚碇板;11—下锚碇钢棒 12—锚固螺栓;13—吊环螺钉;14—连接板组件。

(四)板式橡胶支座

板式橡胶支座主要用于与客运专线相交的公路和普通铁路桥梁。板式橡胶支座主要功能是将上部的反力可靠地传递给墩台,并同时能完成梁体结构由于制动力、温度、混凝土的收缩徐变及荷载作用等引起的水平位移及梁端的转动。允许水平力为竖向的 10%,允许转

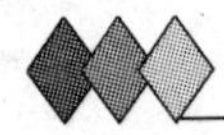

角不小于40″,摩擦系数0.04～0.06,活动支座水平位移量50～250 mm,分5级。荷载等级100～15 000 kN。力学性能要求见表2—14。

(1)按支座形状划分:矩形板式橡胶支座、圆形板式橡胶支座、球冠圆板式橡胶支座、圆板坡形橡胶支座。

(2)按支座材料和适用温度划分:

① 常温型橡胶支座,应采用氯丁橡胶(CR)生产,(适用温度－25 ℃～60 ℃);

② 耐寒型橡胶支座,应采用天然橡胶或三元乙丙橡胶生产(天然胶适用温度－40 ℃～60 ℃)。

(3)按结构型式划分:普通橡胶支座;聚四氟乙烯滑板式橡胶支座(简称四氟滑板支座)。

(4)代号表示方法

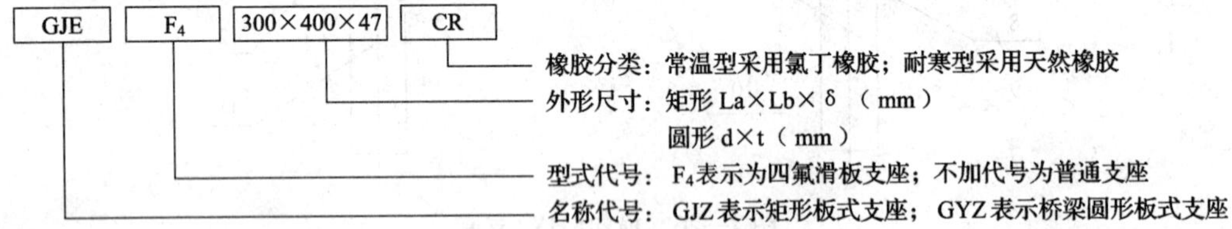

表2—14 支座力学性能要求

项　　目		指　标
极限抗压强度 Ru(MPa)		≥70
实测抗压弹性模量 E_1(MPa)		E ± E × 20%
实测抗剪弹性模量 G_1(MPa)		G ± G × 15%
实测老化后抗剪弹性模量 G_2(MPa)		G + G × 15%
实测转角正切值 $\tan\theta$	混凝土桥	≥1/300
	钢　桥	≥1/500
实测四氟板与不锈钢板表面摩擦系数 μ_f(加硅脂时)		≤0.03

(五)关于桥梁支座的几个相关问题

1. 地震的动峰值加速度

地震震级是表示地震本身强度大小的等级,它是衡量地震震源释放出总能量大小的一种量度。

地震烈度指受震地区地面及房屋建筑遭受地震破坏的程度。

地震动峰值加速度是指与地震动加速度反应谱最大值相应的水平加速度,是现代铁路桥梁支座设计必须关注的重要指标。国家标准《中国地震动峰值加速度区划图》直接采用地震动参数(地震动峰值加速度和地震动反应谱特征周期),不再采用地震基本烈度。地震动峰值加速度分区与地震基本烈度对照见表2—15。

表2—15 地震动峰值加速度分区与地震基本烈度对照表

地震动峰值加速度分区(g)	<0.05	0.05	0.1	0.15	0.2	0.3	≥0.4
地震基本烈度(度)	<Ⅵ	Ⅵ	Ⅶ	Ⅶ	Ⅷ	Ⅷ	≥Ⅸ

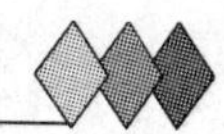

2. 关于预偏量设置

在桥梁施工过程中,由于收缩徐变、预应力张拉以及温度荷载的影响,桥体主墩会产生纵向水平位移,从而在梁体内产生附加内力,该内力对梁体造成不利的影响。由于这种位移是在施工过程中产生的,因此在实际的施工过程中,在墩顶活动支座处应该设置一个支座预偏量来平衡(一般设计预偏量是按照 15 ℃的合拢温度来计算的),以保证在桥梁正式交付使用之前,支座能达到设计位移的 0 点状况。支座预偏量可以在工厂预设,也可以在施工现场由工厂技术人员指导下根据施工图设计的预偏量预设。

3. 连续梁支座水平力验算

如果改变支座型号或其部分参数,除了考虑设计反力外,还必须考虑支座水平力的验算,对于连续梁更应该谨慎对待。对于小跨度连续梁,按照正常情况计算最大水平力(地震水平力)即可;对于大跨度连续梁支座水平力应该重新验算,因为大跨度连续梁纵向水平力可能远大于正常水平的水平力。

(六)支座砂浆

1. 支座砂浆主要技术指标

无收缩高强灌浆料专用于有特殊要求的客运专线桥梁盆式橡胶支座的安装。即在常温条件下,灌浆材料 2h 抗压强度不小于 20 MPa,28 d 抗压强度不小于 50 MPa。该灌浆材料具有自流平、超早强、高强、无收缩及对钢筋无锈蚀等特性。见表 2—16。

表 2—16

流动度		泄水率	凝结时间	抗折强度(MPa)			搞压强度(MPa)			限制膨胀率(%)
出机扩展度	30 min 后流动度			2 h	24 h	28 d	2 h	24 h	28 d	28 d
≥320 mm	≥240 mm	0	<2 h >30 min	≥3.0	≥10.0	≥10.0	≥20	≥40	≥50	0.01~0.1

2. 灌浆部位的预处理

(1)凿毛支座安装部位的支承垫石表面,清除预留孔中的杂物、积水及油污。

(2)安装灌浆用模板,模板与垫石顶面应采取可靠措施防止在重力灌浆时发生漏浆。

(3)在灌浆前 4~24 h,将支座安装部分的支承垫石表面及预留孔壁充分湿润,但不得存有积水。

(4)确定配合比:灌浆前应根据所需浆体体积,计算实际灌浆用量,再根据现场每次搅拌需用的灌浆料用量,按推荐的水料比(13%~17%)加水。通过试配确定满足施工流动度要求的适宜加水量。

(5)如果施工现场环境温度高于 25 ℃时,需要加入适量的流动度调节剂(参数值为灌浆料重量的 3‰左右,具体掺量通过试配确定),以便满足高温下流动度及施工操作时间的要求。

3. 搅拌设备

采用普通灰浆搅拌设备(转速≥70 转/min)即可。

搅拌及使用程序:

(1)按确定好的水料比分别称量水和灌浆料。

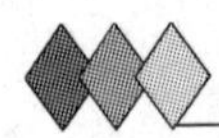

(2)按确定的加水量将水加入搅拌机中,(搅拌机密封性要好,防止水泄漏)然后将所需的灌浆料逐渐加入搅拌机中,边加边搅拌。

(3)采用机械搅拌时间为 5 ~ 6 min,采用人工搅拌时,应先加入 2/3 的用水量搅拌 2 min,然后加入剩余水量,搅拌至均匀为止。

(4)搅拌好的灌浆料应保证在 30 min 内使用完成,并且在凝结硬化前用抹刀压平两次,保证表面平整。未用完应丢弃,不得二次搅拌使用,并及时清理施工机械。

(5)在未经试验的情况下,严禁在灌浆料中掺入其他水泥外加剂、掺合料。

4. 灌注注意事项

(1)灌浆时采用重力灌浆法,灌浆时,确保灌浆料内的气体能自由逸出。灌浆管前端可采用软质管材以便灌浆管能伸入底板的中心位置,给底板灌浆时,需保持足够的位差以使浆体流动。砂浆表面暴露在外的部分越少越好。

(2)进行灌浆时,应从底板一侧开始灌浆,直至底板另一侧溢出为止,不得从四侧同时灌浆。如果条件允许,灌浆管应伸入支座中心向四周灌浆,灌浆管外抽时应缓慢,边抽边补浆,并严防带入空气,直到浆料全部灌满为止。

(3)每次灌浆层厚度不宜超过 100 mm,但灌浆高度应高出支座底板底面 1 ~ 2 cm,必要时可用铁链、竹板条等辅助工具进行导流。

(4)尤其注意在地脚螺栓处用铁丝或竹条进行引导以确保此处气体能完全排出。

5. 支模

(1)设备支座调整合格后,进行支模,架设临时垫板,千斤顶等,周围也应支模围护。

(2)灌浆模板应安装严密、牢固,防止漏浆(必要时可采用聚酯泡沫塑料或橡胶皮作密封垫)或跑模。

6. 养护

(1)灌浆后,灌浆层在未达到要求强度时,不得使设备和灌浆层受振动,碰撞。

(2)灌浆料终凝时间为 1 ~ 1.5 h,须在终凝前对灌浆层表面抹压光,收光后即应浇水养护并覆盖湿润的布袋或草袋,以确保灌浆层外露表面保持湿润。

(3)养护水温在 20 ℃以上为宜。

7. 拆模及安装调试

(1)拆模可以在浇灌完毕 24 h 后进行,拆模后继续洒水养护。养护时间一般 7 天以上。

(2)拆除临时垫板(或顶丝、千斤顶等)、紧固地脚螺栓、复测水平标高,然后进入安装调试的正常程序。

8. 夏季使用注意事项

(1)灌浆材料应存放在阴凉、干燥通风处,防止物料被太阳暴晒。

(2)灌浆混凝土基础面润湿后应注意保水,防止水分过快蒸发。

(3)拌和用水,水温不宜超过 25 ℃。

(4)搅拌时应将搅拌设备安放在阴凉、通风处进行操作。

(5)夏季施工时除按照正常的操作规程外,需加强洒水养护工作。

9. 冬季使用注意事项

(1)清除预留孔洞中的杂质,特别是冰块必须清除掉。

(2)拌和水温度应控制在25 ℃~35 ℃之间,浆体入模时温度不低于10 ℃。

(3)搅拌设备和输送管道应作好保温设施,防止散热过快。

(4)灌浆部位应进行预热,温度不低于5 ℃

(5)养护采取浇温水养护,(或涂刷养护剂)。

四、桥梁防水

(一)防水材料分类

建筑防水体系可分为刚性防水体系和柔性防水体系,客运专线工程一般选用柔性防水体系。柔性防水体系指的是所用的防水材料具有一定的柔韧性、弹性、塑性、耐热性和可施工性,如沥青系防水层、弹塑性的防水卷材及防水涂膜等,这是目前在建筑物中采用最多的一种防水体系。柔性防水体系按所用材料不同,又可分为卷材、涂料及油膏三种形式。防水材料分类方式很多,常见的防水材料分类见表2—17。

表2—17　常用防水材料的分类

<table>
<tr><th colspan="2">分类</th><th>品　种</th><th>型　号</th><th>常见防水材料名称</th><th>客运专线应用</th></tr>
<tr><td rowspan="20">柔性防水材料</td><td rowspan="9">防水卷材</td><td rowspan="3">合成高分子防水卷材</td><td>Ⅰ(弹性体卷材)</td><td>三元乙丙丁基卷材、氯化乙烯卷材、氯化聚乙烯卷材和橡胶共混卷材等</td><td rowspan="3">防撞墙以内选用</td></tr>
<tr><td>Ⅱ(塑性体卷材)</td><td>TBL卷材</td></tr>
<tr><td>Ⅲ(增强型卷材)</td><td>氯化聚乙烯卷材(L类、N类)(简称CPE卷材)</td></tr>
<tr><td rowspan="4">高聚物改性沥青防水卷材</td><td>Ⅰ(聚酯胎体)</td><td rowspan="4">SBS、APP、SBR改性沥青卷材、热熔自粘性卷材、PVC煤焦油改性彩砂卷材</td><td rowspan="4">防撞墙以内选用</td></tr>
<tr><td>Ⅱ(麻布胎体)</td></tr>
<tr><td>Ⅲ(聚乙烯胎体)</td></tr>
<tr><td>Ⅳ(玻纤布胎体)</td></tr>
<tr><td rowspan="2">沥青卷材</td><td>350号石油沥青</td><td>纸胎沥青油毡、玻纤胎沥青油毡</td><td rowspan="2"></td></tr>
<tr><td>500号石油沥青</td><td>改性沥青油毡</td></tr>
<tr><td rowspan="7">防水涂料</td><td rowspan="3">沥青类防水涂料</td><td>溶剂型</td><td rowspan="3">冷底子油、沥青胶(玛碲脂)、水性沥青防水材料</td><td rowspan="3">作基层处理剂或胶粘剂</td></tr>
<tr><td>水乳型</td></tr>
<tr><td>反应型</td></tr>
<tr><td rowspan="2">合成高分子防水涂料</td><td>Ⅰ(固化型)</td><td>聚氨酯防水涂料(双组分)、聚氯乙烯防水涂料、有机硅防水涂料</td><td rowspan="2">防撞墙以外选用</td></tr>
<tr><td>Ⅱ(挥发型)</td><td>丙烯酸酯防水涂料(单组分)</td></tr>
<tr><td rowspan="1">高聚物改性沥青防水涂料</td><td>水乳型
溶剂型</td><td>再生胶改性沥青防水涂料、水乳型氯丁橡胶沥青防水涂料、SBS橡胶改性沥青防水涂料</td><td>胶粘剂</td></tr>
<tr><td>水泥基防水涂料</td><td>水泥基</td><td>JS复合防水涂料、聚合物水泥基防水涂料</td><td>胶粘剂</td></tr>
<tr><td rowspan="4">密封材料</td><td rowspan="2">合成高分子防水密封材料</td><td>Ⅰ(弹性体)</td><td>有机硅、聚硫、聚氨酯密封膏</td><td>无砟轨道等处</td></tr>
<tr><td>Ⅱ(弹塑性体)</td><td>丙烯酸、氯丁、氯磺化聚乙烯密封膏</td><td></td></tr>
<tr><td rowspan="2">沥青类密封材料</td><td>Ⅰ(石油沥青类)</td><td>SBS弹性体密封膏、APP改性沥青密封膏、橡胶沥青嵌缝油膏</td><td>轨道施工缝等选用</td></tr>
<tr><td>Ⅱ(焦油沥青类)</td><td>PVC胶泥、PVC油膏</td><td></td></tr>
</table>

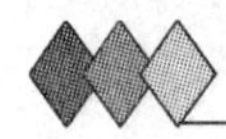

续上表

分类		品　种	型　号	常见防水材料名称	客运专线应用
刚性防水材料		水泥砂浆		防水剂防水砂浆	
		防水混凝土	普通防水混凝土 补偿收缩	UEA 防水混凝土	隧道防水以及预制梁封锚等
		渗透结晶型	水泥基	水泥基渗透结晶型防水材料	
		表面憎水型	硅醇基	硅醇基憎水剂	

防水材料的发展状况大致概括如下:

1. 以沥青基卷材防水材料为主

20 世纪 80 年代以前,在建筑工程防水中沥青基防水卷材占主导地位。至 20 世纪 80 年代末,在沥青基卷材中,以氧化沥青基油毡为主的叠层油毡屋面大幅度减少,而改性沥青油毡的用量开始大幅度增长。其中应用最多的是无规聚丙烯(APP)和苯乙烯与丁二烯嵌段聚合物(SBS)改性制成的改性沥青油毡。APP 改性沥青油毡的耐高温性能好,SBS 改性沥青油毡对高、低温均有较好的适应性。在油毡胎体方面,传统的纸胎使用量大幅度下降,而玻璃纤维胎基材料和聚氨酯类胎基的应用越来越广泛。

2. 高分子防水材料的较大发展

自 20 世纪 90 年代初期,高分子防水材料片材开始发展,并以其综合性能优良、环境污染小、使用寿命长,而受到设计、施工和使用者的喜爱,并迅速在一些国家推广应用。现在,很多国家正在推广应用高分子防水片材。

3. 防水涂料向新的方向发展

防水涂料具有施工方便、便于操作、施工速度较快、维修简单等显著优点,在防水工程中逐渐受到欢迎。初期防水涂料是以沥青基涂料为主,随着科学技术的发展,这种传统的防水涂料逐渐被聚氨酯、丙烯酸酯、橡胶和橡胶改性沥青涂料所取代。

4. 复合型防水材料受到重视

沥青卷材、防水涂料和高分子防水材料各自具备不同的特点,也具有不同的缺陷。把沥青防水涂料、沥青油毡、改性沥青油毡、高分子防水片材、聚合物基防水涂料等多种材料,进行科学合理的多种形式复合,使其扬长避短,充分发挥出自身防水作用的优势,这是现代防水材料的发展趋势。通过该方式所得的复合防水材料具有很强的生命力。随着现代建筑技术发展和对建筑防水材料要求的不断提高,我国建筑防水材料已由单一的纸胎沥青油毡,向低、中、高档门类繁多的防水体系过渡。

(二)客专桥梁选用的防水材料

根据客运专线建设的具体特点,客专桥面防水层技术条件对原材料的选择和使用进行了较为详细的规定。

1. 原材料

用于防水层的材料包括氯化聚乙烯防水卷材、聚氨酯防水涂料、高聚物改性沥青防水卷材和基层处理剂。

(1)氯化聚乙烯防水卷材

规格要求

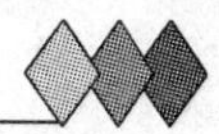

氯化聚乙烯防水卷材包括N类无复合层卷材和L类纤维复合卷材。

N类防水卷材的厚度(不含花纹高度)规格为:1.2 mm。

L类防水卷材的厚度(不含纤维层厚度)规格为:1.8 mm。

防水卷材的宽度规格由供需双方商定,最大宽度不超过1 650 mm。

防水卷材的长度规格由供需双方商定,最大长度不超过33 m。

技术要求

防水卷材的外观质量:表面应无气泡、疤痕、裂纹、粘结和孔洞。

防水卷材的颜色应采用除黑色外的其他颜色。

N类防水卷材的顶面压花成方格网状,以增强防水卷材与混凝土的粘结强度。方格网状的规格为:纹高0.1 ±0.02 mm,25 ~30 块/cm^2。

L类防水卷材应双面热融无纺纤维布。

N类、L类防水卷材的物理力学性能应分别符合表2—18、表2—19的规定。

表2—18 N类防水卷材的物理力学性能指标

序号	项目		指标	试验方法
1	拉伸强度(MPa)		≥9.0	GB 12953
2	扯断伸长率(%)		≥350	
3	热处理尺寸变化率(%)		纵向≤2.5 横向≤1.5	
4	低温弯折性		-35 ℃无裂纹	
5	抗穿孔性		不渗水	
6	不透水性		不透水	
7	剪切状态下的粘合性(N/mm)		≥3.0或卷材破坏	
8	保护层混凝土与防水卷材粘结强度(MPa)		≥0.5	GB/T 19250
9	热老化处理	外观质量	无气泡、疤痕、裂纹、粘结、孔洞	GB 18244
		拉伸强度相对变化率(%)	±20	
		断裂伸长率相对变化率(%)	±20	
		低温弯折性	-25 ℃无裂纹	
10	人工气候加速老化	拉伸强度相对变化率(%)	±20	
		断裂伸长率相对变化率(%)	±20	
		低温弯折性	-25 ℃无裂纹	
11	耐化学侵蚀	拉伸强度相对变化率(%)	±20	GB 12953
		断裂伸长率相对变化率(%)	±20	
		低温弯折性	-25 ℃无裂纹	

表 2—19 L 类防水卷材的物理力学性能指标

序号	项 目		指 标	试验方法
1	拉力(N/cm)		≥160	GB12953
2	断裂伸长率(%)		≥350	
3	热处理尺寸变化率(%)		纵向≤2.5 横向≤1.5	
4	低温弯折性		-35 ℃,无裂纹	
5	抗穿孔性		不渗水	
6	不透水性		不透水	
7	剪切状态下的粘合性(N/mm)		≥3.0 或卷材破坏	
8	保护层混凝土与防水卷材粘结强度(MPa)		≥0.5	GB/T19250
9	热老化处理	外观质量	无气泡、疤痕、裂纹、粘结、孔洞	GB18244
		拉力(N/cm)	≥150	
		断裂伸长率(%)	≥350	
		低温弯折性	-25 ℃,无裂纹	
10	人工气候加速老化	拉力(N/cm)	≥150	
		断裂伸长率(%)	≥350	
		低温弯折性	-25 ℃,无裂纹	
11	耐化学侵蚀	拉力(N/cm)	≥150	GB12953
		断裂伸长率(%)	≥350	
		低温弯折性	-25 ℃,无裂纹	

卷材应用硬纸芯卷制。卷制紧密、捆扎结实后置于用编织布等作成的包装袋中。

运输途中或贮存期间,卷材应平放,贮存高度以平放 3 个卷材高度为限,卷材产品不得与有损卷材质量或影响卷材使用性能的物质接触,并远离热源。

水泥基胶粘剂见表 2—20。

表 2—20 水泥基胶粘剂的物理力学性能指标

序号	项 目		指标
1	初凝时间 (h)		≥8
2	终凝时间 (h)		≤12
3	安定性		合格
4	抗折强度	3 d	≥5.5
		28 d	≥8
5	抗压强度	3 d	≥40
		28 d	≥60
6	冻融循环(50 次)	强度损失(%)	≤10
		质量损失(%)	≤2
7	抗渗性能		≥P20

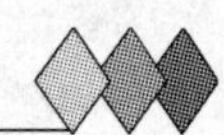

续上表

序号	项目		指标
8	拉伸胶结强度(MPa)		≥1.5
9	剪切强度(MPa)	无处理	≥4.5
		热老化处理	≥3.5
		冻融循环(50次)	≥3.5
		酸处理	≥4.5
		盐处理	≥4.5
10	防水卷材与水泥基层粘结剥离强度(N/mm)		≥5.0

(2)聚氨酯防水涂料

聚氨酯防水涂料分为用于粘贴防水卷材的防水涂料和直接用于作防水层的防水涂料两种。

① 粘贴防水卷材的防水涂料。聚氨酯防水涂料的物理力学性能应符合表2—21的要求,其他要求应符合TB/T 2965的规定。未启封产品的有效期为1年。

② 直接用于作防水层的防水涂料。聚氨酯防水涂料的物理力学性能应符合表2—22规定。未启封产品的有效期为1年。产品应采用密闭的容器包装。运输途中防止日晒雨淋,禁止接近热源。产品应储存于荫凉、干燥、通风处,储存最高温度不应高于40 ℃,最低温度不应低于5 ℃。产品应附有产品合格证和产品使用说明书。聚氨酯防水涂料的颜色应采用除黑色外的其他颜色。

表2—21 用于粘贴防水卷材的聚氨酯防水涂料物理力学性能指标及试验方法

序号	项目		指标	试验方法
1	拉伸强度(MPa)		≥3.5	GB/T 19250
2	拉伸强度保持率	加热处理(%)	≥100	
3		碱处理(%)	≥70	
4		酸处理(%)	≥80	
5	断裂伸长率	无处理(%)	≥450	
6		加热处理(%)	≥450	
7		碱处理(%)	≥450	
8		酸处理(%)	≥450	
9	低温弯折性	无处理	≤-35 ℃,无裂纹	
10		加热处理		
11		碱处理		
12		酸处理		
13	表干时间(h)		≤4	
14	实干时间(h)		≤24	
15	不透水性 0.4MPa,2h		不透水	
16	加热伸缩率(%)		≥-4.0,≤1.0	

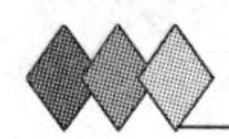

续上表

序号	项　　目	指　　标	试验方法
17	耐碱性,饱和 $Ca(OH)_2$ 溶液,500 h	无开裂、无起皮剥落	GB/T 9265
18	固体含量(%)	≥98	GB/T 19250
19	潮湿基面粘结强度(MPa)	≥0.6	
20	与混凝土粘结强度(MPa)	≥2.5	
21	撕裂强度(N/mm)	≥25.0	GB/T 529
22	与混凝土的剥离强度(N/mm)	≥2.5	GB/T 2790
23	与防水卷材的剥离强度(N/mm)	≥2.5	

注:试样膜厚1.5±0.1 mm。

表2—22　直接用于作防水层的聚氨酯防水涂料物理力学性能指标及试验方法

序号	项　　目		指　　标	试验方法
1	拉伸强度(MPa)		≥6.0	GB/T 19250
2	拉伸强度保持率	加热处理(%)	≥100	
3		碱处理(%)	≥70	
4		酸处理(%)	≥80	
5	断裂伸长率	无处理(%)	≥450	
6		加热处理(%)	≥450	
7		碱处理(%)	≥450	
8		酸处理(%)	≥450	
9	低温弯折性	无处理	≤-35 ℃,无裂纹	
10		加热处理		
11		碱处理		
12		酸处理		
13	表干时间(h)		≤4	
14	实干时间(h)		≤24	
15	不透水性0.4MPa,2h		不透水	
16	加热伸缩率(%)		≥-4.0,≤1.0	
17	耐碱性,饱和 $Ca(OH)_2$ 溶液,500h		无开裂、无起皮剥落	GB/T 9265
18	固体含量(%)		≥98	GB/T 19250
19	潮湿基面粘结强度(MPa)		≥0.6	
20	与混凝土粘结强度(MPa)		≥2.5	
21	保护层混凝土与固化聚氨酯防水涂料粘结强度(MPa)		≥0.5	
22	撕裂强度(N/mm)		≥35.0	GB/T 529
23	与混凝土剥离强度(N/mm)		≥3.5	GB/T 2790

注:试样膜厚2.0±0.1 mm。

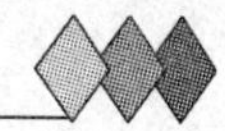

(3)高聚物改性沥青防水卷材

规格:厚度(不含花纹高度)规格为 3.5 mm、4.5 mm;宽度规格为 1 000 mm。

长度规格由供需双方商定,最大长度不超过 33 m。

每卷卷材应连续整长,不得有接头。

桥面基层平整度符合 TB/T 2965 规定时,可采用厚度 3.5 mm 卷材,否则应采用 4.5 mm 卷材。

技术要求:防水卷材内的胎基为长纤聚酯纤维毡,胎基应置于距卷材下表面的 2/3 厚度位置,胎基应浸透,不应有未被浸渍的条纹。

表面应平整,不允许有孔洞、缺边和裂口。

卷材双面附砂,细砂的颜色和粒度应均匀一致,并应紧密地粘附于卷材表面。

成卷卷材应卷制紧密、端面整齐,捆扎结实后置于用编织布或塑料膜等材质的包装袋中。

运输途中或贮存期间宜立放,如平放,应以 3 个卷材高度为限;卷材产品避免日晒、雨淋,不得与有损卷材质量或影响卷材使用性能的物质接触,并远离热源。

防水卷材贮存有效期为 1 年。

防水卷材的物理力学性能应分别符合表 2—23 的规定。见图 2—28。

图 2—28　高聚物改性沥青防水卷材

表 2—23　高聚物改性沥青防水卷材的物理力学性能指标

序号	项　目	指　标	试验方法
1	可溶物容量 (g/m^2)	3.5 mm 厚,≥2 400 4.5 mm 厚,≥3 100	GB 18242
2	耐热度	≥115 ℃	
3	拉力(纵横向)(N/cm)	≥210	GB 12953
4	最大拉力时延伸率(纵横向)(%)	≥50	
5	撕裂强度 (N)	≥450	
6	低温弯折性	-30 ℃,无裂纹	

续上表

序号	项目		指标	试验方法
7	不透水性,0.4 MPa,2 h		不透水	GB 12953
8	抗穿孔性		不渗水	
9	剪切状态下的粘合性(N/mm)		≥10.0 或卷材破坏	
10	保护层混凝土与防水卷材粘结强度(MPa)		≥0.5	JC/T 974－2005
11	热处理尺寸变化率(纵、横向)(%)		±0.5	GB 12953
12	热老化处理	外观质量	无起泡、裂纹、粘结与孔洞	GB 18244
		拉力相对变化率(%)	±20	
		断裂伸长率相对变化率(%)	±20	
		低温弯折性	－25 ℃,无裂纹	
13	耐化学侵蚀	拉力相对变化率(%)	±20	GB 12953

(4)高聚物改性沥青基层处理剂

高聚物改性沥青基层处理剂应采用优质沥青,经改性后加入有机溶剂配制而成。

产品应采用铁桶密闭包装,每桶重量 20～25 kg。

物理力学性能应符合表 2—24 的规定。

运输途中防止日晒、雨淋,禁止接近热源。

产品应储存于荫凉、干燥、通风处,储存最高温度不应高于 40 ℃,最低温度不应低于 5 ℃。

产品应附有产品合格证和产品使用说明书。

未启封产品的有效期为 1 年。

表 2—24 高聚物改性沥青基层处理剂的物理力学性能指标

序 号	项 目	指 标	试验方法
1	固体含量(%)	≥30	GB/T 16777
2	干燥时间(h)	≤2	
3	耐热性(80 ℃,5h)	无流淌、鼓泡、滑动	
4	低温柔性(－5 ℃,ϕ10 mm 棒)	无裂纹	
5	粘结强度(MPa,20 ℃)	≥0.80	

2. 氯化聚乙烯防水卷材和直接作防水层的聚氨酯的防水层结构型式见图 2—29。

高聚物改性沥青防水层如下图所示,见图 2—30。

3. 防水层铺设

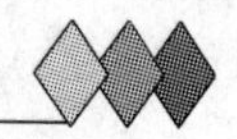

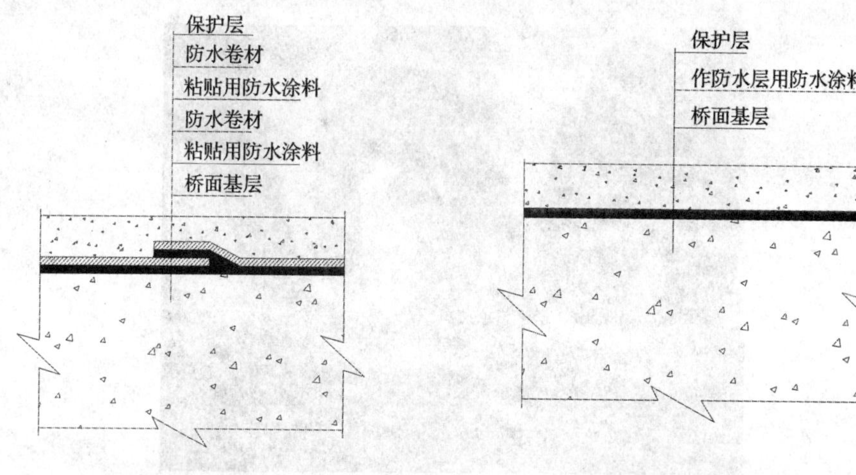

卷材加粘贴涂料型　　　　直接作用于防水层的涂料型

图　2—29

(1)一般要求

有砟、无砟桥面混凝土基层表面质量应符合 TB/T 2965 规定的要求。平整度用1 m长靠尺检查,空隙只允许平缓变化,且不大于3 mm。

防水层类型及构造应符合设计图纸要求。以上三种型式防水层均须作保护层。

卷材型防水层,适用于有砟桥面道砟槽内和无砟轨道桥面防撞墙以内。

无卷材的涂料型防水层,适用于有砟桥面道砟槽以外和无砟桥面。

防水层铺设前应清除基层面浮浆及灰尘。

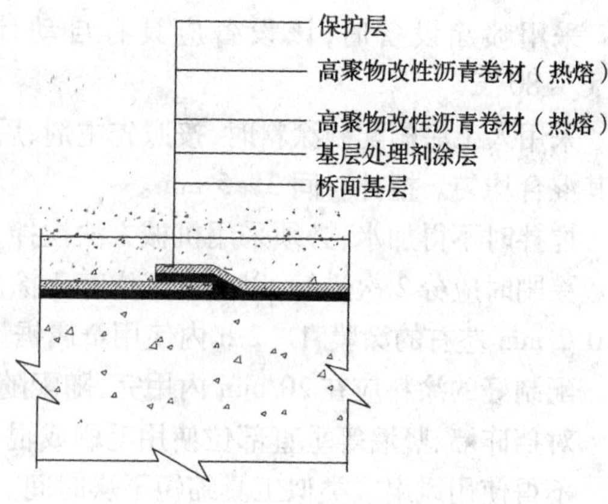

图 2—30　高聚物改性沥青防水层

(2)卷材加粘贴涂料型防水层

防水卷材纵向宜整长铺设,当防水卷材进行搭接时,先行纵向搭接,再进行横向搭接,纵向搭接接头应错开。防水卷材应在桥面铺设至挡砟墙、竖墙根部,并顺上坡方向逐幅铺设。纵向搭接长度不得小于 120 mm,横向搭接宽度不得小于80 mm。见图 2—31。

搭接处应粘贴牢固,两层防水卷材之间的涂料厚度不得小于 1 mm。

铺设工艺及材料用量应符合 TB/T 2965 的规定。

(3)无需卷材的涂料型防水层

聚氨酯防水涂料总涂膜厚度不得小于 2. 0 mm,每平方米用量约 2. 4 kg。

基层表面不得有明水,严禁雨中施工。

宜采用喷涂设备将涂料均匀喷涂于基层表面,也可采用金属锯齿板(应保证涂膜厚度达到 2. 0 mm)将涂料均匀涂刷于基层表面。

涂料主剂(甲组份)、固化剂(乙组份)须按产品说明进行配制,每种组份的称量误差不

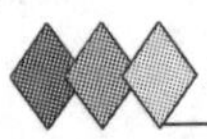

图 2—31　工人正在铺贴氯化聚乙烯防水卷材(水泥基胶粘剂)

得大于 ±2% 。

采用喷涂设备时,该设备应具有自动计量、混合和加热功能,加热后出料温度在 60 ℃ ~80 ℃。

采用人工涂刷配制涂料时,按照先主剂、后固化剂的顺序将液体倒入容器,并充分搅拌使其混合均匀。搅拌时间 3 ~5 min。

搅拌时不得加水,必须采用机械方法搅拌,搅拌器的转速宜在 200 ~300 r/min。

涂刷时应分 2 次进行,以防止气泡存于涂膜内。第一次使用平板在基面上刮涂一层厚度 0.2 mm 左右的涂膜,1 ~2 h 内使用金属锯齿板进行第二次刮涂。

配制好的涂料应在 20 min 内用完,随配随用。

对挡砟墙、竖墙等垂直部位使用毛刷或辊子先行涂刷,平面部位在其后涂刷。

不得使用风扇或类似工具缩短干燥时间。

喷涂后 4 h 或涂刷后 12 h 内须防止霜冻、雨淋及暴晒。

制作防水层时,不得因流溅或其他原因而污染梁体。

防水层完全干固后,方可浇筑保护层。

防水层铺设施工环境温度不得低于 5 ℃。

(4)高聚物改性沥青防水层

施工时基层表面不得有明水,严禁在雨中施工。

基层处理剂每平米不少于 0.4 kg。

宜采用机械烘烤设备热熔铺贴卷材,也可采用喷灯烘烤热熔铺粘。

基层处理剂应涂刷均匀、不漏底面、不堆积;当基层处理剂不粘手时,方可进行卷材粘贴。

卷材纵横向搭接长度不得小于 100 mm。在已经涂刷基层处理剂并干燥的基层表面,留出搭接缝尺寸,将铺贴卷材的基准线画好,以便按此基准线进行施工。

铺贴卷材:卷材铺贴从一端开始,桥面横向由低向高顺序进行;点燃喷灯(喷枪),烘烤卷材底部的沥青层及基层处理剂(喷灯以距离卷材 30 cm 为宜),烘烤要求均匀,待卷材底

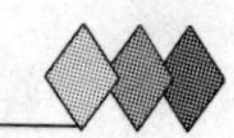

面和基层处理剂表面熔化后，即可向前滚铺。为了保证卷材与基层粘接可靠，卷材热熔铺贴过程中，应边铺贴边滚压排气粘合，滚压工具可采用 15 ~ 20 kg 重，1 m 长，直径约为 15 cm 的杠杆钢辊。

卷材底面的熔化以沥青接近流淌、呈亮黑为度，不得过分加热或烧穿卷材。

卷材搭接处的上下层卷材应完全热熔粘合，以保证搭接处粘贴牢靠，搭接处应有自然溢出的熔融沥青。

卷材应该铺设至挡砟墙、防撞墙的根部。

卷材铺贴到梁体周边收口时，滚压后应有自然溢出的熔融沥青，采用刮板刮平密封收口。

防水层铺贴完成之后 30 min，即可浇筑保护层。

防水层施工环境温度不低于零下 20 ℃。

制作防水层时，不得因流溅或其他原因而污染梁体。见图 2—32。

图 2—32　工人正在铺贴高聚物改性沥青防水卷材

4. 保护层

（1）在防水层完全固化后方可进行保护层施工。

（2）浇筑混凝土保护层时，其施工用具、材料必须轻吊轻放，严禁碰伤已铺设好的防水层。

（3）保护层应采用 C40 细石聚丙烯腈纤维或聚丙烯纤维网高性能混凝土。混凝土原材料配合比、混凝土拌合、浇筑和养护应符合《客运专线高性能混凝土暂行技术条件》的有关规定和设计要求。

（4）有砟混凝土桥面道砟槽内保护层厚度不应小于 60 mm，道砟槽外及无砟混凝土桥面保护层厚度不应小于 40 mm。实际保护层厚度、流水坡度应符合设计要求。

（5）桥面保护层纵向每隔 4 m 作一宽约 10 mm、深约为保护层厚度的断缝。当保护层混凝土强度达到设计强度的 50% 以上时，用聚氨酯防水涂料将断缝填实、填满，不得污染保

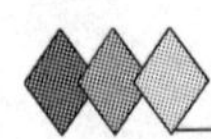

护层及梁体。

(6)保护层表面应平整、流水畅通。

5. C40 细石纤维混凝土材料

原材料:

水泥:采用不低于42.5的普通硅酸盐水泥。

细骨料:中砂,级配应符合《普通混凝土用砂标准及检验方法》(JGJ 52)的规定。

粗骨料:最大粒径10 mm的碎石,其质量应符合《普通混凝土用碎石或卵石质量标准及检验方法》(JGJ 53)的规定。

聚丙烯腈纤维和聚丙烯纤维网:质量应符合《纤维混凝土结构技术规程》(CECS 38:2004)的有关规定。其几何特征和主要物理力学性能见表2—25。

粉煤灰:应采用Ⅰ级粉煤灰,需水量比应不大于100%,掺量由试验确定,其质量应符合(GB 1596)的规定。

外加剂:混凝土外加剂应采用符合GB 8076的规定或经铁道部鉴定的产品,并经检验合格后方可使用。外加剂掺量由试验确定,严禁使用掺入氯盐类外加剂。应采用高效减水剂,其性能应与所用水泥具有良好的适应性。

拌制和养护混凝土用水应符合JGJ 63的要求。凡符合饮用标准的水,即可使用。

每立方米混凝土中聚丙烯腈纤维和聚丙烯纤维网的掺量应符合设计要求,设计无规定时,聚丙烯纤维网的掺量宜为1.8 kg/m^3,聚丙烯腈纤维的掺量宜为1 kg/m^3。

表2—25　聚丙烯腈纤维和聚丙烯纤维网主要物理力学性能指标

项　　目	聚丙烯腈纤维	聚丙烯纤维网	检验方法
材　　质	100%聚丙烯腈	100%聚丙烯	/
直径(μm)	10~15	18~65	GB/T 10685
长度(mm)	6~12	12~19	GB/T 14336
密度(g/cm^3)	1.18	0.91	ZB W 04004.9
抗拉强度(MPa)	≥500	≥500	GB/T 14337
弹性模量(GPa)	≥7.0	≥3.5	
极限伸长率(%)	≥20	≥18	
熔点(℃)	240	176	ZB W 04004.7
安全性	无毒	无毒	/
导电性	无	无	/

纤维混凝土的施工方法:

应采用强制搅拌,搅拌时间不少于3 min,注意纤维应拌和均匀。

采用平板振捣器捣实,振捣时间为20 s左右,并无可见空洞为止。

混凝土接近初凝时方可进行抹面,抹刀应光滑以免带出纤维,抹面时不得加水,抹面次数不宜过多。

混凝土浇筑完成后,应采取保水养护。冬季施工应加入防冻剂。自然养护时,桥面应采用草袋或麻袋覆盖,并在其上覆盖塑料薄膜,桥面混凝土洒水次数应能保持表面充分潮湿。

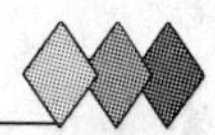

当环境相对湿度小于60%时,自然养护应不少于28 d;相对湿度在60%以上时,自然养护应不少于14 d。

纤维混凝土保护层指标要求见表2—26。

表2—26　纤维混凝土保护层指标要求

序　号	检验项目	指标要求
1	抗压强度	≥40 MPa
2	劈拉强度	≥3.5 MPa
3	抗冻融循环	≥300次
4	抗渗性	≥P20
5	抗氯离子渗透性	≤1 000 C
6	抗碱骨料反应	当骨料碱－硅酸反应砂浆棒膨胀率在0.10～0.20%时,混凝土的碱含量≤3kg/m^3

6. 质量检查

(1)原材料检验

防水层原材料、纤维混凝土保护层的检验项目和检验频次按表2—27～表2—33内容要求执行。

表2—27　氯化聚乙烯卷材检验

<table>
<tr><th colspan="2">项　目</th><th colspan="2">进场检验项目频次</th><th>型式检验项目</th></tr>
<tr><td colspan="2">(1)尺寸</td><td>√</td><td rowspan="15">每批不大于8 000 m^2同厂家、同品种、同批号氯化聚乙烯卷材</td><td>√</td></tr>
<tr><td colspan="2">(2)外观(包括颜色)</td><td>√</td><td>√</td></tr>
<tr><td colspan="2">(3)拉伸强度</td><td>√</td><td>√</td></tr>
<tr><td colspan="2">(4)断裂伸长率</td><td>√</td><td>√</td></tr>
<tr><td colspan="2">(5)热处理尺寸变化率</td><td>√</td><td>√</td></tr>
<tr><td colspan="2">(6)低温弯折性</td><td>√</td><td>√</td></tr>
<tr><td colspan="2">(7)不透水性</td><td>√</td><td>√</td></tr>
<tr><td colspan="2">(8)剪切状态下的粘合性</td><td>√</td><td>√</td></tr>
<tr><td rowspan="4">(9)热老化处理</td><td>外观(包括颜色)</td><td></td><td>√</td></tr>
<tr><td>拉伸强度变化率</td><td></td><td>√</td></tr>
<tr><td>断裂伸长率变化率</td><td></td><td>√</td></tr>
<tr><td>低温弯折性</td><td></td><td>√</td></tr>
<tr><td rowspan="3">(10)耐化学侵蚀</td><td>拉伸强度变化率</td><td></td><td>√</td></tr>
<tr><td>断裂伸长率变化率</td><td></td><td>√</td></tr>
<tr><td>低温弯折性</td><td></td><td>√</td></tr>
</table>

表 2—28　高聚物改性沥青防水卷材检验

项　　目			进场检验项目频次	型式检验项目
(1)可溶物含量		√	每批不大于 8 000 m^2 同厂家、同品种、同批号的卷材	√
(2)耐热度		√		√
(3)拉力(纵横向)		√		√
(4)最大拉力时延伸率(纵横向)		√		√
(5)撕裂强度		√		√
(6)抗穿孔性		√		√
(7)不透水性		√		√
(8)低温弯折形		√		√
(9)剪切状态下的粘合性				√
(10)保护层混凝土与防水卷材粘接强度				√
(11)热处理尺寸变化率(纵、横向)				√
(12)热老化处理	外观(包括颜色)			√
	拉伸强度变化率			√
	断裂伸长率变化率			√
	低温弯折性			√
(13)耐化学侵蚀	拉伸强度变化率			√
	断裂伸长率变化率			√
	低温弯折性			√

表 2—29　基层处理剂检验

项　　目		进场检验项目频次	型式检验项目
(1)固体含量(%)	√	每批不大于 3 t 检验一次	√
(2)耐热性(80 ℃,5h)	√		√
(3)低温柔性(-5 ℃,ϕ10 mm 棒)			√
(4)粘接强度(MPa,20 ℃)			√
(5)干燥时间(h)	√		√

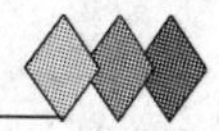

表 2—30　用于粘贴防水卷材的聚氨酯防水涂料检验

项　　目		进场检验项目频次		型式检验项目
(1)颜色		√	每批以甲组份不大于 10 t(乙组份以按产品重量配比相应的重量)同厂家、同品种、同批号聚氨酯防水涂料	√
(2)拉伸强度		√		√
(3)断裂伸长率		√		√
(4)低温柔性		√		√
(5)不透水性		√		√
(6)固体含量		√		√
(7)涂膜表干、实干时间		√		√
(8)潮湿基面粘结强度				√
(9)与混凝土粘结强度				√
(10)保护层混凝土与固化聚氨酯防水涂料粘结强度				√
(11)加热、紫外线、酸、碱处理	拉伸强度			√
	断裂伸长率			√
	低温柔性			√
(12)撕裂强度				√
(13)与混凝土、卷材剥离强度				√
(14)加热伸缩率				√
(15)拉伸时加热、紫外线老化				√
(16)耐碱性				√

表 2—31　直接用于防水层的聚氨酯防水涂料检验

项　　目		进场检验项目频次		型式检验项目
(1)颜色		√	每批以甲组份不大于 15 t(乙组份以按产品重量配比相应的重量)同厂家、同品种、同批号聚氨酯防水涂料	√
(2)拉伸强度		√		√
(3)断裂伸长率		√		√
(4)低温柔性		√		√
(5)不透水性		√		√
(6)固体含量		√		√
(7)涂膜表干、实干时间		√		√
(8)潮湿基面粘结强度				√
(9)与混凝土粘结强度				√
(10)保护层混凝土与固化聚氨酯防水涂料粘结强度				√
(11)撕裂强度				√
(12)与混凝土剥离强度				√
(13)加热、紫外线、酸、碱处理	拉伸强度			√
	断裂伸长率			√
	低温柔性			√
(14)加热伸缩率				√
(15)拉伸时加热、紫外线老化				√
(16)耐碱性				√

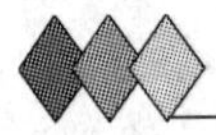

表2—32　聚丙烯腈纤维和聚丙稀纤维网检验

项　　目	进场检验项目频次		型式检验项目
(1)直径		每批不大于1 t同厂家、同品种、同批号聚丙烯腈纤维和聚丙稀纤维网	√
(2)长度			√
(3)密度(g/cm³)			√
(4)抗拉强度(MPa)	√		√
(5)弹性模量(GPa)	√		√
(6)极限伸长率(%)	√		√
(7)DSC分析法	√		√
(8)熔点(℃)			√

表2—33　纤维混凝土保护层

项　　目	进场检验项目频次		型式检验项目
(1)抗压强度	√	符合TB10210	√
(2)劈拉强度	√	每件预制梁1组	√
(3)抗冻融循环	√	每批不大于1 500 m³细石混凝土	√
(4)抗渗性	√		√
(5)抗氯离子渗透性	√		√
(6)抗碱-骨料反应	√	按同规格同批次抽检一次	√

(2)判定规则

产品抽检结果全部符合本技术条件要求者,判为整批合格。若有一项技术要求不合格时,应双倍抽样检验该项目,若仍有一项不合格,则判整批不合格。

(3)防水涂料应涂刷均匀,无漏刷、无气泡。铺设完成后,用橡胶测厚仪检查涂层厚度,每孔梁检测10处。

(4)防水卷材的铺设应平整、无破损、无空鼓,搭接处及周边均不得翘起。

(5)保护层达到设计强度后,应钻取芯样进行混凝土与卷材或涂料的粘结强度检测,每孔梁检测3处。取样后的孔洞用聚氨酯防水涂料填满。

(6)保护层表面不得出现裂缝。

7. 其他

(1)四级以上强风天气不宜进行桥面防水层施工。

(2)环境温度低于10 ℃时,应采取保温措施。为改善防水涂料的稠度,可用间接蒸汽预热,降低涂料的稠度,两个组份应分开加热,加热温度不得超过60 ℃,同时须保证蒸气不得进入涂料中。严禁明火加热。

(3)采用高分子材料的热重分析法(DSC),对长丝和短丝纤维进行DSC拐点温度对比,两者一致时可评定为材质相同。相关标准可依据ISO 11357—3:1999《塑料差示扫描量热

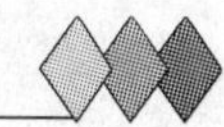

法(DSC)》。

(4)防水层及保护层施工后,如直接通过运梁车,应采取有效措施,以避免保护层在运梁车反复碾压下开裂、破损。

五、桥梁基础

(一)声 测 管

1. 无缝钢管声测管

用无缝钢管在施工现场焊制声测管,接头处用内径与声测管外径相等或略大于外径的钢套管焊接,也可用直接焊接方法。接头焊接时一定要严密,防止泥浆、灰浆、杂物阻塞管道。现场制作的无缝钢管不会出现弯曲变形,是进行超声波检测较好的选择,但是材料成本较大。

2. 成品超声波声测管

成品超声波检测管其基本概念是采用钢管专业进行成型后,利用扣件连接及混凝土防渗连接。超声波管成品通常包括已成型标准长度为9M、6M、3M的钢管和一个密封胶圈及一个扣件。可以预留一个通道使探测头可以直达桩基底部。成品超声波检测管主要有以下四种:环扣型超声波检测管、环扣插入型超声波检测管、法兰插入型超声波检测管、直接插入式声测管。见图2—33。

环扣型声测管

法兰型声测管

图 2—33

(二)模 板

1. 模板投入量估算

模板投入量是施工时应该准备的模板数量,它可以通过以下关系式计算:

$$模板投入量=\frac{模板工程量}{周转次数}$$

其中:模板工程量(m^2)=每立方米混凝土结构的展开面积(m^2)×构件的工程量(m^3)

设每立方米混凝土结构的展开面积为U,则U的综合计算公式为:

$$U=\frac{A}{V}$$

式中 A——模板的展开面积(m^2);

V——混凝土的体积(m^3)。

常见钢筋混凝土结构展开面积用量U值计算公式见表2—34。

表 2—34

结　构	截面形状	U值计算公式	说　明
墩　柱	正方形	$U=\frac{4}{a}$	a为正方形边长
	圆　形	$U=\frac{4}{d}$	d为圆形直径
	矩　形	$U=\frac{2(a+b)}{ab}$	a,b为矩形边长
墙	长方形	$U=\frac{2}{d}$	d为墙厚
矩形梁	矩　形	$U=\frac{2h+b}{bh}$	b为梁宽 h为梁高
其他结构	异　型	$U=\frac{A}{V}$	T型梁等结构

2. 客运专线常用模板

客运专线大量使用钢模板,也有部分工程使用木模板、竹胶合板、塑料板和玻璃钢。

(1)制梁模板。允许偏差见表2—35～表2—37。

表2—35　预制梁外模安装尺寸允许误差

项　目	要　求
模板总长	-10～+10 mm
底模板宽	0～+5 mm
底模板中心线与设计位置偏差	≤2 mm
桥面板中心线与设计位置偏差	≤10 mm
腹板中心线与设计位置偏差	≤10 mm
横隔板中心位置偏差	≤5 mm
模板倾斜度偏差	≤3‰
底模不平整度	≤2 mm/m
桥面板宽	-10～+10 mm
腹板厚度	0～+10 mm
底板厚度	0～+10 mm
顶板厚度	0～+10 mm
横隔板厚度	-5～+10 mm

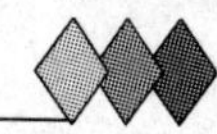

表 2—36　预制梁内模安装尺寸允许误差

项　　目	要　　求
模板总长	−6 ~ +6 mm
底模板宽	0 ~ +5 mm
底模板中心线与设计位置偏差	≤2 mm
桥面板中心线与设计位置偏差	≤8 mm
腹板中心线与设计位置偏差	≤8 mm
模板倾斜度偏差	≤3‰
底模不平整度	≤2 mm/m
侧模不平整度	≤1.5 mm/m
桥面板宽	−8 ~ +8 mm
腹板厚度	0 ~ +5 mm
底板厚度	+2 ~ +10 mm
顶板厚度	+2 ~ +10 mm
端模管道预留孔位置	≤1 mm

表 2—37　制梁钢模板内腔尺寸允许偏差

项　　目		允许偏差(mm)
长　　度		−4 ~ 0
宽　　度		−4 ~ 0
高　　度		−3 ~ 0
侧向弯曲		L/2000
表面平整度		2
拼板表面高低差		0.5
端、侧模与底模组装缝隙		1
端模与侧模组装缝隙		1
中心线位移	插筋、预埋件	3
	安装孔	
	预留孔	
侧模与底模垂直度	$H<400$	2
	$H\geqslant 400$	3
起　　拱		L/1500,且 <3

(2)墩柱钢模板。见表 2—38 ~ 表 2—40 和图 2—34。

表 2—38　常用小直径 1/2 圆柱模板用材料(mm)

钢材材质	面板厚度	弧形加强肋厚度	竖向加强肋	边框厚度
Q235A	4	6	−50 × 5 扁钢	6

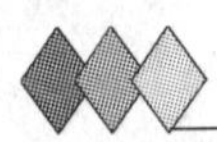

图 2—34 制梁钢模板

表 2—39 常用大直径 1/4 圆柱模板用材料(mm)

钢材材质	面板厚度	横肋钢板厚度	竖向肋钢板厚度	竖向龙骨槽钢	加强肋
Q235A	4	6	5	10	6

表 2—40 墩柱钢模板内腔尺寸允许偏差

<table>
<tr><th colspan="2">项 目</th><th>允许偏差(mm)</th></tr>
<tr><td colspan="2">长 度</td><td>-4 ~ 0</td></tr>
<tr><td colspan="2">宽 度</td><td>-3 ~ 0</td></tr>
<tr><td colspan="2">高 度</td><td>-3 ~ 0</td></tr>
<tr><td colspan="2">侧向弯曲</td><td>L/2000</td></tr>
<tr><td colspan="2">表面平整度</td><td>2</td></tr>
<tr><td colspan="2">拼板表面高低差</td><td>0. 5</td></tr>
<tr><td colspan="2">端、侧模与底模组装缝隙</td><td>1</td></tr>
<tr><td colspan="2">端模与侧模组装缝隙</td><td>1</td></tr>
<tr><td colspan="2">端模与侧模组装高低差</td><td>1</td></tr>
<tr><td colspan="2">端模与侧模垂直度</td><td>B/300</td></tr>
<tr><td rowspan="3">中心线位移</td><td>插筋、预埋件</td><td rowspan="3">3</td></tr>
<tr><td>安装孔</td></tr>
<tr><td>预留孔</td></tr>
<tr><td rowspan="2">侧模与底模垂直度</td><td>H<400</td><td>2</td></tr>
<tr><td>H≥400</td><td>3</td></tr>
<tr><td colspan="2">牛腿支承面位置</td><td>-3 ~ 0</td></tr>
</table>

(3)木胶合板。混凝土模板用木胶合板通常由 5 层、7 层、9 层、11 层、13 层等奇数层单板用酚醛树脂胶粘结后经热压固化而成。光面板(用浸渍膜纸贴面)可以直接作为模板使用;素板(板面未经处理)不能直接用作模板,使用前需要在工作面涂刷一层固化涂料胶,或

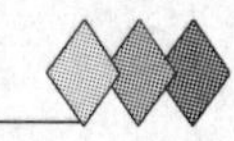

图 2—35　墩柱钢模板

者覆盖一层塑料板组合使用。见表 2—41、表 2—42 和图 2—35。

现场检验胶合板的性能可以通过简单的沸水浸渍试验来进行：把边长 20 cm 方块试件放进高压锅中沸水煮 0.5 ~ 1 h，试块没有脱胶即为合格；如果很快出现脱胶，说明试块是用脲醛树脂等廉价胶粘合的。

表 2—41　混凝土模板用木胶合板规格尺寸(mm)

模数制		非模数制		厚度	层数
宽度	长度	宽度	长度		
600	1 800	915	1 830	12	不少于 5 层
900	1 800	1 220	1 830	15	不少于 7 层
1 000	2 000	915	2 135	18	
1 200	2 400	1 220	2 440	21	

表 2—42　浸渍膜纸贴面胶合板物理力学性能

项目		单位	技术指标
含水率		%	6 ~ 14
胶合强度		MPa	≥0.7
表面胶合强度		MPa	≥1.0
浸渍剥离性能		–	试件每一边累计剥离长度≤25cm
静曲强度	顺纹	MPa	≥57
	横纹		50
弹性模量	顺纹		≥6 000
	横纹		≥5 000

(4) 竹胶合板。见表 2—43 ~ 表 2—45。

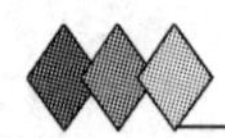

表 2—43　混凝土模板用竹胶合板的规格(mm)

长　度	宽　度	厚　度
1 830	915	常用板材厚度为 9、12、15、18
1 830	1 220	
2 000	1 000	
2 135	915	
2 440	1 220	
3 000	1 500	

表 2—44　竹胶合板的技术指标

项　目		单　位	优等品	一等品	合格品
密　度		g/cm³	≥0.85	≥0.85	≥0.85
含水率		%	≤12	≤14	≤15
吸水率		%	≤12	≤14	≤17
静曲弹性模量	∥	MPa	$\geq 7\times10^3$	$\geq 6.5\times10^3$	$\geq 6\times10^3$
	⊥	MPa	$\geq 5\times10^3$	$\geq 4.5\times10^3$	$\geq 4\times10^3$
静曲强度	∥	MPa	≥90	≥80	≥70
	⊥	MPa	≥60	≥55	≥50
冲击强度		kJ/m²	≥60	≥50	≥40
胶合强度		MPa	≥0.8	≥0.7	≥0.6
水煮\冰冻\干燥保有强度	∥	MPa	≥60	≥50	≥40
	⊥	MPa	≥40	≥35	≥30

表 2—45　竹胶合板允许误差(mm)

项　目		优等品	一等品	合格品
厚　度	9～12	±0.5	±0.8	±1.2
	13～15	±0.6	±1.0	±1.4
	16～18	±0.7	±1.2	±1.6
长　度		±3		
宽　度		±3		
对角线	1 830×915	≤3		
	1 830×1 220	≤4		
	2 000×1 000			
	2 135×915			
	2 440×1 220	≤5		
	3 000×1 500			
板面翘曲度		≤0.5%	≤1.0%	≤1.5%

注:板面翘曲度 =(对角线最大弦长/对角线长度)。

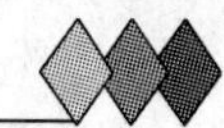

(5)组合钢模板。见表2—46 ~ 表2—50。

表2—46 组合钢模板规格(单位：mm)

<table>
<tr><th colspan="2">名 称</th><th>宽 度</th><th>长 度</th><th>肋高</th></tr>
<tr><td colspan="2">平面模板</td><td>600、550、500、450、400、350、300、250、200、150、100</td><td rowspan="4">1 800、1 500、1 200、900、750、600、450</td><td rowspan="13">55</td></tr>
<tr><td colspan="2">阴角模板</td><td>150×150、100×150</td></tr>
<tr><td colspan="2">阳角模板</td><td>100×100、50×50</td></tr>
<tr><td colspan="2">连接角膜</td><td>50×50</td></tr>
<tr><td rowspan="2">倒棱模板</td><td>角棱模板</td><td>17、45</td><td rowspan="5">1 500、1 200、900、750、600、450</td></tr>
<tr><td>圆棱模板</td><td>R20、R35</td></tr>
<tr><td colspan="2">梁腋模板</td><td>50×150、50×100</td></tr>
<tr><td colspan="2">柔性模板</td><td>100</td></tr>
<tr><td colspan="2">搭接模板</td><td>75</td></tr>
<tr><td colspan="2">双曲可调模板</td><td>300、200</td><td rowspan="2">1 500、900、600</td></tr>
<tr><td colspan="2">变角可调模板</td><td>200、160</td></tr>
<tr><td rowspan="4">嵌补模板</td><td>平面嵌板</td><td>200、150、100</td><td rowspan="4">300、200、150</td></tr>
<tr><td>阴角嵌板</td><td>150×150、100×150</td></tr>
<tr><td>阳角嵌板</td><td>100×100、50×50</td></tr>
<tr><td>连接角膜</td><td>50×50</td></tr>
</table>

表2—47 连接件规格

<table>
<tr><th>名 称</th><th colspan="2">规 格</th></tr>
<tr><td>U形卡</td><td colspan="2">ϕ12</td></tr>
<tr><td>L形插销</td><td colspan="2">ϕ12、1 =345</td></tr>
<tr><td>钩头螺栓</td><td colspan="2">ϕ12、1 =205、180</td></tr>
<tr><td>紧固螺栓</td><td colspan="2">ϕ12、1 =180</td></tr>
<tr><td>对拉螺栓</td><td colspan="2">M12、M14、M16、Tr12、Tr14、Tr16、Tr18、Tr20</td></tr>
<tr><td></td><td colspan="2"></td></tr>
<tr><td rowspan="2">扣 件</td><td>形 扣 件</td><td>26 型、12 型</td></tr>
<tr><td>碟形扣件</td><td>26 型、18 型</td></tr>
</table>

表2—48 支承件规格(单位:mm)

<table>
<tr><th colspan="2">名 称</th><th>规 格</th></tr>
<tr><td rowspan="5">钢 楞</td><td>圆钢管型</td><td>ϕ48×3.5</td></tr>
<tr><td>矩形钢管型</td><td>80×40×2.0，□100×50×3.0</td></tr>
<tr><td>轻型槽钢型</td><td>[80×40×3.0，[100×50×3.0</td></tr>
<tr><td>内卷边槽钢型</td><td>[80×40×15×3.0，[100×50×20×3.0</td></tr>
<tr><td>扎制槽钢型</td><td>[80×43×5.0</td></tr>
</table>

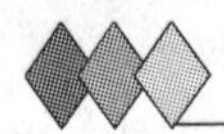

续上表

名称		规格
柱	角钢型	75×50×5
	槽钢型	[80×43×5.0,[100×48×5.3
	圆钢管型	ϕ48×3.5
钢支柱	C-18 型	l=1812~3112
	C-22 型	l=2212~3512
	C-27 型	l=2712~4012
早拆柱头		l =600、500
四管支柱	GH-125 型	l =1250
	GH-150 型	l =1500
	GH-175 型	l =1750
	GH-200 型	l =2000
	GH-300 型	l =3000
平面可调桁架		330×1990
曲面可变桁架		247×2 000 247×3 000 247×4 000 247×5 000
钢管支架		ϕ48×3.5,l=2 000~6 000
门式支架		宽度 l=1 200、900
碗口式支架		立柱 l=3 000、2 400、1 800、1 200、900、600
方塔式支架		宽度 b=1 200、1 000、900,宽度 h=1 300、1 000
梁卡具	YJ 型圆钢管型	断面小于 600×500 断面小于 700×500

表 2—49 组合钢模板制作质量标准(单位:mm)

项目		要求尺寸	允许偏差
外形尺寸	长度	l	-1.00~0
	宽度	B	-0.80~0
	肋高	55	±0.50
U 形卡孔	沿板长度的孔中心距	n×150	±0.60
	沿板宽度的孔中心距	-	±0.60
	孔中心与板面间距	22	±0.30
	沿板长度孔中心与板端间距	75	±0.30
	沿板宽度孔中心与边肋凸棱面间距	-	±0.30
	孔直径	ϕ13.8	±0.25

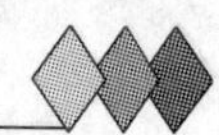

续上表

项目		要求尺寸	允许偏差
凸棱尺寸	高　度	0.3	-0.05～+0.30
	宽　度	4.0	-1.00～+2.00
	边肋圆角	90°	ϕ0.5 钢针通不过
面板端与梁凸棱面的垂直度		90°	$d \leqslant 0.50$
板面平面度		–	$f_1 \leqslant 1.00$
凸棱直线度		–	$f_2 \leqslant 1.00$
横　肋	横肋、中纵肋与边肋的高度差	–	$\Delta \leqslant 1.20$
	两端横肋组装位移	0.3	$\Delta \leqslant 0.60$
焊　缝	肋间焊缝长度	30.0	+5.00
	肋间焊脚高度	2.5(2.0)	+1.00
	肋与面板焊缝长度	10.0(15.0)	+5.00
	肋与面板焊脚高度	2.5(2.0)	+1.00
凸鼓的高度		1.0	-0.20～+0.30
防锈漆外观		油漆涂刷均匀不得漏涂、皱皮、脱皮、流淌	
角膜的垂直度		90°	$\Delta \leqslant 1.00$

注：括号内数据为采用二氧化碳气体保护焊接的焊脚高度和焊缝长度。

组合钢模板　　　　大 模 板

图　2—36

表 2—50　大模板制作允许偏差(单位：mm)

项　　目	允许偏差	检验方法
模板高度	±3	卷尺量检查
模板长度	-2	卷尺量检查
模板板面对角线差	≤3	卷尺量检查

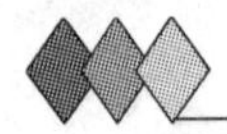

续上表

项　　目	允许偏差	检验方法
板面平面度	2	2 m靠尺及尺量检查
相邻面板拼	≤0.5	平尺及塞尺量检查
相邻面板拼缝间隙	≤0.8	塞尺量检查

(6)模板台车。混凝土模板台车用于隧道施工过程中二次衬砌,可分为简易模板台车、全液压自动行走模板台车和网架式模板台车。全液压模板台车又可分为边顶拱式、全圆针梁式、底模针梁式、全圆穿行式等。全圆式模板台车常用于水工隧道施工中,不允许隧道有混凝土施工纵向接缝,在水工隧道跨度较大时一般使用全圆穿行式;边顶拱式模板台车应用最为普遍,常用于铁路隧道混凝土二次衬砌施工。

模板台车的制造应满足以下要求:

模板台车的外轮廓在灌注混凝土后应保证隧道净空,门架结构的净空应保证洞内车辆和人员的安全通行。

模板台车的门架结构、支撑系统及模板的强度和刚度应满足各种荷载的组合。

模板台车长度宜为9~12 m。

模板台车侧壁作业窗宜分层布置,层高不宜大于1.5 m,每层宜设置4~5个窗口,其净空不宜小于45 cm×45 cm,两端设检查孔,并设有相应的混凝土输送管支架或吊架。

宜采用穿行式模板台车(配两套以上的模板)

模板台车应考虑通风管的穿越形式。

模板台车应设置足够的承重螺杆支撑和径向模板螺杆支撑。

模板台车拱顶应在适当的位置设置混凝土的封堵装置和检查孔。

模板台车上安装的附着式振动器应能单独启动。

模板台车上应设有激光(点)接收靶。

图2—37　隧道模板台车

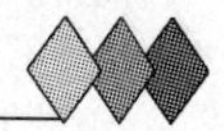

常见的几种模板台车：

① 简易模板台车。简易模板台车一般设计为钢拱架式，使用标准组合钢模板，可不设自动行走，采用外动力拖动，脱立模板全部为人工操作，劳动强度大。该类模板台车一般用于短隧道施工，特别是对于平面和空间几何形状复杂、工序转换频繁、工艺要求严格的隧道混凝土衬砌施工，其优越性更明显。简易台车使用中大部分采用人工灌注混凝土，小金口简易模板台车采用混凝土输送泵车灌注，因此台车的刚度应特别加强。有的简易模板台车也采用整体钢模板，但脱立模仍然采用丝杆千斤，无自动行走，该类台车一般采用混凝土输送泵车灌注。简易模板台车普遍采用组合钢模板，组合钢模板一般为薄板制作，在设计过程中应考虑钢模板的刚度，所以钢拱架的榀间距不宜过大。如果钢模板长度为 1.5 m，则钢拱架的榀间距平均应不大于 0.75 m，且钢模板的纵向接头应设在榀与榀之间，以便于安装模板扣件和模板挂钩。如果使用输送泵灌注，则灌注速度不宜过快，否则将引起组合钢模板变形，尤其在衬砌厚度大于 500 mm 以上时更应放慢灌注速度。在封顶灌注时应加倍小心，随时注意混凝土的灌注情况，防止注满后强行灌注混凝土，否则将导致爆模或台车变形损坏。

② 全液压自动行走模板台车。主要用于中长隧道施工中，对施工进度、混凝土表面质量要求较高。此类模板台车设计为整体钢模板、液压油缸脱立模，施工中靠丝杆千斤支撑，电动减速机自动行走或油缸步进式自动行走，全部采用混凝土输送泵车灌注。大部分模板台车为该类台车。设计该类模板台车时，在满足通过净空要求的情况下，应考虑门架内侧斜支撑下部安装位置，尽可能靠近立柱下部，使之受力最好。模板端面与门架间的调整最小距离不小于 250 mm，否则将造成前后衬砌段搭接困难。

用该类模板台车时应注意两侧走行轨的铺设高差不大于 1%，否则将造成丝杆千斤和顶升油缸变形。在有坡道的隧道内衬砌时，为了调整衬砌标高，会造成台车前后端的高差、模板端面与门架端面不平行，将使模板与门架之间形成很大的水平分力，造成模板与门架之间的支撑丝杆千斤错位，导致千斤、油缸损坏。因此在设计时，应充分考虑前后高差造成水平分力的约束结构或调整系统。在定位立模时必须安装卡轨器，旋紧基础丝杆千斤、门架顶地千斤和模板顶地千斤，如有必要还可采用其他措施加固下模拱脚位置，使门架受力尽可能小，防止跑模和门架变形。

③ 网架式模板台车。网架式模板台车在结构上与传统模板台车相比作了较大改动。传统模板台车在施工中台车门架是受力件，它受的侧压力较大，随门架的刚度大小产生不等变形，且不宜在有较大横坡和纵坡的隧道内直接工作，对工作环境要求较高，否则将造成台车整体变形和损坏。而网架式模板台车门架在施工中为不受力件，其模板的支撑件为边模拱脚的顶地丝杆千斤，门架只在脱、立模和行走过程中才受力，且所受之力垂直向下，没有侧压力，只需按台车自重设计门架足够的刚度就不会变形。在有坡道的隧道中施工或行走时，不论是横坡还是纵坡，都可以通过门架下部的顶升油缸进行高度调节，使台车整体处于水平状态，台车整体不存在前倾力和侧倾力，保证了台车的整体平稳性。因台车完全取消了支撑用的丝杆千斤，台车定位简单，能非常快地调整到衬砌几何位置，节约了大量的人力物力，提高了工效，缩短了工作循环周期，相应地节约了工程成本。

为保证顶拱模板的刚度和强度，上部台架设计成网架式杆件结构，使之受力最好，模板不会在衬砌过程中变形移位。在整个台车中最薄弱的环节是下模板和下模支撑斜杆，因此在设计下模板时应充分计算下模的受力大小，尽可能加宽弧板宽度和厚度，支撑斜杆必须通过压杆稳定计算，保证斜杆有足够的刚度和强度，不至于在使用中发生变形弯曲，导致跑模。在计算过程中应充分考虑混凝土的衬砌厚度、坍落度、灌注速度、骨料大小以及是否为钢筋混凝土等因素的影响。下模拱脚顶地丝杆千斤是主要受力件，整个模板在衬砌圆心中线以下时，完全靠它支撑，因此在设计时应考虑其结构形式和刚度大小。在使用中，该千斤必须牢牢顶紧于地面，不允许有松动现象，如有必要，可用其他件进行加固，作为辅助支撑，防止跑模和台车向下移位。应注意的是，作为台车纵向定位的卡轨器和基础丝杆千斤必须拧紧、卡牢和顶牢钢轨，特别是在坡道上衬砌时更应注意。该类模板台车主要用于大跨度隧道和地下洞室施工。如果采用传统式全液压模板台车，则门架设计难以满足使用要求，造成门架变形损坏，首先是门架横梁扭曲变形，最终导致跑模。如果加高横梁，加大立柱、下纵梁、端面斜支撑截面，则造成不必要的浪费，而采用网架式模板台车可克服以上困难。由于该类模板台车为大跨度施工，设计时应考虑其可操作性，其工作梯和工作走道应能方便到达每一个工作位置。

六、桥梁附属结构

(一)TSSF 伸缩装置

1. 简　介

铁路桥梁伸缩装置是铁路桥梁梁端之间的重要连接部件，对桥梁端部伸缩及防水性能起重要作用，其质量和防水性能将直接影响整座桥的耐久性。以前的铁路桥梁无伸缩装置，仅在梁端设置挡砟盖板，秦沈客运专线桥梁曾选用公路伸缩装置用于铁路桥梁，型钢由于耐候性差，锈蚀较快；V 形防水橡胶条易积渣、清理困难，易损坏，使伸缩装置失去防水性能；公路伸缩装置结构用于铁路桥梁安装，预留安装槽口将影响运梁车通行，同时防水橡胶条嵌装和更换困难。

由于客运专线的耐久性要求高，使用寿命为 100 年，梁端之间必须采用可靠耐久的伸缩装置防水，保护梁体及桥梁下部结构，2005 年铁道部科学技术司发布了我国第一个《客运专线桥梁伸缩装置暂行技术条件》(铁道部科技基〔2005〕101 号文)，TSSF 客运专线桥梁耐候型钢伸缩装置根据该技术条件并结合铁路桥梁的特点进行设计研制，突破了传统型钢伸缩装置结构，解决了传统型钢伸缩装置存在的耐候性差、易积渣、防水橡胶条易破损且难于更换而导致漏水的弊端，其结构简单、性能可靠、安装方便，非常适用于铁路桥梁。

图 2—38　TSSF 伸缩装置

客运专线桥梁伸缩装置由异型型钢(耐候钢)、防水橡胶条、锚筋和钢盖板(无砟轨道无此项)组成。TSSF 铁路型钢伸缩装置适用位移量在 25 ~ 200 mm 之间的铁路桥梁工程，位移量大于 200 mm 的伸缩装置需根据用户要求特殊设计。按其伸缩量可分为 60、100、120、

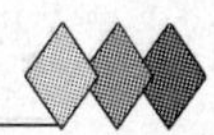

160 和 200 mm 等级,根据实际伸缩量需要,可以改变橡胶条的宽度以调节伸缩量。

无砟轨道铁路伸缩装置

无砟轨道铁路伸缩装置由型钢、防水密封胶条及波形锚筋组成。防水密封胶条由上而下紧紧嵌入开口向上的型钢型腔内,起伸缩和密封作用。防水密封胶条独特的箱形结构,不会产生积渣,并具有自动排渣功能。

有砟轨道铁路伸缩装置和伸缩装置盖板

有砟轨铁路型钢伸缩装置是在无砟轨道伸缩装置顶面设置一块盖板,承受道砟的载荷。盖板通过定位钢筋插入预埋在保护层混凝土内的定位钢管内定位,定位钢筋与盖板现场制作配焊。

2. TSSF 伸缩装置的特点

(1)考虑耐久性要求,型钢材质选用耐候钢,在钢中加入合金元素,在耐候钢表面形成保护层,提高了钢材的耐候性能。

(2)型钢采用整体热轧机加工成形,机械性能好,型钢断面尺寸精确,特别是型腔的尺寸精度高,对防水橡胶条的夹持性能优良,防水性能可靠。

(3)型钢开口朝上,防水密封胶条嵌装,便于防水橡胶条的安装和更换。

(4)具有可靠的防腐性能。考虑防水橡胶条更换封闭交通很困难,橡胶耐臭氧老化性能试验的臭氧浓度由 50 pphm 提高到 200 pphm,同时增大了防水橡胶条断面厚度,提高防水橡胶条的使用寿命。

(5)安装深度浅、施工简单方便。铁路桥梁伸缩装置不承受车轮的直接作用,不考虑承载要求,TSSF 伸缩装置构造高度仅为 38 mm,可安装在桥面保护层内,不需在梁体上设安装槽口,施工简单方便。

(6)防水橡胶条采用独特的箱形结构,在伸缩过程中防水橡胶条顶面始终与型钢顶面平齐,既满足伸缩性能,又能起到自动排渣作用。

(7)满足了梁体自由伸缩、转动的需要。

3. 伸缩装置表面防腐

外露表面(与混凝土接触表面除外)采用喷铝或热浸锌后再喷防腐漆封闭处理。

表面处理采用抛丸(喷砂)+ 电弧喷铝 + 喷漆:型钢伸缩装置各钢件的所有表面必须进行抛丸(喷砂)处理,显露出金属光泽,抛丸(喷砂)处理后应在 4 小时内进行电弧喷铝(最小厚度 25 μm),电弧喷铝处理后喷环氧富锌底漆、环氧云铁中间层和丙烯酸聚胺脂面漆处理(各 70 ~ 90 μm)。

热浸锌 + 喷漆:钢件表面封闭浸锌,热浸锌的局部最小锌层厚度 70 μm,平均厚度不小于 85 μm;对伸缩装置在使用中的外露面进行喷涂环氧富锌底漆和丙烯酸聚胺脂面漆,厚度各为 70 ~ 90 μm。

4. 伸缩装置原材料

(1)钢材。伸缩装置使用的异型钢材应不低于 Q345B,其余钢板应不低于 Q235C,其质量要求应符合 GB 699 和 GB 700 的规定。

伸缩装置用锚筋可用 Q235 级钢筋制成,钢盖板采用 Q235 钢板制成。

(2)橡胶。伸缩装置中使用橡胶种类可分为氯丁橡胶和三元乙丙橡胶两类。氯丁橡胶适用于温度(月平均)在 -25 ℃ ~ +60 ℃地区,三元乙丙橡胶适用于 -40 ℃ ~ +60 ℃地区。

橡胶材料的物理机械性能应满足表2—51要求,严禁使用再生橡胶。

表2—51　橡胶的物理机械性能

项　　目		氯丁橡胶	三元乙丙橡胶
硬度(IRHD)		55 ±5	55 ±5
拉伸强度(MPa)		≥15	≥14
扯断伸长率(%)		≥350	≥300
脆性温度(℃)		≤ -40	≤ -60
恒定压缩永久变形(室温 ×24 h)		≤20	≤20
耐臭氧老化200pphm,20%伸长,40 ℃ ×96 h		无龟裂	无龟裂
热空气老化	试验条件 ℃ ×h	70 ℃ ×96 h	70 ℃ ×96 h
	拉伸强度降低率(%)	<15	<10
	扯断伸长率降低率(%)	<30	<30
	硬度变化(IRHD)	0 ~10	0 ~10
耐水性增重率(室温 ×144 h)(%)		<4	<4
耐油污性膨胀率(一号机油,室温 ×70 h)(%)		<45	<45

注:为确保伸缩装置质量,伸缩装置用橡胶的材质性能除按常规进行检测外,必须从伸缩装置成品中按一定比例取样,解剖橡胶条制成标准试片,进行拉伸强度和扯断伸长率测定,与表中数据相比,拉伸强度下降应不大于20%,扯断伸长率下降应不大于35%。

5. TSSF铁路型钢伸缩装置安装步骤

(1)梁体施工时按图纸要求设置梁顶预埋件。

(2)安装时应将安装区清理干净。

(3)吊装伸缩装置,调整伸缩装置中心线与梁端间隙中心基本重合,型钢通过拉线调直。

(4)按梁体保护层顶面标高控制型钢顶面标高。

(5)布置横穿钢筋并将锚筋等焊牢,然后及时解除固定型钢间隙的弓形板。

(6)用泡沫条填塞型钢型腔,并用封箱胶带将型腔封贴,安装梁端模板。

(7)浇注保护层混凝土(或现浇无砟轨道板或无砟轨道板定位水泥柱)时必须保护伸缩装置表面不受损伤,型腔内不得漏入砂浆。

(8)待混凝土达到设计强度的80%以上时清理型腔、嵌装防水橡胶条。嵌装防水橡胶条时,应用专用工具进行嵌装,不能损防水橡胶条,防水橡胶条必须嵌入到型钢的型腔内,须完全到位。

(9)有砟轨道梁伸缩装置安装,应在混凝土浇筑前将定位钢管与梁顶预埋件焊接,所有定位钢管的中心按图纸要求位于与伸缩装置平行的同一直线上,并且定位钢管垂直于梁体顶面,然后将定位钢筋插入定位钢管内,最后浇筑混凝土,待嵌装防水橡胶条后将挡砟盖板与定位钢筋焊接,并用防水材料将定位钢筋与定位钢管之间的间隙密封,挡砟盖板之间的间隙也用防水材料塞满。

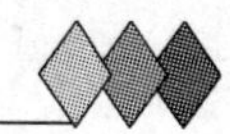

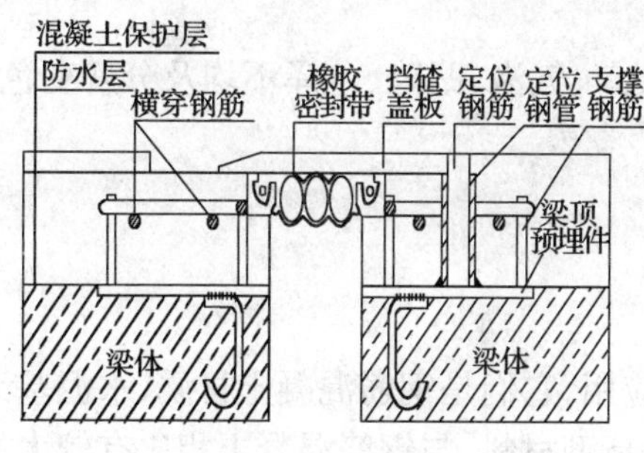

有砟轨道伸缩装置

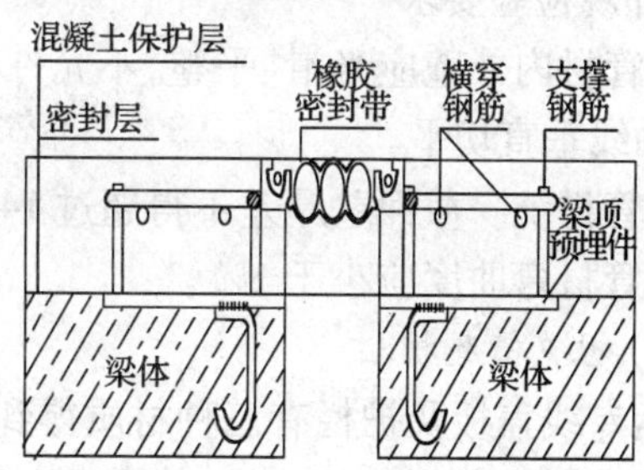

无砟轨道伸缩装置

图 2—39

(二)泄 水 管

桥梁泄水管一般采用耐腐蚀的硬聚氯乙稀(UPVC)管。建筑用UPVC管,管材外径由ϕ20 mm至ϕ315 mm,工作压力为1.0～2.5 MPa。连接方式小口径为承插式粘接,大口径为承插胶圈连结。

1. UPVC管主要技术指标见表2—52。

表 2—52

拉伸曲服强度(MPa)	≥43	密度 (g/cm^3)	1.43
断裂伸长率(%)	≥80	长期适用温度(℃)	-15～45
维卡软化温度(℃)	≥79	工作压力(MPa)	1.6
扁平试验	无破裂	膨胀系数(℃)	7×10^{-5}
落锤冲击试验(20 ℃)	TIR≤10%	导热率 (W/(m·k))	0.16
落锤冲击试验(0 ℃)	TIR≤5%	弹性模量 (N/cm^2)	3.5×10^5
纵向回缩率(%)	≤5	膨胀力 (N)	3038
范围外径 (mm)	20～315	寿命(年)	50
连接方式	弹性密封或粘接		

2. 排水用UPVC管材规格及允许误差(mm)见表2—53。

表 2—53

公称外径 d_e	平均外径极限偏差	壁厚 e		长度 L	
		基本尺寸	极限偏差	基本尺寸	极限偏差
40	0～+0.3	2.0	0～+0.4	4 000/6 000	±10
50	0～+0.3	2.0	0～+0.4		
75	0～+0.3	2.3	0～+0.4		
90	0～+0.3	3.2	0～+0.6		
110	0～+0.4	3.2	0～+0.6		
125	0～+0.4	3.2	0～+0.6		
160	0～+0.5	4.0	0～+0.6		

3. 外观检验要求

(1)管材内外壁应光滑、平整,不允许有裂口、气泡、凹陷、色泽不均及分解变色线,两端面应与轴线垂直切平。

(2)管材统一截面壁厚差不得超过 14% 。

(3)管材弯曲度应小于 1% 。

(三)电缆槽及护栏

客运专线盖板及护栏有三种材质得到了应用,它们是钢筋混凝土材质、水泥基无机复合材料和活性粉末混凝土(RPC),其中后两种是新型材料,与钢筋混凝土相比有较大的成本优势,且外观也有了一定的改善。

铁路护栏有铁护栏、PVC 护栏和钢筋混凝土护栏等,铁艺围栏容易锈蚀,易被偷盗,每年需去锈上漆,维护成本高;不锈钢围栏壁薄,易弯曲变形,光照刺眼,造成严重的光污染;PVC 围栏抗冲击性能差,冬天易脆裂。且上述几种围栏结构、色调都比较单一。随着高速铁路发展,新出现了复合水泥基护栏和 PPC 护栏等新型产品。

1. 水泥基无机复合材料

复合型(水泥基)电缆槽及盖板是以高强混凝土为基础,辅以化工添加剂及钢纤维为骨料,用专用机械压制而成。见图 2—40。

图 2—40 水泥基电缆槽及盖板

无机复合(水泥基)防护围栏以水泥基为主材料,以钢筋为骨架,另加掺合料、外加剂等其他复合材料,以提高它的密实度、抗折强度,稳固性能好,耐久性好,抗冲击性强,确保强度等同于或超过其他材料围栏。产品一次成行,彻底解决了传统水泥制品依赖模具生产,表面不平、误差大、形成接缝等弊端。无机复合型(水泥基)防护围栏吸收了铁艺、PVC 围栏的长处,具有外形美观、坚固耐用等显著优势。

2. 活性粉末混凝土(RPC)护栏

活性粉末混凝土(Reactive Powder Contrete,缩写为 RPC)是继高强度、高性能混泥土之后,于 20 世纪末由法国布伊格(Bouygues)公司研究成功的一种超高强、低脆性、耐久性优异并具有广阔应用前景的新型超高强混凝土。它是由级配良好的石英细砂(不含粗骨料)、水泥、石英粉、硅粉、高效减水剂等组成,为了提高 RPC 的韧性和延性可加入钢纤维。在 RPC 的凝结、硬化过程中可采取适当的加压、加热等成型养护工艺。由于其成分中粉末的含量和活性的增加而被称为活性粉末混泥土。活性粉末混泥土具有很高的抗压、抗折强度可以有效地减少结构物地自重,而且由于较高的密实性使它的渗透性降低,其耐久性也得到了保证。所以,活性粉末混泥土是做电缆槽、盖板和护栏的一种理想材料。见图 2—41。

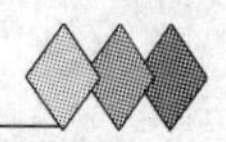

活性粉末水泥基材料分为 RPC200 和 RPC800 两级,其中 RPC200 的抗压强度达 170～230MPa,而 RPC800 更高达 500～800MPa。活性粉末水泥基材料 RPC200 的热养护是在混凝土凝固后加热进行,90 ℃的热养护可显著加速火山灰反应,同时改善水化物形成的微结构,但这时候形成的水化物仍是无定形的;更高温度(250 ℃～400 ℃)的热养护用于获得活性粉末水泥基材料 RPC800,养护使水化生成物 C–S–H 凝胶体大量脱水,形成硬硅钙石结晶。

活性粉末混凝土主要材料:

(1)水泥。通常使用强度等级为 42.5 或以上级别的硅酸盐水泥及普通硅酸盐水泥即可配制活性粉末水泥基材料,以 C_3S 含量高、C_3A 含量低的硅酸盐类水泥胶结效果最好。

(2)细石英砂。为达到最大密实,避免与水泥颗粒粒径冲突,细石英砂平均粒径应选择 250 μm,粒径范围为 150～600 μm 之间,颗粒多呈球形,矿物成分 SiO_2 含量不低于 99%。

(3)硅灰。选择硅灰应考虑以下几个参数:颗粒聚集程度、颗粒粒径和硅灰纯度。通常要求硅灰化学成分中 $SiO_2 \geq 90\%$,粒径 <1 μm,平均粒径为 0.1 μm,呈球形。硅灰与水泥比例以 0.25 较佳,这样硅灰能发挥最佳填充作用,同时能最大限度地与水泥水化物 $Ca(OH)_2$ 进行二次水化反应。

(4)磨细石英粉。对于活性粉末水泥基材料热处理过程而言,磨细石英粉是不可缺少的组成成分,其中以 5～25 μm 粒径范围的石英粉可最大程度地发挥活性。因此,宜采用平均粒径 10 μm 的磨细石英粉,这与水泥粒径接近。

(5)高效减水剂。多使用减水率超过 20% 的高效减水剂。

(6)钢纤维。为提高活性粉末水泥基材料韧性和延性掺入 1.5% ～3.0% 混凝土体积掺量的短钢纤维,其长径比为 40～100。

图 2—41 护栏及电缆槽

(四)声 屏 障

在客运专线高速行驶的机车声源和接收者之间插入一个设施,使声波传播有一个显著的附加衰减,从而减弱接收者所在的一定区域内的噪声影响,这样的设施就称为声屏障。声屏障的材料可分为结构材料和声学材料两种,结构材料形成声屏障骨架,主要有金属型材和

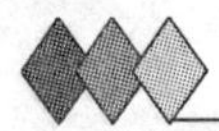

混凝土柱等；声学材料可以是砌块或板材形式，分为隔声材料和吸声材料两种。声屏障主要有反射型、透明反射型和反射吸声复合型声屏障三种。见表2—54和图2—42。

表2—54　声屏障的组成及材料

结构		组成材料		技术要求
立柱		H型钢为主		外部多采用达克罗、渗锌、喷塑或环氧树脂防腐
框架		铝合金型材、钢管或型钢		
墙板	透明反射型	板材	透明PC板、夹层安全玻璃	满足透明、抗冲击、隔音、防眩目要求
	反射吸声复合型	面板	冲孔铝合金板、不锈钢板或镀锌钢板（有些高档水泥基吸声板可以单体或复合隔声板使用）	百页窗式、穿孔式、微穿孔式和开槽孔式
		背板	材质同面板或混凝土压力板	不冲孔
		吸声材料	岩棉、矿渣棉、玻璃棉、闭孔型泡沫塑料、木屑水泥板、超细玻璃棉、轻质膨胀烧结玻璃、其他高档水泥基吸声材料	半硬定型岩棉容重100 kg/m³；木屑水泥板容重为700 kg/m³
	反射型	砌体	钢筋混凝土、页岩陶粒混凝土、炉渣无砂大孔混凝土、空心砖、玻璃纤维混凝土	设计要求

透明反射型声屏障

反射吸声复合型墙板

图　2—42

声屏障设置要注意以下几点：

（1）声屏障高度一般不高于轨面2 050 mm，特殊路段高于2 050 mm的部分采用透明材料。

有砟轨道路段声屏障轨面以下高度宜按隔音设置，无砟轨道路段车窗以下高度按吸音设置。

（2）声屏障插入损失目标值宜为8～10 dB（A）。声屏障材料平均吸声系数不宜小于0.6，隔声材料的隔声量不宜小于25 dB，透明材料隔声量不宜小于20 dB。

（3）声屏障应设置伸缩缝，并进行密封处理；长度大于500 m时，宜设置安全门。

（五）预埋件与金属防腐

基于客运专线设计寿命较长的要求，所有金属构件外露部分必须作防腐处理，常用的金属表面防腐处理方法有如下几种：电镀、电刷镀、化学镀、热喷涂、熔覆、热浸镀、真空蒸镀、溅射镀膜、离子镀膜、化学气相沉积等。

客运专线金属件防腐的常见方法有：

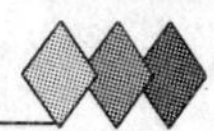

1. 采用不锈钢材料

(1)建筑用不锈钢分类

① 铁素体不锈钢:仅含有铬,可提高抗一般腐蚀性能,耐腐蚀能力较低,较少用于建筑外部。具有提素体组织,并且有磁性。

② 奥氏体不锈钢:不仅含有铬,而且还含有镍或镍及钼。镍使奥氏体组织稳定,形成奥氏体不锈钢,提高了韧性、延展性、可焊性和抗还原酸的能力。钼改善抗点蚀和缝隙腐蚀性能。奥氏体不锈钢的特点在于体现了建筑金属用途的综合性能,如:良好的耐蚀性,高强度及耐加工等,是建筑外部最常用的不锈钢品种。

③ 双相不锈钢:具有奥氏体组织和铁素体组织,含有铬、镍、钼和氮。氮提高了耐点蚀和缝隙腐蚀,特别是提高了不锈钢的强度。主要用于建筑外部对强度和耐蚀性要求较高的场所。

(2)常用牌号

铁素体不锈钢:400 系列(430)。

奥氏体不锈钢:300 系列(304. 304L、316. 316L)。

双项不锈钢:奥氏体/铁素体(2205)。

(3)组成

标称化学成分重量的百分比见表 2—55(%)。

表　2—55

中国 GB	美国 ASTM	铬	镍	钼	氮	碳≤
022Cr19Ni5Mo3Si2N	2205	22	5	3	0. 15	0. 03
06Cr17Ni12Mo2 (022Cr17Ni12Mo2)	316 (316L)	17	11	2	–	0. 08(0. 03)
06Cr19Ni10 (022Cr19Ni10)	304 (304L)	18	8	–	–	0. 08(0. 03)
10Cr17	430	17	–	–	–	0. 06

注:有"L"者说明是焊接用的,含碳少。316L 牌号为 022Cr17Ni12Mo2,表示碳(C)含量万分之二点二(0. 022%)。

(4)不锈钢的优点

耐腐蚀,不涂漆,少维护,形象美,表面多样化,高强度,易加工,可回收,初始成本高,寿命周期成本低。

(5)客运专线应用

316L(022Cr17Ni12Mo2)不锈钢应用于综合接地系统的接地端子;304(06Cr19Ni10)可用于制作电缆上桥爬架等外露部件等。

2. 热 喷 涂

热喷涂技术是采用气体、液体燃料、电弧或激光等作为热源,将粉末或丝状金属、合金、金属陶瓷、氧化物等喷涂材料加热到熔融状态,以一定的速度喷向工件表面,形成附着牢固的表面层。

客运专线 KTPZ 和 CKPZ 等支座可以采用热喷涂铝丝进行防腐。铝和氧有很强的亲和

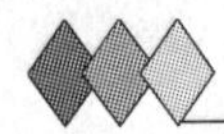

力，不仅能形成稳定的 AL2O3 氧化膜，在高温下还能与铁基体反应生成抗高温的铁铝化合物，一般作为热喷涂材料的铝丝纯度应大于99.7%。

封闭处理为了提高涂层的防护性能，通常需要使用封闭剂对涂层的孔隙进行封闭处理。常用的封闭剂有：高熔点蜡类、合成树脂（烘干酚醛、环氧酚醛、水解乙基硅酸盐）。

3. 构件表面渗锌

构件表面渗锌采用真空蒸镀得方法进行处理。

真空蒸镀简称蒸镀，是指在 $10^{-3} \sim 10^{-4}$ Pa 的真空度下，采用一定加热方式，使镀膜材料（简称镀料）汽化，飞至工件（基片）表面凝聚成膜的工艺方法。蒸镀是使用较早、用途较广泛的气相沉积技术，具有成膜方式简单、薄膜纯度和致密性高、膜结构和性能独特等优点。

真空蒸镀原理

蒸镀的物理工程包括：沉积材料蒸发或升华成气态→粒子从蒸发源向基片表面输送→蒸发在基片上沉积成膜。

真空蒸镀装置由真空抽气系统、蒸镀室、蒸法源等组成。真空抽气系统包括（超）高真空泵、低真空泵、排气管道、阀门、防油蒸气返流的冷阱和真空测量计等。蒸镀室是用不锈钢或玻璃制成的钟罩，蒸镀室内装有蒸发电极、基片架、轰击电极及测温监控装置等，膜料放在与蒸发电极相连的蒸发源上（使膜料蒸发汽化的热源），基片放置在基片架上。

将基片放入真空室内，以电阻、电子束、激光等方式加热膜料，使膜料蒸发或升华，汽化为具有一定能量（0.1 ~ 0.3 eV）的粒子（原子、分子或原子团）。气态粒子以基本无碰撞的直线运动飞速传送至基片，一部分粒子被反射，另一部分吸附在基片上并发生表面扩散，沉积原子之间产生二维碰撞，形成簇团，有的可能在表面短时停留后又蒸发。粒子簇团不断地与扩散粒子相碰撞，或吸附单粒子，或放出单粒子。此过程反复进行，当聚集的粒子数超过某一临界值时就变成稳定的核，再继续吸附扩散粒子而逐步长大，最终相邻稳定核接触、合并，形成连续薄膜。

4. 达 克 罗

达克罗（Dacromet）（锌铬涂层）技术出现在20世纪70年代初，是一种新型的金属涂层技术，达克罗涂层主要由鳞片状锌片、铝片以及无定形复合铬酸盐聚合物（$nCrO_3$. mC_2rO_3）组成，冷却后的金属表面的达克罗防腐涂层呈银灰色。与传统的电镀、热浸镀等涂层相比，达克罗涂层既有高耐蚀性、高耐热性、高耐候性、高渗透性、低摩擦因数、高配合精度、无氢脆、与环境友好等优点，广泛应用于汽车、电路、武器装备等腐蚀防护。

达克罗加工工艺是以浸涂法为基础，按照零件的尺寸、形状、用途、工作环境和质量要求等来选择适宜的工艺，达克罗涂层主要的涂覆工艺有浸渍－甩干、浸渍－沥干、静电喷涂法等。

通常，达克罗涂覆以浸渍－甩干法为主，其标准工艺过程为（以2涂2烘为例）：零件→清洗脱脂→检验→抛完去氧化皮→检验→第一次涂覆→浸入→离心甩干→烘烤烧结→收料冷却→第二次涂覆→浸入→离心甩干→烘烤烧结→收料冷却→检验→合格出厂。

达克罗涂层对基体的保护作用首先表现为机械屏蔽作用，达克罗涂层的交错层叠结构本身就是一个非常有效的机械阻挡层，而且絮状无定形的铬酸盐聚合物填塞在金属片之间，大大减少了涂层的空隙率，使涂层更加致密。此外，锌的腐蚀产物与空气中的 CO_2 反应，生

成不溶于水的碳酸锌，不断恢复其机械阻挡功能。因此，腐蚀介质很难通过达克罗涂层找到进入金属基体的通道。其次是自钝化作用，锌、铝金属片与铬酸发生化学反应，在各自表面生成致密的钝化膜，并通过无机盐粘结在一起，使整个涂层完全由带有钝化膜的铝、锌片紧密叠加而成，形成了"超厚"钝化膜。第三是铝和锌的牺牲阳极电化学保护作用，由于铝、锌的标准电极电位远远负于钢铁基体的标准电极电位，在腐蚀介质中形成微电池时，锌、铝作为阳极被牺牲，基体作为阴极得到保护。此外，涂层的叠层结构层削弱了腐蚀电流，即使在盐雾试验中锌的析出速度也受到了控制，大大减缓了锌被腐蚀的速度，从而延长了涂层的腐蚀寿命。达克罗涂层固化温度为 300 ℃左右，同时达克罗干膜中铬酸化合物不含有结晶水，其抗高温性及加热后的腐蚀性能也很好。见图 2—43。

达克罗工艺及腐蚀寿命和应用见表 2—56。

表 2—56

分级	涂覆量/（mg/dm²）	涂层厚度/μm	中性盐雾试验	涂层次数
1	≥70	≥2	≥120	1 涂 1 烘
2	≥160	≥4.6	≥240	2 涂 2 烘
3	≥200	≥5.8	≥480	2 涂 2 烘
4	≥300	≥8.6	≥1 000	3 涂 3 烘

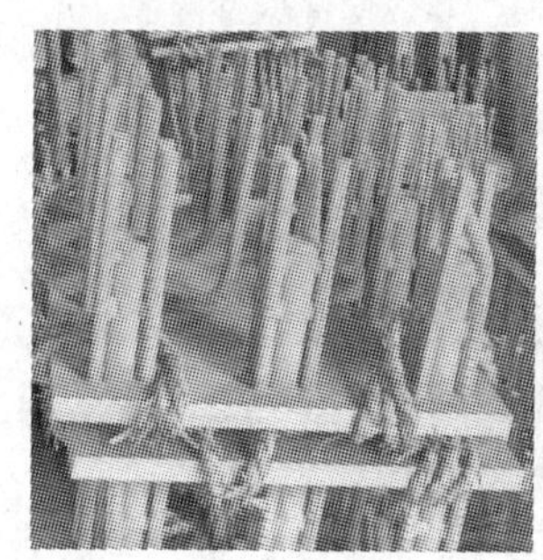

图 2—43　达克罗生产设备及桥梁预埋件

5. 金属防腐层验收

(1)外观检验。锌铬涂层的基本色调应呈灰色，经改性也可以获得其他颜色，如黑色等。锌铬涂层应连续，无漏涂、气泡、剥落、裂纹、麻点、杂物等缺陷。涂层应基本均匀，无明显的局部过厚现象。涂层不应变色，但是允许有小黄色斑点存在。

(2)通过盐雾试验验证防腐层的耐腐蚀性。中性盐雾试验（NSS 试验）是出现最早目前应用领域最广的一种加速腐蚀试验方法。它采用 5% 的氯化钠盐水溶液，溶液 PH 值调在中性范围(6～7)作为喷雾用的溶液。试验温度均取 35 ℃，要求盐雾的沉降率在 1～2 mL/80 cm^2 · h之间。

客专金属预埋件要求经过 1 000 h 盐雾试验不出现锈蚀现象。

(3)涂层厚度检测。一般要求涂层厚度不小于 5 μm。涂层厚度检测主要有以下几种方法：

① 使用涂层厚度检测仪检测涂层厚度是否达标。涂（镀）层测厚仪采用电磁感应法测

量涂(镀)层的厚度,可以方便无损地测量铁磁材料上非磁性涂层的厚度,如钢铁表面上的锌、铜、铬等镀层或油漆、搪瓷、玻璃钢、喷塑、沥青等涂层的厚度。位于部件表面的探头产生一个闭合的磁回路,随着探头与铁磁性材料间的距离的改变,该磁回路将不同程度的改变,引起磁阻及探头线圈电感的变化。利用这一原理可以精确地测量探头与铁磁性材料间的距离,即涂(镀)层厚度。

② 融解称量法检测涂层厚度。取重量大于 50 g 式样,采用精度为 1 mg 的天平称得原是重量 W_1(mg),将式样置入70 ℃ ~80 ℃的 20% NaOH 水溶液中,浸泡 10 min 使锌铬涂层全部融解。取出式样,充分水洗后立即烘干,在称取涂层融解后式样的重量 W_2(mg)。量取并计算出工件的表面 S(dm^2),按下列公式计算出涂层的涂敷量

$$涂敷量(mg/dm^2) = (W_1 - W_2)/S$$

③ 金相显微镜法。按 GB/T 6462 要求,采用金相显微镜法检测涂层的厚度。

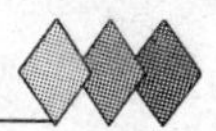

第三章　隧道工程材料

一、混凝土外掺料

(一)钢 纤 维

钢纤维因其不同的加工生产方法而区分为熔抽型(Me)、钢丝切断型(W)、剪切型(S)和切削型(Mi)等。按照抗拉强度大小可分为三级：Ⅰ级(380 MPa $\leqslant f_u \leqslant$ 600 MPa)；Ⅱ级(600 MPa $< f_u \leqslant$ 1 000 MPa)；Ⅲ级($f_u >$ 1 000 MPa)。

钢纤维又因其不同的原材料而分为普碳钢纤维和特种钢纤维。普碳钢纤维采用Q195、Q215、Q235等冷轧钢带为原材料；特种钢纤维则采用304#、446#等不锈钢原材料或特种钢材料为原料加工成形。钢纤维规格尺寸见表3—1。

表3—1　钢纤维的规格尺寸参数

型　号	规格长度(mm)	等效直径(mm)	长 径 比
SF-20	20	0.4~0.5	40~50
SF-25	25	0.4~0.5	50~60
SF-30	30	0.5~0.6	50~60
SF-35	35	0.5~0.7	50~60

允许偏差：

长度允许偏差不超过公称值的±10%；

直径或等效直径允许偏差不超过公称值的±10%；

长径比允许偏差不超过公称值的±15%；

重量允许偏差不超过规定值的±1%(一般每袋为20 kg)。

常用的钢纤维主要品种有(不同厂家产品技术参数可能不同)：

1. 端钩型钢纤维(图3—1)

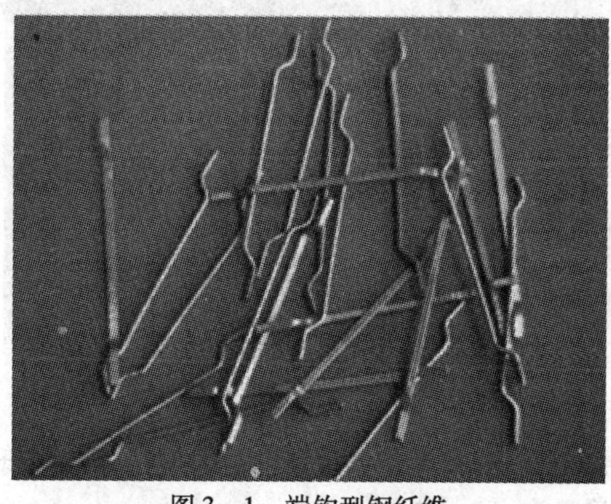

图3—1　端钩型钢纤维

该产品为冷轧带钢经剪切，弯钩工艺制作而成。具有抗拉强度高，韧性强，与混凝土粘结性能好等特点。掺量为:30 ~ 98 kg/m³。

主要参数及强度标准：

长度:25 ~ 35 mm;

直径:0.3 ~ 0.7 mm;

抗拉强度:≥600 MPa。

2. 剪切型钢纤维(图3—2)

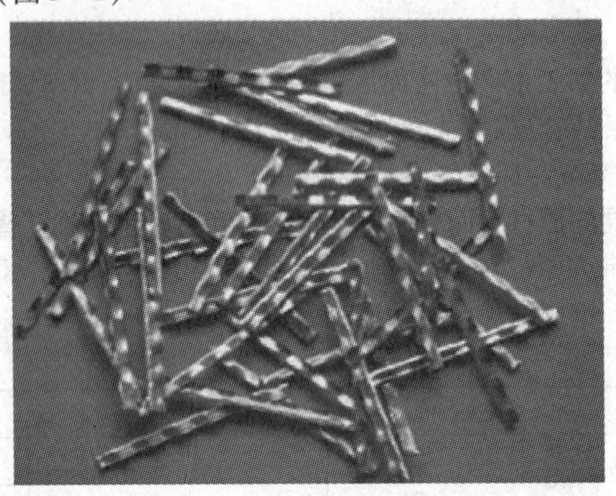

图3—2　剪切型钢纤维

该产品由冷轧带钢经剪切，刻痕工艺制作而成。产品具有抗拉强度高，易分散，与混凝土粘结性能良好，价格低廉等特点。掺量为:30 ~ 98 kg/m³。

主要参数及强度标准：

长度:30 ~ 35 mm;

直径:0.4 ~ 0.7 mm;

抗拉强度:≥600 MPa。

3. 钢丝纤维(图3—3)

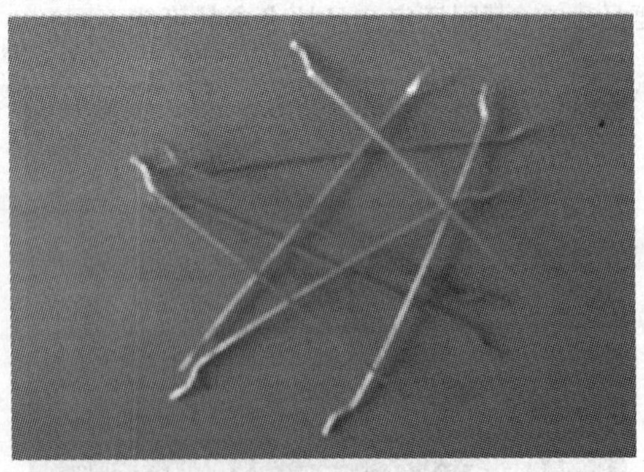

图3—3　钢纤维丝

该类产品属高性能钢纤维，因其具有抗拉强度高，韧性好，价格低等特点，所以常被用做成排钢纤维的替代品。掺量为:15 ~ 25 kg/m³。

主要参数及质量标准：
长度：30 ~ 65 mm；
直径：0.55 ~ 0.9 mm；
抗拉强度：≥850 MPa。

4. 铣削型钢纤维(图 3—4)

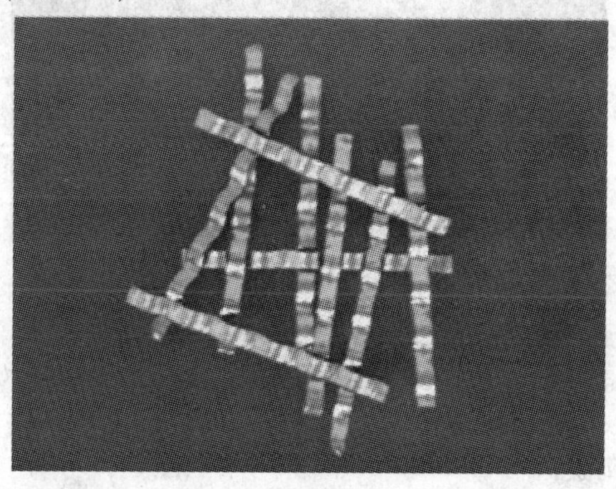

图 3—4　铣削型钢纤维

该产品为高强钢丝经铣削工艺制作而成，两端带有锚固端，且一面粗糙一面光滑的高性能纤维产品。具有抗拉强度高，韧性与分散性好，与混凝土具有良好的粘接力。掺量为：30 ~ 80 kg/m³。

主要参数及质量标准：
长度：35 ~ 50 mm；
直径：0.5 ~ 1.0 mm；
抗拉强度：≥750 MPa。

(二)聚酯纤维

聚酯纤维是以聚酯(聚对苯二甲基乙二酯，PET)为主要原料，添加一定的功能母料，通过熔融、挤出、高速喷丝、高倍率拉伸后，经特殊表面处理工艺，利用专用切断机切断而成，其外观为多根纤维单丝交聚而成的束状结构。聚酯纤维除具有普通聚合物纤维细度大、强度高、易分散的特点，还具有突出的耐高温性能，可广泛应用于热拌合沥青混凝土工程，也可应用于高强混凝土的增强防裂，是理想的多功能增强材料。见图 3—5。

主要参数及质量标准：
密度：1.36 ± 0.04 g/cm³；
长度：6.10、12.15 mm；
纤维类型：束状单丝；
抗拉强度：≥500 MPa；
直径：0.01 ~ 0.025 mm；
弹性模量：≥9 000 MPa；
断裂延伸率：≥8%；
熔点：≥250 ℃；

图 3—5　聚酯纤维

燃点:约 554 ℃;

含活化物:0.3%;

倍长率:≤1%;

安全性:无毒、无刺激;

耐热性:177 ℃,2 h 条件下,体积无变化。

(三)聚丙烯纤维

是采用纤维级聚丙烯(PP)为原料,经特殊工艺加工处理而形成的高强度束状单丝有机纤维,其固有的耐强酸,耐强碱,弱导热性,具有极其稳定的化学性能。加入混凝土或砂浆中可有效的控制混凝土(砂浆)固塑性收缩、干缩、温度变化等因素引起的微裂缝,防止及抑止裂缝的形成及发展,大大改善混凝土的阻裂抗渗性能,抗冲击及抗震能力,可以广泛的使用于道路和桥梁工程中。是砂浆/混凝土工程抗裂,防渗,耐磨,保温的新型理想材料。见图 3—6。

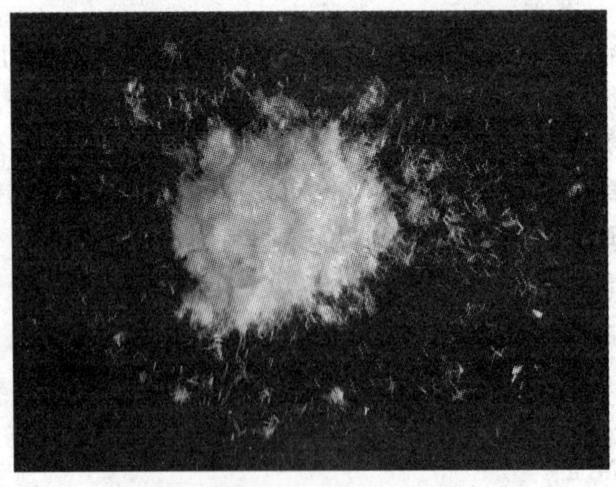

图 3—6　聚丙烯纤维

纤维类型:束状单丝,切口均匀;

分散性:高分散性;

纤维截面:O、Y 型;

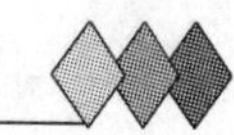

当量直径:20～50 μm,偏差±10%;

长度规格:6～30 mm,偏差±10%;

抗拉强度:≥350 MPa;

弹性模量:≥3 500 MPa;

极限延伸率:≥15%;

熔点:160 ℃～170 ℃;

燃点:580 ℃;

导热性:极低;

抗酸碱性:极高,经抗老化工艺处理;

比重:(0.91±0.01)g/cm^3;

安全性:无毒、无刺激;

低温性:经-78 ℃实验检测纤维性能无变化,无磁性;

砂浆每方砂浆掺量:0.9～1.2 kg;

混凝土每方混凝土掺量:0.6～1.8 kg。

(四)聚丙烯网状纤维

聚丙烯纤维网,是以聚丙烯为原料经特殊生产工艺制造而成的网状结构。在混凝土中具有良好的分散性和亲水性,在混凝土搅拌过程中网状结构充分展开,其粗糙的撕裂边缘使纤维与混凝土之间形成极佳的握裹性,从而改善了混凝土的性能,有效提高了混凝土的抗裂性。见图3—7。

图3—7　聚丙烯网状纤维

主要参数及质量标准:

密度:0.91 g/cm^3;

长度:6～30 mm;

当量直径:(100±50)μm;

抗拉强度:≥400 MPa;

弹性模量:≥3 500 MPa;

断裂延伸率:≥18%;

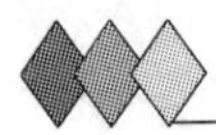

熔点:≥160 ℃;

掺量为:0.9~1.8 kg/m^3;

开口均匀,每10 mm有一个连接点,且为网状结构。

(五)聚丙烯晴纤维

聚丙烯晴纤维又称晴纶纤维,该纤维比聚丙烯纤维具有更高的弹性模量、抗拉强度、耐酸碱性和耐高温、严寒、抗紫外线性等特点。作为水泥混凝土和沥青混凝土的主要加强筋,可有效地抑制混凝土早期的塑性裂缝和干塑裂缝,提高混凝土的韧性及抗冲击性能,改善混凝土的抗冻、抗渗等耐久性能。从而有效地提高混凝土的抗拉强度、抗疲劳强度和抗弯拉强度。用于沥青混凝土中显著改善混凝土的粘结性、高温稳定性、疲劳耐久性同时具有低温防裂和防止反射裂缝的产生,有效提高抗拉、抗剪、抗压和抗冲击强度。该纤维是一种性能十分优良的混凝土抗裂增强材料。掺量为:水泥混凝土时:0.6~1.0 kg/m^3;沥青混凝土时:1.5~3.5 kg/t。见图3—8。

图3—8　聚丙烯晴纤维

主要参数及质量标准:

纤维类型:束状单丝,腰果形截面;

颜色:淡黄;

长度:6~18 mm;

直径:10~15μm;

密度:1.18 g/cm^3;

抗拉强度:≥500 MPa;

弹性模量:≥7 000 MPa;

断裂延伸率:≥20%;

含水率:≤2%;

熔点:≥220 ℃;

耐酸碱性:(耐碱试验后)抗拉强度的保持率不小于99%;

耐光性:良好;

抗水解性:良好;

耐热性:碳纤维原丝,短时间内可耐240 ℃耐高温而不熔化。

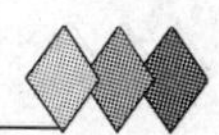

（六）纤维素纤维

1. 概述

纤维素纤维属第三代工程纤维，是第一代工程纤维植物纤维（如木屑、稻草等）；第二代工程纤维化学合成纤维（如聚丙烯、聚丙烯腈等）的更新换代产品。

纤维素纤维，可大幅度的提高混凝土的抗开裂性能，显著改善混凝土抗渗、抗冻融等耐久性能。纤维素纤维被美国混凝土协会（简称 ACI）誉为“混凝土用纤维产品的重大突破”，并获 2005 年混凝土世界“最佳创新产品”称号，在 2006 年被波特兰水泥协会（简称 PCA）在混凝土最新进展中评为年度十大混凝土趋势和创新之一。目前已在国内许多重点工程中广泛的使用。

客运专线的隧道二次衬砌，无渣轨道道床板等对混凝土抗裂性能有较高要求的工程部位已开始使用纤维素纤维。

2. 纤维素纤维产品性能

（1）显著提高混凝土抗裂性能；

（2）提高混凝土抗冻融、抗渗等混凝土耐久性；

（3）提高混凝土抗冲磨刷，抗冲击，韧性等力学性能；

（4）提高混凝土耐火性能。

3. 纤维素纤维产品特点

（1）不改变混凝土配合比，可直接在混凝土制备过程中，外掺搅拌使用；

（2）对混凝土工作性影响很小，如坍落度、坍落扩展度等；

（3）混凝土表面光洁、无纤维起毛露头等情况。

4. 产品规格

白色片状，尺寸大小：5 mm × 6 mm。

5. 产品实物图片及包装见图 3—9。

产品实物

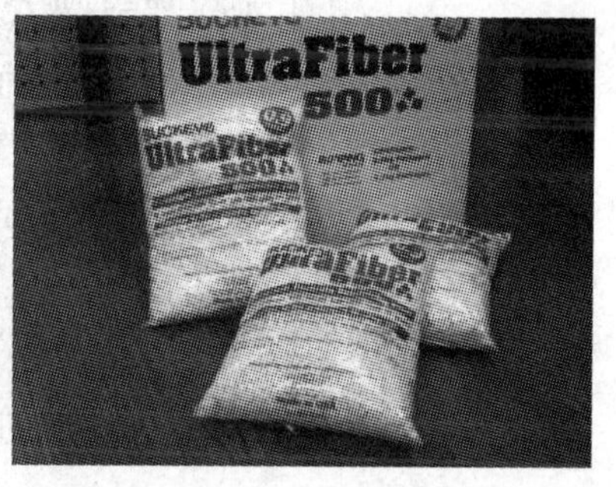

产品包装

图 3—9　纤维素纤维

6. 技术指标

在相同的试验条件下，纤维素纤维混凝土抗裂性能比同配合比素混凝土提高 50% 以上。

7. 检测方法

（1）介绍

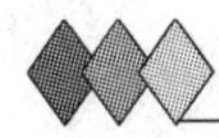

此测试方法基于 ASTM C 1579—2006 标准，用于比较掺纤维素纤维的混凝土板和未掺纤维的混凝土板的表面开裂情况。两种混凝土都被置于规定的足以达到混凝土开裂的环境中。两种混凝土也可以被置于预计的工作环境，经受这种环境下的温度和湿度，从而获得纤维素纤维混凝土和素混凝土在开裂方面的不同结果。

塑性收缩裂缝通过对每块试件样板表面的裂缝进行计量，以平方毫米为单位取得开裂量，此开裂量就代表混凝土板表面裂缝的计算面积。

纤维对收缩裂缝控制的效果以掺纤维素纤维的混凝土的开裂量占未掺纤维的对比混凝土的开裂量的百分比来表示，这两种混凝土在测试时是严格按照相同的干湿条件并同时测试。

开裂量以平方毫米为标准。此测试方法对给定混凝土拌和物通过固定或者真实模拟大气条件而改变纤维量来定量分析纤维的效果。因为许多其他因素，诸如水泥级别、集料级配和表层抹面等，都能影响混凝土开裂情况并且这些因素在试验中不能够被精确控制，所以此测试方法可能不适合多个实验室联合评估。

(2)适用范围

本检验方法适用于测试混凝土在外力约束条件下的收缩变形性能(抗裂性能)。混凝土骨料最大粒径不超过 40 mm。

(3)仪器要求及试件尺寸

① 试件为 355 mm × 560 mm × 100 mm 的平面板，具体尺寸见图 3—10，模子的材质可以是金属或者高强度塑料板。模子底部的凸起单独用金属板制作，金属板厚度为 3 mm，形状大小能够与模子相吻合。

② 试验环境测试在恒温恒湿室中进行，恒温恒湿室能使室温保持在 25 ± 2 ℃，相对湿度保持在 60 ± 5% 。

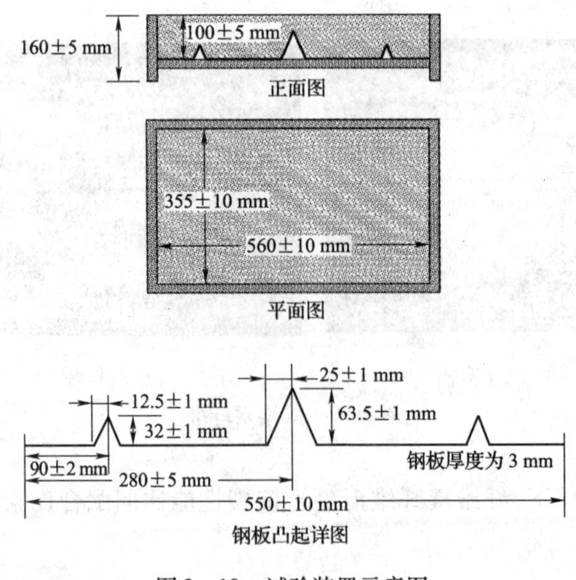

图 3—10　试验装置示意图

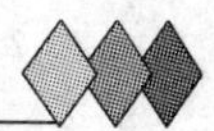

(4)试验步骤

① 将混凝土浇筑至模具内,使用附着式振捣器直到混凝土被捣实且大约与模具顶部齐平。每个构件都要用角铁整平机整平3次,为防止材料离析,振动时间必须在12 s以内。

② 振捣并抹平,用抹子整平表面,使骨料不外露,表面平实。

③ 调节风扇,使风速为3 m/s。用电风扇直吹试件表面,风向平行于试件表面。在距离每个试件上表面50 cm处设置1 000 W的碘钨灯。同时把试件置于恒温恒湿室环境中。3 h后(从浇筑混凝土开始计时)开始观察裂缝数量、宽度和长度。

(5)试验记录

① 裂缝长度以肉眼可见裂缝为准,用钢尺测量其长度,近似取裂缝两端直线距离为裂缝长度,当裂缝出现明显弯折时,以折线长度之和代表裂缝长度。每条裂缝的长度通过细线测量,即把细线沿着裂缝放在试件表面上,然后测量线的直线长度。

② 为了避免试模边界对试验的影响,不测量距边界25 mm内的裂缝,测量时按顺序从一端到另一端逐条操作,并对测量过的裂缝用记号笔标记,以防止重复测量。裂缝的平均宽度的测量方法如下,即对每条裂缝以10 mm的间隔沿着裂缝方向测量裂缝此处的宽度并取此裂缝所有测得宽度数值的平均值。

③ 记录裂缝初始开裂的时间,精确到5 min。

④ 裂缝宽度用读数显微镜(分度值为0.01 mm)测量,平均宽度精确到0.05 mm。

(6)数据处理

根据3 h(从浇筑混凝土开始计时)开裂情况,计算下列参数:

裂缝的开裂面积:

$$a = \sum_{i=1}^{N} \overline{W}_i \cdot L_i$$

式中　$\overline{W}_i$——第i根裂缝的平均宽度(mm);

L_i——第i根裂缝的长度(mm);

N——总裂缝数目(根)。

(7)合格条件

试验结果应建立在平均试验结果基础之上,任何个人的罕见的试验结果请注明。

① 混凝土试件的初裂时间方面,初裂时间越晚,混凝土的抗裂性能越好。纤维素纤维混凝土的初裂时间应晚于同配合比素混凝土试件。

② 对于纤维素纤维在提高混凝土开裂性能方面,裂缝开裂面积应该至少有50%的改善。

8. 使用方法

(1)取料。

(2)确定投料数量,每方混凝土掺1袋(0.9 kg)纤维素纤维,根据每盘混凝土方量确定投料袋数。

(3)投料。投料原则:

① 纤维应与粗骨料一起添加;

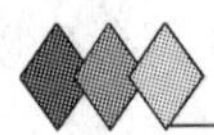

② 请勿将包装袋投入搅拌机；

③ 根据现场搅拌站情况，选择合适的投料点投料。

(4)不改变施工工艺，其他组分按正常程序添加，推荐搅拌时间不低于 3 min。

9. 常见问题及解决方法

搅拌时间不足会使纤维在混凝土中的分散受到影响。

解决方法：保证适当的搅拌时间。

10. 运输、保管注意事项

(1)在运输过程中，应避免硬性冲击；

(2)产品应放置在通风、干燥、无腐蚀性气体和防潮的场所储存；

(3)储存场所应远离火源。

二、隧道防水

(一)防 水 板

新型高分子防水板具有较强的抗渗透性，施工操作简便、速度快、易于掌握等特点，被客运专线广泛采用。

EVA 防水板。EVA 材料是国内外生产防水卷材最好的材料。它的分子量达 2 万 ~5 万。其性能随乙酸乙烯含量的比例来调节产品的结构，并可分别适应多种用途的要求。它具有优良的柔韧性、耐寒性、弹性、耐应力开裂性、比重轻，特别适用于隧道拱顶内面的防水。

PE 防水板。聚乙烯(PE)防水卷材具有无毒、表面光滑平整、耐腐蚀、拉伸强度高，定形性好，比重轻的特点。适用于隧道、水渠、河堤、垃圾场、水池等的防水。

ECB 防水板。ECB 防水卷材是乙烯醋酸乙烯改性沥青共混，制作采用二段挤出，三辊压延生产工艺的片材。材料具有优良的耐候性、耐久性、坚韧性、电绝缘性、延伸率高、抗穿透力强等特点。

几种防水板物理力学性能见表 3—2，EVAD 防水板和复合防水板见图 3—11。

表 3—2　防水板物理力学标准

项　目	指　标		
	均质片材(EVA/ PE)	均质片材 ECB	复合卷材
拉伸强度(MPa)(N/cm)	≥16	≥14	≥60
断裂伸长度%(kN/m)	≥550	≥500	≥400
直角撕裂强度(N/mm)	≥60	≥60	≥20
不透水性 30 min	0.3 MPa		
低温弯折	-35 ℃无裂纹		-20 ℃无裂纹
加热伸缩量(mm)	延伸 <2 收缩 <6		延伸 <2 收缩 <4

(二)防水混凝土

采用水泥、砂、石或掺加少量外加剂、高分子聚合物等材料，通过调整配合比而配制

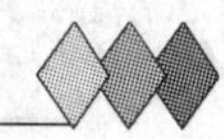

EVA 防水板

复合防水板

图　3—11

成抗渗压力大于 0.6 MPa，使工程结构本身的混凝土达到一定的密实性，并具有一定抗渗能力的刚性防水材料称为防水混凝土。它使结构承重和防水功能合为一体，并具有材料来源丰富、施工简便、快速、造价低等特点。地下工程中常用的防水混凝土有普通防水混凝土、掺合料（外加剂）防水混凝土和补偿收缩混凝土。防水混凝土原材料技术要求见表 3—3。

表 3—3　防水混凝土原材料技术要求

材料名称	技　术　要　求
水　泥	水泥的强度等级宜为 42.5 级； 在受侵蚀性介质作用时，应按介质的性质选用相应的水泥； 在受冻融作用时，应优先选用普通硅酸盐水泥，不宜用火山灰质硅酸盐水泥和粉煤灰硅酸盐水泥。 不得使用过期或受潮结块的水泥，并不得将不同品种或强度等级的水泥混合使用
砂、石	除应符合现行《铁路混凝土与砌体工程施工规范》（TB 10210）《铁路混凝土与砌体工程施工质量验收标准》（TB 10424）附录 B 的规定外，砂宜采用中砂，含泥量不应大于 3%，泥块含量不应大于 0.5%。石子宜采用连续级配，其最大粒径不大于 40 mm，对于抗渗等级为 P6 的混凝土：含泥量不应大于 1%，泥块含量不应大于 0.5%；对于抗渗等级为 P8 的防水混凝土：含泥量不应大于 0.5%，泥块含量不应大于 0.25%；不得使用碱活性骨料
水	拌制混凝土所用的水，应符合现行《混凝土拌合用水标准》（JGJ 63）的规定
外 加 剂	除应符合现行国家标准《混凝土外加剂》（GB 8076）、《混凝土外加剂应用技术规范》（GB 50119）或行业标准一等品及以上的质量要求和其他有关环境保护的规定，品种和掺量应经试验确定
掺 合 料	应符合现行国家标准《用于水泥和混凝土中的粉煤灰》（GB 1596）、《用于水泥和混凝土中的粒化高炉矿渣粉》（GB/T18046）规定。粉煤灰的级别不应低于二级，掺量不宜大于 20%；硅粉掺量不应大于 3%；其他掺合料的掺量应经过试验确定
总 碱 量	每立方米防水混凝土中各类材料的总碱量（Na_2O 当量）应符合现行《铁路混凝土工程预防碱－骨料反应技术条件》（TB/T 3054）的规定，并不得大于 3 kg
氯离子含量	混凝土中氯离子含量应符合现行国标《混凝土结构设计规范》（GB 50010）的相应规定

（三）橡胶止水带

1. 两种典型的橡胶止水带截面见图 3—12，其中：A 为此部分外观质量要求较严；B 为此部分外观质量要求较宽；W 为止水带宽度；T 为止水带厚度。

2. 橡胶止水带作用与原理

橡胶止水带是利用橡胶材料在受力时产生高弹形变的特性而制成的止水结构产品。广

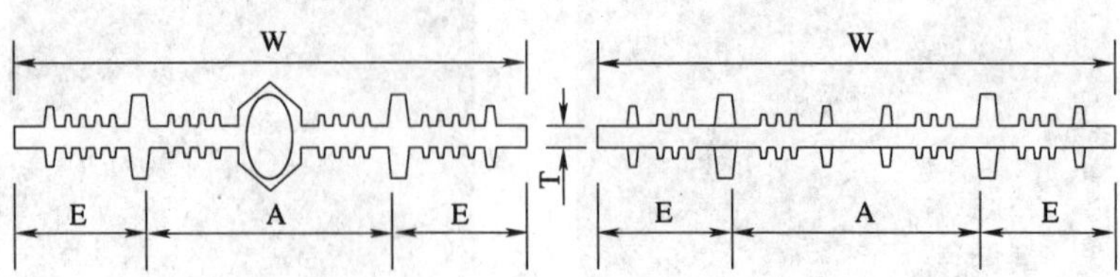

图 3—12

泛应用于水利、水电、堤坝涵闸、隧道地铁、人防工事、高层建筑的地下室和停车场等工程中变形缝的止水。橡胶止水带在浇筑混凝土时被预埋在变形缝内与混凝土连成一体,可有效地防止构筑物变形缝处的渗水、漏水,并起到减震缓冲等作用,从而确保工程构筑物中的防水要求。见图 3—13。

图 3—13　橡胶止水带

3. 橡胶止水带技术标准(表 3—4 和表 3—5)

表 3—4　橡胶止水带物理机械性能及检验标准

<table>
<tr><th rowspan="2">序号</th><th rowspan="2" colspan="3">项　目</th><th colspan="3">指　标</th><th rowspan="2">试验标准</th></tr>
<tr><th>B 型</th><th>S 型</th><th>J 型</th></tr>
<tr><td>1</td><td colspan="3">硬度(昭尔 A)(度)</td><td>60 ±5</td><td>60 ±5</td><td>60 ±5</td><td>GB531</td></tr>
<tr><td>2</td><td colspan="3">拉伸强度(MP)</td><td>15</td><td>12</td><td>10</td><td rowspan="2">GB 528;采用 I 型试样</td></tr>
<tr><td>3</td><td colspan="3">扯断伸长率(%)</td><td>380</td><td>380</td><td>300</td></tr>
<tr><td rowspan="2">4</td><td rowspan="2" colspan="2">压缩永久变形</td><td>70 ℃ ×72 h(%)</td><td>35</td><td>35</td><td>35</td><td rowspan="2">GB 7759;采用 B 型试样;压缩率 25%</td></tr>
<tr><td>23 ℃ ×168 h(%)</td><td>20</td><td>20</td><td>20</td></tr>
<tr><td>5</td><td colspan="3">撕裂强度(N/m)</td><td>30</td><td>25</td><td>25</td><td>GB/T529</td></tr>
<tr><td>6</td><td colspan="3">脆性温度(℃)</td><td>-45</td><td>-40</td><td>-40</td><td>GB1682</td></tr>
<tr><td rowspan="6">7</td><td rowspan="6">热空气老化</td><td rowspan="3">70 ℃ ×72 h</td><td>硬度变化(邵尔 A)(度)</td><td>+8</td><td>+8</td><td></td><td rowspan="6">GB 3512</td></tr>
<tr><td>拉伸强度变化率(降低)(%)</td><td>12</td><td>10</td><td></td></tr>
<tr><td>伸长率变化率(降低)(%)</td><td>300</td><td>300</td><td></td></tr>
<tr><td rowspan="3">70 ℃ ×96 h</td><td>硬度变化(邵尔 A)(度)</td><td></td><td></td><td>+8</td></tr>
<tr><td>拉伸强度变化率(降低)(%)</td><td></td><td></td><td>9</td></tr>
<tr><td>伸长率变化率(降低)(%)</td><td></td><td></td><td>250</td></tr>
<tr><td>8</td><td colspan="3">臭氧老化(50 pphm;20%;48 h)</td><td>2 级</td><td>2 级</td><td>0 级</td><td>GB7762;矩形试样</td></tr>
</table>

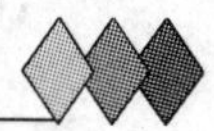

表3—5　钢边橡胶止水带的物理力学性能

项　　目		性能指标
硬度(邵尔 A)		62 ±5
拉伸强度(MPa)		≥18
扯断伸长率(%)		≥400
压缩永久变形(70 ℃ ×24 h)(%)		≤35
撕裂强度(N/mm)		≥35
热老化 70 ℃ ×168 h	硬度变化(邵尔 A)	≤ +8
	拉伸强度(MPa)	≥16.2
	扯断伸长率(%)	≥320
拉伸永久变形(70 ℃ ×24 h,拉伸 100%)		≤20
橡胶与金属带粘合试验	破坏类型	橡胶破坏(R)
	粘合强度(MPa)	≥6

(1)橡胶止水带按其用途可分为以下三类:

① 适用于变形缝用止水带,用 B 表示;

② 适用于施工缝用止水带,用 S 表示;

③ 适用于有特殊耐老化要求的接缝用止水带,用 J 表示。

(2)产品规格:止水带的长度应根据施工要求事先向生产厂家按照一环长定制,尽量避免接头。

(3)产品在贮存、运输时,应避免阳光直射,勿与热源、油类及有害溶剂接触;存放场所最好保持 -10 ℃ ~ +30 ℃。

4. 橡胶止水带外观质量要求(表3—6)

表　3—6

序号	缺陷名称	A　部　分	B　部　分
1	气　　泡	直径不大于 1 mm 的气泡,每米不允许超过 3 处	直径不大于 2 mm 的气泡,每米不允许超过 4 处
2	杂　　质	面积不大于 4 mm^2 杂质,每平方米不允许超过 3 处	面积不大于 8 mm^2 杂质,每平方米不允许超过 3 处
3	接　　缝	不允许有裂口及“海绵”现象,高度大于 1.5 mm 的凸起每米不超过 2 处	不允许有裂口及“海绵”现象,高度大于 1.5 mm 的凸起每米不超过 2 处
4	凹　　痕	不允许	允许有深度不超过 0.5 mm,面积不大于 10 mm^2 每米不超过 4 处
5	中孔偏心	中心孔周边对称部位厚度差不超过 1 mm	

5. 橡胶止水带施工方法

橡胶止水带是在混凝土浇注过程中部分或全部浇埋在混凝土中。在浇埋时要使其与混凝土界面贴合平整,接头部分粘接紧固,浇埋过程中要以适当的力充分震捣混凝土,使其与混凝土结合良好,以获得最佳的止水效果。见图 3—14。

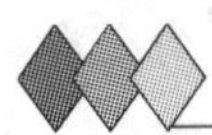

图 3—14　遇水膨胀橡胶止水带

6. 橡胶止水带施工注意事项

(1)在施工过程中,由于混凝土中有许多尖角的石子和钢筋,操作是要注意避免对止水带造成机械损伤。

(2)在定位橡胶止水带时,要使其与混凝土界面贴合平整,不能出现止水带翻转、扭曲等现象,否则应及时进行调正。

(3)在浇筑固定止水带时,应防止止水带发生偏移,影响止水效果。

(4)橡胶止水带接头可利用粘接、热硫化等方法,保证接头牢固。

(5)浇注混凝土过程中要注意充分震捣,以达到止水带和混凝土充分结合。

(四)橡胶止水条

止水条分为制品型和腻子型两种,由于制品型各项性能指标优于腻子型,所以客专宜采用制品型遇水膨胀止水条。见表 3—7、表 3—8 和图 3—15。

表 3—7　制品型遇水膨胀橡胶止水条物理力学性能

序　号	项　　目		指　　标
1	硬度(邵尔 A),度		42 ±7
2	拉伸强度(MPa)		≥3.5
3	扯断伸长率(%)		≥450
4	体积膨胀倍率(%)		≥200
5	反复浸水试验	拉伸强度(MPa)	≥3
		扯断伸长率(%)	≥350
		体积膨胀倍率(%)	≥200
6	低温弯折 -20 ℃ ×2 h		无裂纹
7	防霉等级		优于 2 级

注:硬度为推荐项目,其余均为强制项目;成品切片测试应达到标准的 80%;接头部位的拉伸强度不得低于上表标准性能的 50%;体积膨胀倍率是浸泡后的试样质量与浸泡前的试样质量的比率。

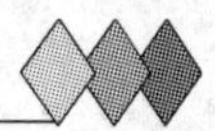

表 3—8 腻子型止水条物理性能

项 目	膨胀率	剥离强度	剪切强度	耐水压	耐高温	耐低温	比 重
性能指标	静水浸泡 24 h100% 最大 300% ~500%	0.01 MPa	0.06 MPa	1.2 MPa	150 ℃不流淌	-30 ℃不发脆	1.5

图 3—15 制品型遇水膨胀橡胶止水条

止水条施工注意事项：

(1)对有预留式的粘贴方式，在先浇混凝土中需预留上止水条安放槽(可在模板中钉木条预留)。

(2)拆除先浇混凝土模板后，清除表面，使缝面无水、干净、无杂物。

(3)将止水条嵌入预留槽内。如不预留槽，对垂直缝可加用粘结剂全长粘贴，或用水泥钉加木条固定止水条；对水平缝可直接粘贴于混凝土表面。

(4)止水条粘贴以后应尽快浇注混凝土。

(5)在安装粘贴过程中，应防止止水条受污染和受水的作用，以免景响使用效果。

三、通风及防尘

(一)轴流通风机

当隧道掘进长度大于 150 m 时，应该采取机械通风。通风方法有压入式通风和混合式通风。长大隧道一般采用轴流通风机进行压入式通风，或配以射流通风机进行混合通风。隧道作业面上应该保证供应给每人的新鲜空气不少于 180 m^3/h。见表 3—9 和图 3—16。

表 3—9 隧道轴流风机性能参数表

型号	叶轮直径(mm)	风量(m^3/h)	全压(Pa)	转速(rpm)	装机容量(kW)	最大弦长(mm)	噪声(dB)
3.5	350	4 000	343	2 900	0.75	149	≤74
4	400	5 000	343	2 900	0.75	137	≤75
4.5	450	6 500	343	2 900	1.1	129	≤76
5	500	8 000	343	1 450	1.1	335	≤77
5.6	560	12 000	441	1 450	2.2	403	≤81
6.3	630	17000	490	1 450	3	371	≤83
6.3	630	18 000	490	1 450	3	367	≤83
7	700	26 000	588	1 450	5.5	386	≤87
8	800	30 000	441	1 450	5.5	276	≤85
8	800	30 000	539	1 450	7.5	320	≤86

续上表

型号	叶轮直径(mm)	风量(m^3/h)	全压(Pa)	转速(rpm)	装机容量(kW)	最大弦长(mm)	噪声(dB)
9	900	35 000	588	960	7.5	564	≤88
9	900	40 000	588	1 450	11	363	≤90
10	1 000	40 000	490	960	7.5	430	≤87
10	1 000	48 000	588	960	11	500	≤89
10	1 000	50 000	686	1 450	11	378	≤90
11.2	1120	60 000	686	960	18.5	507	≤91

轴流通风机

射流通风机

图 3—16

(二)导 风 筒

导风筒可分为正压导风筒和负压导风筒两种。正压导风筒采用圆筒热合成型工艺,纵向无接缝,具有阻燃、抗静电、风阻小、漏风率低、强度高等特点,用于压入式通风(进风);负压导风筒以热合筒坯加碳素螺旋弹簧钢丝,采用先进的热合工艺制作而成,它具有抽吸效果好、易转弯、运输贮存方便(能折叠)、使用寿命长等特点,适用于隧道排尘换气(排风)。见图 3—17。

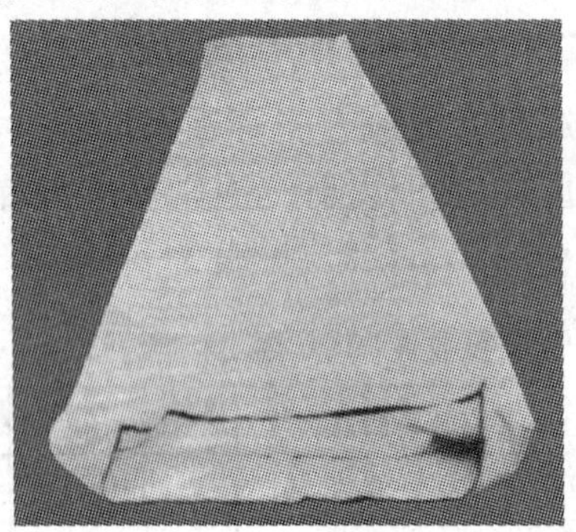

正压导风筒

负压导风筒

图 3—17

1. 涂覆布的物理机械强度(表 3—10)

表 3—10

序号	项 目 名 称	指 标	
		Ⅰ级	Ⅱ级
1	经、纬向扯断强力(N/50 mm)	≥2 000	≥1 300
2	经、纬向撕裂力(N)	≥200	≥150
3	涂覆层与骨架材料的粘附强度(N/25 mm)	≥30	≥20

2. 涂覆布的阻燃性

酒精喷灯燃烧试验时，试样的有焰和无焰燃烧时间应符合表3—11的规定。

表 3—11

序号	项 目 名 称	指 标 (s)	
		1条试样	6条试样总和
1	有焰燃烧时间	≤10	≤18
2	无焰燃烧时间	≤60	≤120

酒精灯燃烧试验时，试样的有焰和无焰燃烧时间应符合表3—12的规定。

表 3—12

序号	项 目 名 称	指 标(s)	
		1条试样	6条试样总和
1	有焰燃烧时间	≤12	≤36
2	无焰燃烧时间	≤60	≤120

3. 涂覆布的抗静电性

涂覆布的表面电阻应不大于$3\times10^{8}\ \Omega$。

4. 涂覆布的耐热性

涂覆布经耐热性试验后，其表面应无裂纹、无发粘等异常现象。

5. 涂覆布的耐寒性

涂覆布经耐寒性试验后，其表面应无折损、无裂痕等异常现象。

四、爆破材料

(一)爆破工程材料

1. 炸药

(1)根据爆破地点和条件不同，炸药可以分为三种：

① 露天炸药。只允许露天爆破的炸药。

② 岩石炸药。可以在露天和无瓦斯、矿尘爆炸危险的地下爆破中使用。

③ 安全炸药。可用于有沼气和矿尘爆炸危险的地下爆破。

(2)根据组成成分，可以分为以下几种：

① 不含水的硝铵类炸药，包括铵锑炸药、铵油炸药和膨化炸药。铵锑炸药安全性和爆炸性均较好，用8号雷管即可引爆。建筑工程爆破中使用最广泛的是2号岩石硝铵炸药。几种不含水炸药的性能见表3—13～表3—16。

表3—13　岩石铵锑炸药的性能

指 标		炸 药 名 称				
		1号岩石铵锑炸药	2号岩石铵锑炸药	2号抗水铵锑炸药	3号抗水铵锑炸药	4号抗水铵锑炸药
性能	水分≤(%)	0.3	0.3	0.3	0.3	0.3
	密度(g/cm^3)	0.95～1.1	0.95～1.1	0.95～1.1	0.90～1.0	0.95～1.1

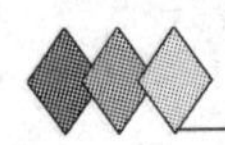

续上表

指标		炸药名称				
		1 号岩石铵锑炸药	2 号岩石铵锑炸药	2 号抗水铵锑炸药	3 号抗水铵锑炸药	4 号抗水铵锑炸药
性能	猛度(mm)	13	12	12	10	14
	爆力(mL)	350	320	320	280	360
	殉爆距					
	浸水前	6	5	5	4	3
	浸水后			3	2	4
	爆速(m/s)		3 600	3 750		

表 3—14　露天铵锑炸药的性能

指标		炸药名称				
		1 号露天铵锑炸药	2 号露天铵锑炸药	3 号铵锑炸药	1 号抗水露天炸药	2 号抗水露天炸药
性能	水分≤(%)	0.5	0.5	0.5	0.5	0.5
	密度(g/cm^3)	0.85 ~ 1.1	0.85 ~ 1.1	0.85 ~ 1.1	0.85 ~ 1.1	0.85 ~ 1.1
	猛度(mm)	11	8	5	11	8
	爆力(mL)	300	250	230	300	250
	殉爆距(cm)	4	3	2	4	3
	爆速(m/s)	3 600	3 525	3 455	3 000	3 525

表 3—15　煤矿许用炸药(安全炸药)的性能

指标		炸药名称					
		1 号煤矿硝铵炸药	2 号硝铵炸药	3 号煤矿硝铵炸药	1 号抗水煤矿硝铵炸药	2 号抗水煤矿硝铵炸药	2 号煤矿铵油炸药
性能	水分≤(%)	0.3	0.3	0.3	0.3	0.3	0.3
	密度(g/cm^3)	0.95 ~ 1.1	0.95 ~ 1.1	0.95 ~ 1.1	0.95 ~ 1.1	0.95 ~ 1.1	0.85 ~ 0.95
	猛度(mm)	13	10	10	12	10	8
	爆力(mL)	290	250	240	290	250	230
	殉爆距						
	浸水前	6	5	4	6	4	3
	浸水后				4	3	2
	爆速(m/s)	3 509	3 600	3 262	3 675	3 600	3 269

表 3—16　铵油炸药的性能

指标		炸药名称		
		1 号铵油炸药	2 号铵油炸药	3 号铵油炸药
性能	密度(g/cm^3)	0.9 ~ 1.0	0.8 ~ 0.9	0.9 ~ 1.0
	猛度(mm)	12	18(钢管约束)	18(钢管约束)
	爆力(mL)	300	250	250
	殉爆距(cm)	5		
	爆速(m/s)	3 300	3 800(钢管约束)	3 800(钢管约束)

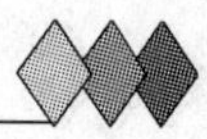

表3—17　膨化硝胺炸药的性能

指　标		炸　药　名　称		
		岩石膨化硝胺炸药	2号煤矿许用膨化硝胺炸药	3号煤矿许用膨化硝胺炸药
性能	密度(g/cm^3)	0.80~1.00	0.95~1.05	0.95~1.05
	猛度(mm)	≥12	≥11	≥11
	爆力(mL)	≥320	≥250	≥240
	殉爆距(cm)	≥4	≥5	≥4
	爆速(m/s)	≥3 200	≥2 800	≥2 800
	有毒气体(L/kg)	≤100	≤100	≤100

② 含水硝铵类炸药,包括浆状炸药、水胶炸药、乳化炸药和重铵油炸药。见表3—18~表3—21。

表3—18　浆状炸药的性能

指　标		炸　药　品　种						
		4号浆状炸药	5号浆状炸药	6号浆状炸药	槐1号浆状炸药	槐2号浆状炸药	白云1号抗冻浆状炸药	田菁10号浆状炸药
性能	密度(g/cm^3)	1.4~1.5	1.15~1.24	1.27	1.1~1.2	1.1~1.2	1.17~1.27	1.25~1.31
	爆速(km/s)	4.4~5.6	4.5~5.6	5.1	3.2~3.5	3.9~4.6	5.6	4.5~5.0
	临界直径(mm)	96	≤45	≤45			≤78	70~80

表3—19　水胶炸药的性能

指　标		炸　药　品　种			
		SHJ-K	W-20	1号	3号
性能	爆速(m/s)	3 500~3 900(ϕ32 mm)	4 100~4 600	3 500~4 600	3 600~4 400(ϕ40 mm)
	猛度(mm)	>15	16~18	14~15	12~20
	殉爆距(cm)	>8	6~9	7	12~25
	临界直径(mm)		12~16	12	
	爆力(Ml)	>340	350		330
	贮存期(月)	6	3	12	12

表3—20　乳化炸药的性能

指　标		炸　药　品　种							
		EL系列	CLH系列	SB系列	BME系列	RJ系列	WR系列	岩石型	煤矿许用
性能	爆速(km/s)	4~5.0	1.5~5.5	4~4.5	3.1~3.5	4.5~5.4	4.7~5.8	3.9	3.9
	猛度(mm)	16~19		15~18		16~18	18~20	12~17	12~17
	殉爆距(cm)	8~12		7~12		>8	5~10	6~8	6~8
	临界直径(mm)	12~16	40	12~16	40	13	12~18	20~25	20~25
	抗水性	极好	极好	极好		极好	极好	极好	极好
	贮存期(月)	6	>8	>6	2~3	3	3	3~4	3~4

表 3—21 几种国产重量胺油炸药性能

性能	炸药品种					
	YZA-A	YZA-B	RJ-A_2	RJ-A_2	AR-Y	粒状乳化岩石炸药
密度(g/cm^3)	1.35	1.25	1.1～1.35	1.1～1.35	>1	0.9～1.0
爆速(m/s)	3 200～4 100	3 700～4 500	3 620	3 620	2 500～3 200	>1 800
猛度(mm)		12～15			11～13	≥5
殉爆距(cm)	10	≥10			4～8	≥3
抗水性	良	良	良	良	良	

③ 专用炸药,包括光爆炸药、塑性炸药以及硝化甘油炸药等。

(3)各种炸药使用范围见表 3—22。

表 3—22

炸药	使用范围	备注
露天铵锑炸药	露天松动爆破使用,不得用于井下爆破作业	有效期 4 个月
岩石铵锑炸药	无瓦斯和无矿尘爆炸的隧道	有效期 6 个月
铵油炸药	无瓦斯和无矿尘爆炸的坚硬岩石、有水孔	贮存期 15 天
铵松蜡炸药	适用于有水和潮湿的爆破工程	
硝化甘油炸药	用于没有沼气和矿尘危险的一切地下、水下和露天爆炸工程;耐冻硝化甘油炸药适用于低寒地区;硝化甘油混合炸药宜用于潮湿地区及深水爆破	有效期为 8 个月,贮存温度 10 ℃～30 ℃
梯恩梯(TNT)	作雷管副起爆药;露天及水下爆破坚硬岩石	
黑火药	制造导火索、导爆索;不宜做裸露破药包,不得用于沼气和矿粉等危险的地方	安全性低
乳化炸药	露天河地下爆破,是有水条件下最常用的炸药	安全性好
浆状炸药	在有水条件下爆破	感度低
水胶炸药		感度高

2. 起爆材料

主要起爆材料有:

(1)雷管

主要有火雷管、导爆管雷管、电雷管。电雷管又可分为瞬发电雷管、秒延期电雷管、毫秒延期电雷管、安全电雷管、磁电雷管、电子雷管、煤矿许用安全电雷管和无起爆药毫秒延期电雷管。导爆管雷管分为瞬发、毫秒和秒延期雷管。几种雷管特性见表 3—23～表 3—27。

表 3—23 瞬发电雷管的规格及主要性能表

项目	纯铜雷管		铝铁雷管		纸雷管
	6 号	8 号	6 号	8 号	8 号
规格尺寸(直径/mm)×(长/mm)	6.6×35	6.6×40	6.6×3.5	6.6×40	7.8×45
脚线长度(mm)	750～1 200	1 000～1 600	1 500	2 000	2 500

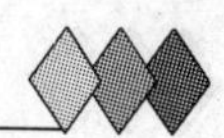

续上表

项目		纯铜雷管		铝铁雷管		纸雷管
		6号	8号	6号	8号	8号
性能	电阻	0.85~1.2	0.9~1.25	0.95~1.35	1.05~1.45	1.15~1.55
	齐发性	20发串联齐爆(通以1.2A电流)				
	安全电流	0.05 A(康铜桥丝);0.02 A(镍铬桥丝)				
	发火电流	0.5~1.5 A				
检验方法		外观检查:金属壳雷管表面有绿色班点和裂缝、皱痕或起爆药浮出,纸壳雷管表面有松裂,管底起爆药有碎裂以及脚线有扯断者,均不能使用				
检验方法		导电检查:用小型电阻表检查电阻,同一线路中,雷管电阻差小于等于0.2。 震动试验:震动5 min,不允许爆炸、结构损坏、断电、短路。 铅板炸孔:5 mm厚的铅板(6号用4 mm厚),炸穿孔径不小于雷管外径				
适用范围		用于一切爆破工程起爆炸药,导爆索导爆管,但在有瓦斯及矿尘爆炸危险的坑道工程不宜使用				
包装		内包装纸盒,每盒100发;外包装木箱,每箱10盒1 000发				
有效保证期		二年				

表3—24 秒延期电雷管的段数和延期时间

段别	延期时间(s)			
	第一规格	第二规格	第三规格	第四规格
1	<0.1	<0.1	<0.1(灰蓝)	<0.1
2	1.5±0.6	2±0.4	1.0+0.5(灰白)	0.5±0.2
3	3+0.7	4±0.6	2.0+0.6(灰红)	1.0±0.2
4	4.5+0.8	6±0.8	3.1+0.7(灰绿)	1.5±0.2
5	6+0.9	8±0.9	4.3+0.8(灰黄)	2.0±0.2
6		10±1.0	5.6+0.9(黑蓝)	2.5±0.2
7		12±1.1	7.0+1.0(黑白)	3.0±0.2
8				3.5±0.2
9				4.0±0.2
10				4.5±0.2
性能	除有延期时间的要求外,其他性能与即发电雷管相同,串联试验时,不要求齐爆,但要求全爆			
适用范围	用于没有沼气、爆炸气体及矿尘较多的坑道和各种爆破工程,特别适于几个雷管先后爆炸时使用,如爆孔法分层爆炸			

注:秒延期电雷管的号码、管壳分段、检验方法、包装、保证期与瞬发电雷管相同。

表3—25 国产毫秒电雷管的延期时间

段别	延期时间(s)			
	第一系列	第二系列	第四系列	G-1系列
1	<13	<5	5	<13
2	25±10	25±5	25±10	25±10

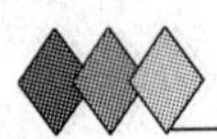

续上表

段别	延期时间(s)			
	第一系列	第二系列	第四系列	G－1 系列
3	50 ±10	50 ±5	45 ±10	50 ±10
4	75	75 ±5	65 ±10	75 ±10
5	110 ±15	100 ±5	85 ±10	100 ±10
6	150 ±15	125 ±7	105 ±10	125 ±10
7	200	150 ±7	125 ±10	150 ±10
8	250 ±25	175 ±7	145 ±10	175 ±10
9	310 ±30	200 ±7	165 ±10	200 ±10
10	380 ±35	225 ±7	185 ±10	225 ±10
11	460 ±40		205 ±10	250 ±10
12	550 ±45		225	275 ±10
13	650 ±50		250 ±12.5	300 ±10
14	760 ±55		275 ±12.5	325 ±10
15	880 ±60		300	350
16	1 020 ±70		330 ±15	400 ±20
17	1 200 ±90		360	450 ±20
18	1 400 ±100		395 ±17.5	500 ±20
19	1 700 ±130		430	550 ±20
20	2 000 ±150		470 ±20	600 ±20
21			510 ±20	
22			550 ±20	
23			590 ±20	
24			630 ±20	
25			670 ±20	
26			710 ±20	
27			750	
28			800 ±25	
29			850 ±25	
30			900 ±25	

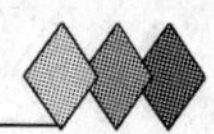

表3—26 火雷管的规格及主要性能表

雷管号码	6号	8号	8号
雷管壳材料	铜、铝、铁	铜、铝、铁	纸
管壳(外径/mm)×(全长/mm)	6.6×35	6.6×40	7.8×45
加强冒(外径/mm)×(全长/mm)	6.16×6.5	6.16×6.5	6.25~6.32×6
特　性	遇撞击、摩擦、搔扒、按压、火化、热等影响会发生爆炸,受潮容易失效		
点燃方法	利用导火线		
试验方法	外观检查:有裂口、锈点、砂岩、受潮、起爆药浮出等不能使用。 振动试验:振动5 min不允许爆炸、洒药、加强帽移动。 铅板炸孔:5 mm厚的铅板(6号用4 mm厚),炸穿孔径不小于雷管直径		
适用范围	用于一般爆破工程,但在有沼气及矿尘较多的坑道工程不宜使用		
包　装	内包装为纸盒,每盒100发,外包装为木箱,每箱50盒5 000发		
有效保证期	二年		

注:1. 火雷管应贮存在干燥通风的库房内,以防受潮,降低爆炸威力或产生拒爆。

2. 运输、保管、使用中要注意防潮和防撞击。

3. 火雷管壁口上如有粉末,或管内有杂物时,只可在指甲上轻轻敲击,不得用嘴吹、重倒、重扣或使用物品去掏。

4. 雷管使用前,应作外观检查,并作导电检查,测量电阻,同一网络中各电雷管之间的电阻差应不超过0.25 Ω。检验时,雷管应放置在挡板后面,距工作人员5 m以外的地方。

5. 电雷管脚线如为纱包线只能用于干燥地点爆破;如为绝缘线,可用于潮湿地点爆破。

6. 在制作起爆体时,电雷管的脚线要防止与地面摩擦,要轻拿轻放。雷雨天应禁止使用电雷管。

表3—27 各系列导爆管雷管的延期时间

段　别	延　期　时　间				
	DH-1(ms)	GB—6378(ms)	DE1(ms)	MG803-B(ms)	半秒雷管(s)
1	0	<13	50±15	<10	<0.1
2	25±10	25±10	100±20	25	0.5±0.2
3	50±10	50±10	150±20	50	1.0±0.2
4	75±10	75	250±30	75	1.5±0.2
5	100	100±15	370±40	100	2.0±0.2
6	150±20	150±15	490±50	125	2.5±0.2
7	200±20	200	610±60	150	3.0±0.2
8	250±20	250±25	780±70	175	3.5±0.2
9	310±25	310±30	980±100	200	4.0±0.2
10	390±40	380±35	1 250±150	225	4.5±0.2
11	490±45	460±40		250	
12	600±50	550±45		275	
13	720±50	650±50		300	
14	840±50	760±55		325	

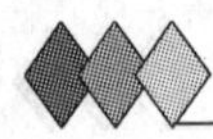

续上表

段别	延期时间				
	DH-1(ms)	GB-6378(ms)	DE1(ms)	MG803-B(ms)	半秒雷管(s)
15	99 ±75	880 ±60		350	
16		1 020 ±70		400	
17		1 200 ±90		450	
18		1 400 ±100		500	
19		1 700 ±1 130		550	
20		2 000 ±150		600	
21				650	
22				700	
23				750	
24				800	
25				850	
26				950	
27				1 050	
28				1 150	
29				1 250	
30				1 350	

(2)导火索、导爆索、导爆管

① 导火索的性能

导火索燃烧速度和燃烧性能是检验其安全性和可靠性的重要技术指标,燃速过大和有爆燃导火索,都易出现早爆事故。导火索的燃烧性能应满足如下要求:燃烧速度为 100 ~ 125 m/s,燃烧时不得有断火(燃烧过程中断)、透火(有火星从索壳喷出)、外壳燃烧(索壳有明火焰燃烧或有阴燃)、速燃(燃速显著变快)与爆燃(伴随有爆声)等现象。导火索的表面应均匀,无损伤、变形、发霉、油污、剪断处散头等现象,否则将影响燃烧性能。

导火索的有效喷火长度不小于 40 mm,有足够的喷火长度才能保证导火索引爆火雷管。

导火索有一定的耐水性:在 1 m 深的常温静水中浸 2 h 后,燃速及燃烧性能不变。

② 导爆索的性能与规格

普通导爆索

外径。导爆索的外径为 5.7 ~6.2 mm。

爆速。国产普通导爆索的爆速不得低于 6 500 m/s。工程爆破多用硝胺炸药,爆速为 3 200 m/s左右,导爆索的爆速接近其两倍,能直接起爆工业炸药。

药量。为了保证导爆索的起爆能力和稳定传爆,导爆索药芯的药量不能过小。国产导爆索标准药芯的药量为 12 ~14 g/m,当黑索金药量少于 5 ~6 g/m 时,虽然尚能被 8 号雷管起爆,但并列的两根导爆索之间已不能传爆,当药量降至 4 g/m 时,黑索金本身将失去传爆

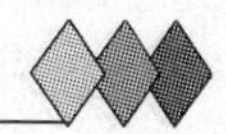

能力。

耐水,耐冷,耐热性能。国产导爆索的标准规定:导爆索在0.5 m深的水中浸泡24 h后,或在(-40±3)℃条件下冷冻2 h后,其感度和传爆性能仍合格;在(50±3)℃条件下保温6 h,外观及传爆性能不变。

虽然导爆索与导火索的外形和结构均相似,但由于药芯不同,其性能和使用方法有很大的差别。

导火索与导爆索的外观、性能和使用方法对比情况见表3—28

表 3—28

指　标	导火索	普通导爆索
外　观	一般为白色	红色
规　格	外径5.2~5.8 mm,药量7~8 g/m	外径5.7~6.2 mm,药量12~14 g/m
反应速度	传递火焰,燃烧100~125 m/s	传递爆轰波,爆速≥6 500 m/s
激发方式	由火焰点燃	由雷管、导爆索引爆
起爆对象	只能起爆火雷管	可直接起爆炸药、导爆索、导爆管、继爆管
应用范围	火雷管起爆法(小规模浅孔爆破)	导爆索起爆法(硐室爆破、深孔爆破等)

安全导爆索的技术特征。外壳为聚氯乙烯塑料,外径为7.3 mm,药量为12 g/m,消焰剂含量为2 g/m,爆速在6 000 m/s以上,可在2、3类瓦斯条件下安全使用,能起爆2号和3号抗水煤矿硝胺炸药。

另外,根据不同的使用要求,还有地质勘探使用的震源导爆索、耐压的铅皮导爆索、胀管导爆索、低能导爆索、高能导爆索、检测导爆索等多个品种。

③ 导爆管的性能

导爆管传爆速度(1 950±50)m/s;具有良好的抗电(数千伏的静电不能使其爆炸)、抗火(火焰只能将其点燃,不能引爆)、抗冲击(一般的机械冲击不会击发)、抗水(两端封口后置于80 m深水中48 h后能被8号雷管正常起爆)性能;在-40 ℃和+50 ℃范围能正常工作;常温下能承受静拉力5 kg。

普通导爆管强度较低,容易在外力作用下变形、破损、变形或穿孔后影响其传爆速度,甚至断爆,使用中应予注意。导爆管中产生的冲击波强度不足以引爆工业炸药,只能引爆雷管。因此,导爆管必须引爆雷管,由雷管再起爆炸药。

如前所述,目前已经研制出了与高精度导爆管雷管配用的高强度导爆管。起爆材料技术指标、质量要求及检验方法见表3—29。

表3—29　起爆材料技术指标、质量要求及检验方法

名　称	导　火　线	导　爆　索	导　爆　管
构　造	内部为黑火药芯,外面一次包缠棉线,黄麻(或亚麻),涂沥青、包牛皮纸等,外面再用棉线缠紧,涂以石蜡沥青涂料。两端亦涂有防潮剂。分普通(正常燃烧)导火索和缓燃导火索两种	由药芯及外皮组成。芯药用量速高的烈性黑索金制成,以棉线、纸条为包缠物,并涂以防潮剂,外层剥皮线表面涂以红色。索头涂有防潮剂	导火管是一种半透明的具有一定强度、韧性、耐温、不透火的塑料软管起爆材料。在塑料软管内壁涂薄薄一层胶状高能组合炸药(主要为黑索金或奥克托金),涂药量为16±1.6 mg/m。具有抗火、抗电、抗冲击、抗水以及导爆安全等特性

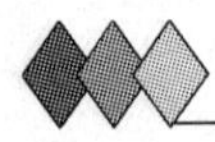

续上表

名称	导火线	导爆索	导爆管
技术指标	外径5.2~5.8 mm药芯。直径不小于2.2 mm。长度:10±0.1 m。燃速:普遍导火索为100~125 s/m;缓燃导火索为180~210 s/m。喷火强度:不低于50 mm	外径:4.8~6.2 mm。药芯直径:3~4 mm。爆速:不低于6 506 m/s。抗拉强度:≥3 060 N。点燃:用火焰点燃时不爆燃、不起爆(应用8号火雷管起爆)。起爆性能:2 m长的导爆索能完全起爆一个200 g的压装梯恩梯药块	外径:(3.0±0.1~0.2)mm内径:(1.4±0.1)mm。爆速:1 650~(1 950±50)m/s。抗拉力:25 ℃时不低于70 N;50 ℃时不低于50 N;-40 ℃时不低于100 N;耐静电性能;在30 kV,30 PF,极距10 cm条件下,1 min不起爆。耐温性:(50±5)℃,(-40±5)℃时起爆、传爆可靠
质量要求及检验方法	(1)粗细均匀,无折伤、变形、受潮、发霉、严重油污、剪断处散头现象。 (2)包裹严密,沙线编织均匀,包皮无松开,破损,外观整洁。 (3)在存放温度不超过40 ℃,通风、干燥条件下,保证期为2年。 检验方法: (1)在1 m深静水中浸泡4小时后,燃速和燃烧性能正常。 (2)燃烧时,无断火、透火、外壳燃烧及爆声。 (3)使用前作燃烧检查,先将原导火索头剪去50~100 mm,然后根据燃速将导火索剪成所需的长度,检查两端药芯是否正常	(1)外观无破损、折伤、药粉散出、松皮、中空现象。扭曲时不折磨,炸药不散落。无油脂和油污。 (2)在0.5 m深的水中浸24 h,仍能传爆可靠。 (3)在-28 ℃~50 ℃内不失起爆炸性能。 (4)在温度不超过40 ℃、通风、不干燥条件下,保证期为两年	(1)表面有损伤(孔洞、裂口等)或管内有杂物者不得使用。 (2)传爆雷管在连接块中能同时起爆8根塑料导爆管。 (3)在火焰作用下,不起爆 (4)在80 m深水处经48 h后,起爆正常。 (5)卡斯特洛锤10 kg,150 cm落高的冲击作用下,不起爆
适用范围	用于一般爆破工程,不宜用于有瓦斯或矿尘爆炸危险的作业面	一般爆破作业中直接起爆破2号岩石炸药;深孔爆破和大量爆破药室的引爆。并可用于几个药室同时准备起爆,不用雷管。不宜用于有瓦斯、矿尘的作业面及一般炮孔法爆破	适用于无瓦斯、矿尘的露天、井下、深水、杂散电流大和一次起爆多数爆孔的微差爆破作业中,或上述条件下的瞬发爆破或秒延期爆破

(二)爆破材料使用方法

爆破材料使用方法、适用范围及用量等见表3—30~表3—37。

表3—30 爆破方法分类及适用范围

爆破方法	技术要点	适用范围
表面爆破	炸药直接放于岩石表面	始于爆破地面大块石、水下岩石和改造工程
浅孔爆破	砖孔直径25~50 mm,深1~3 m	用于基坑、管沟、渠道、隧洞爆破或用于平整边坡、松动动土和改造工程
深孔爆破	砖孔直径75~270 mm,深5~15 m	用于料场、深基坑松爆、场地整平集中型爆破岩石
药壶爆破	在浅孔或深孔底部先装少量炸药矿孔成壶形	适用于爆破阶梯高度3~8 m的软岩石及中等坚硬岩石
小洞室爆破	导洞截面为1×1.5 m(横洞)或1×1.2 m竖井	适于六类以上坚硬岩石,竖井适于场地整平、基坑开挖松动

表3—31 爆破100 m³ 冻土消耗的硝铵炸药用量(kg)

冻土种类	冻层厚度(m)		
	0.5	1.0	60
黏土、建筑瓦砾	67	60	60
含小砾石的土壤	50	48	48
黑土及砂土	39	34	34

表 3—32 爆破 1 m^3 建筑结构的耗药量

结构类型	结构情况	炸药消耗量/(g/m^3)
爆破混凝土结构	材质较差(无孔洞)	110 ~ 150
	材质较好、单排切割式爆破	170 ~ 180
	材质较好、非切割式爆破	160 ~ 200
爆破钢筋混凝土的机构	布筋较密	350 ~ 400
	布筋稀少或梁柱构件	270 ~ 340
爆破毛石混凝土结构	较密实	120 ~ 160
	有空隙	170 ~ 210

表 3—33 爆破 1 m^3 基础所需消耗的材料

种　类	炸药磊(kg)	雷管(个)	导火线(m)	风钎钢(kg)
砖砌基础	0.30 ~ 0.45	3 ~ 4	3 ~ 4	0.25 ~ 0.35
石砌基础	0.40 ~ 0.55	3 ~ 4	3 ~ 5	0.30 ~ 0.40
混凝土基础	0.50 ~ 0.65	4 ~ 5	4 ~ 6	0.40 ~ 0.50
钢筋混凝土基础	0.60 ~ 0.70	5 ~ 6	5 ~ 7	0.50 ~ 0.60

表 3—34 筋钢混凝土柱体拆除爆破用药量

含筋率 μ(%)	单位体积炸药消耗量(kg/m^3)	含筋率 μ(%)	单位体积炸药消耗量(kg/m^3)
0.8	0.43 ~ 0.45		
1	0.48 ~ 0.49	5	1.0 ~ 1.13
3	0.84	10	1.74

表 3—35 建筑物墙体拆除爆破的硝铵炸药用量

墙厚(m)	孔深(m)	硝铵炸药用量(kg/m^3)			
		石灰砂浆砌体	水泥砂浆砌体	混凝土墙体	钢筋混凝土墙体
0.45	0.30	2.00	2.20	2.40	2.50
0.50	0.35	1.80	1.98	2.16	2.34
0.60	0.40	1.50	1.65	1.80	1.95
0.70	0.45	1.30	1.43	1.56	1.69
0.80	0.55	1.00	1.10	1.20	1.30
0.90	0.60	0.90	0.99	1.08	0.17

表 3—36 深孔爆破不同炮孔直径中每米长硝铵炸药重量表

炮孔直径(mm)	炸药重量(kg/m)	炮孔直径(mm)	炸药重量/(kg/m)
75	3.96	150	15.8
90	5.66	160	18.1
100	7.05	180	22.8
110	8.60	200	28.2
120	10.1	260	43.2
140	13.8	270	51.2

表3—37　浅孔爆破炮眼深度与不同临空面及炮眼直径的关系

炮眼直径(mm)	最大炮眼深度(m)	
	两个临空面(如阶梯形)	一个临空面(如水平地面)
32～35	2.5	1.5～2.0
35～40	3.5	2.0～2.5
40～45	4.0	2.3～2.6
50	5.0	3.0～3.5

(三)爆破材料安全技术

爆破材料安全注意事项见表3—38～表3—42。

表3—38　爆破材料仓库的安全距离

项　　目	单位	炸药库容量(t)				
		0.25	0.5	2.0	8.0	16.0
距有爆炸性的工厂	m	200	250	300	400	500
居民房、工厂、集镇、火车站	m	200	250	300	400	450
距铁路线	m	50	100	150	200	250
距公里干线	m	40	60	80	100	120

表3—39　爆炸用品运输工具相隔最小距离

运输方法	单位	汽车	马车	驮运	人力
在平坦道路上、	m	50	20	10	5
下山坡	m	300	100	50	6

表3—40　雷管库到炸药仓库的安全距离

仓库内雷管数量(个)	到炸药库距离(m)	仓库内雷管数量(个)	到炸药库距离(m)
1 000	2.0	75 000	16.5
5 000	4.5	100 000	19.0
10 000	6.0	150 000	24.0
15 000	7.5	200 000	27.0
20 000	8.5	300 000	33.0
30 000	10.0	400 000	38.0
50 000	13.5	500 000	43.0

表3—41　爆破飞石的最小安全距离

爆破方法	最小安全距离(m)	爆破方法	最小安全距离(m)
炮孔爆破　炮孔药壶爆破	200	小洞室爆破	400
二次爆破、蛇穴爆破	400	直井爆破、平洞爆破	300
深孔爆破、深孔药壶爆破	300	边线控制爆破	200
炮孔爆破法扩大药壶	50	拆除爆破	100
深孔爆破法扩大药壶	100	基础龟裂爆破	50

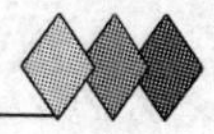

表 3—42　露天爆破人员的安全距离

爆破种类及爆破方法	最小安全距离(m)	爆破种类及爆破方法	最小安全距离(m)
(1)露天爆破:		① 边线控制爆破	200
① 裸露爆破法、二次爆破	400	② 拆除控制爆破	100
② 炮孔法、炮孔要护法	200	③ 基础龟裂爆破	50
③ 炮孔法、深孔药壶法	300	(4)扩大炮孔药壶	50
④ 药壶法	200	(5)深孔扩大药壶	100
⑤ 小洞室法	400	(6)挖底工程:	
⑥ 直井法	300	① 爆破非硬质土	100
(2)定向爆破	300	② 爆破硬质土	200
(3)控制爆破:		(7)拔树根	200

第四章 轨道工程材料

一、钢　　轨

我国客运专线采用60 kg/m的断面钢轨，定尺长度为100 m。由于客运专线列车运行速度高达350 km/h，这就对钢轨的材质和轧制精度提出了很高的要求，以保证列车运行的可靠性和平稳性。

1. 常用的钢轨钢种为U71Mn、PD3（U75 V）和U76NbRE，其物理化学性能要求见表4—1。

表4—1　常见钢轨物理化学及力学性能

钢　种	化学成分（%）							力学性能		
	C	Si	Mn	P_{max}	S_{max}	Cr	V	σ_b（MPa）	δ（%）	BHN
U71 Mn	0.65～0.77	0.15～0.35	1.00～1.40	0.025	0.025		≤0.03	≥880	10	260～300
PD3（U75 V）	0.70～0.78	0.50～0.70	0.75～1.05	0.025	0.025		0.04～0.08	≥980	10	280～320
U76NbRE	0.70～0.82	0.60～0.90	1.00～1.30	0.025	0.025		≤0.03	≥980	10	280～320

2. 钢轨断面尺寸见表4—2和图4—1。

表　4—2

项　　目		项　　目	
钢轨高度（mm）	176	对水平轴惯性矩（cm^4）	3217
钢轨底宽（mm）	150	对竖直轴惯性矩（cm^4）	524
轨头高度（mm）	48.5	下部截面模量（cm^3）	396
轨头宽度（mm）	73	上部截面模量（cm^3）	339
轨腰厚度（mm）	16.5	上、下部截面模量比	1.17
轨头圆弧（mm）	300－80－13	轨底横向挠度断面系数（cm^3）	70
钢轨高度与底宽比	1.17	断面面积（cm^2）	77.45
重心距轨底面距离（mm）	81.23	质量（kg/m）	60.64
剪切中心（距轨顶面）（mm）	136		

3. 几何尺寸和平直度精度要求见表4—3。

表　4—3

几何尺寸项目	允许偏差	平直度项目		允许偏差
钢轨高度	±0.6	轨端	垂直向上	0.3/1;0.4/2
轨头宽度	±0.5		垂直向下	0.2/2
轨头顶部断面	+0.6；-0.3		水　　平	0.4/1;0.5/2

续上表

几何尺寸项目	允许偏差	平直度项目		允许偏差
接头夹板安装面斜度	±0.35	轨　身	水　平	0.45/1.5
接头夹板安装面高度	+0.6；-0.5	重　叠	垂　直	0.3/2
轨腰厚度	+1.0；-0.5		水　平	0.6/2
轨底宽度	±1.0	全　长	上弯曲和下弯曲	5 mm
轨底边缘厚度	+0.75；-0.5		侧 弯 曲	R > 1 500 m
轨底凹陷	≤0.3	端　部	扭　曲	0.455/1
端面斜度(垂直、水平方向)	≤0.6	全　长	扭　曲	2.5 mm
断面不对称	±1.2			

4. 钢轨外观质量要求

(1)钢轨表面不应有裂纹。

(2)钢轨踏面、轨底下表面以及轨距1 m内影响接头夹板安装的所有凸出部位都应该修磨掉。

(3)在热状态下形成的钢轨纵向导位板刮伤、磨痕、热刮伤、纵向线纹、折叠、氧化皮压入等的最大深度为:钢轨踏面为0.35 mm,其他部位0.5 mm,导位板刮伤最大宽度为4 mm。

(4)在冷状态下形成的钢轨纵向及横向划痕等缺陷最大允许深度:钢轨踏面及轨底下表面为0.3 mm,钢轨其他部位为0.5 mm。

(5)钢轨表面缺陷最大允许修磨深度为:钢轨踏面为0.35 mm,钢轨其他部位为0.5 mm。

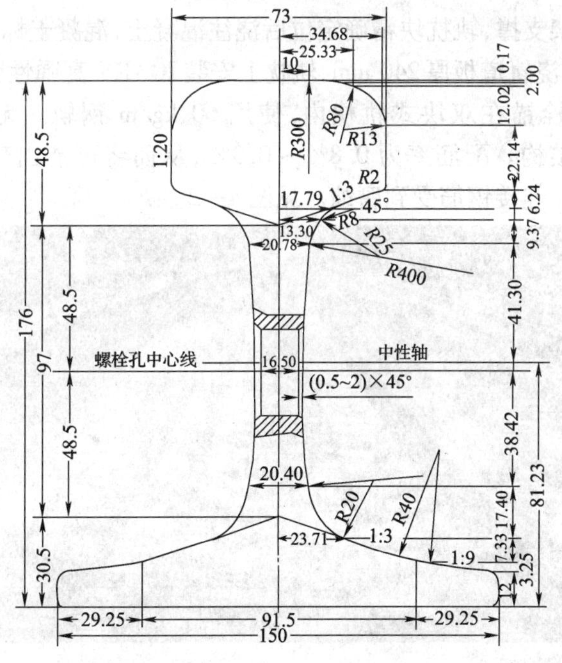

图4—1　60 kg钢轨断面

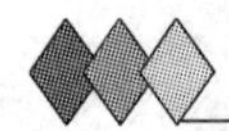

二、轨　　道

客运专线轨道结构分为有砟轨道和无砟轨道,250 km/h 标准客运专线主要使用有砟轨道结构,长隧道内采用无砟轨道;350 km/h 标准客运专线主要使用无砟轨道结构,部分线路使用有砟轨道。

(一)无砟轨道的分类(表 4—4)

表　4—4

<table>
<tr><th colspan="3">分　类</th><th colspan="2">国外应用实例</th><th>中国应用实例</th></tr>
<tr><td rowspan="5">轨枕型</td><td rowspan="2">轨枕支承</td><td>混凝土道床板</td><td colspan="2">BTD</td><td></td></tr>
<tr><td>沥青道床板</td><td colspan="2">ATD、GETRAC</td><td></td></tr>
<tr><td colspan="2">轨枕嵌入</td><td colspan="2">Sonneville、Stedef</td><td></td></tr>
<tr><td colspan="2" rowspan="2">轨枕埋入</td><td colspan="2">Rheda2000</td><td>武广客运专线 CRTS Ⅰ型双块式</td></tr>
<tr><td colspan="2">Züblin</td><td>郑西客运专线 CRTS Ⅱ型双块式</td></tr>
<tr><td rowspan="4">道床板型</td><td colspan="2" rowspan="2">预制道床板</td><td>日本新干线</td><td>板式</td><td>台湾高铁、武广 CRTS Ⅰ型板式</td></tr>
<tr><td colspan="2">Bögl</td><td>京津城际 CRTS Ⅱ型板式</td></tr>
<tr><td rowspan="2">现浇道床板</td><td>有扣件</td><td colspan="2">PACT</td><td></td></tr>
<tr><td>无扣件</td><td colspan="2">Edilon</td><td></td></tr>
</table>

1. CRTS Ⅰ型双块式无砟轨道

CRTS Ⅰ型双块式无砟轨道系统结构如下:基础为水硬性混凝土支承层,厚度 300 mm,强度不应低于 15 N/mm^2。B355W60M 型双块式轨枕按照 650 mm 的间距排列,每组轨枕枕块下依靠两个钢筋桁架支撑,轨枕块精确定位后浇注混凝土,混凝土标号为 B35。轨枕与轨道承载层整体相连,现浇轨道板厚 240 mm,轨枕上安装 IOARV 高弹性胶垫,采用 Vossloh300 型扣件系统。扣件螺栓锚在双块式轨枕内,使用 60 kg/m 钢轨。无砟轨道的混凝土板(B35)为钢筋混凝土结构。配筋率为 0.8% ~0.9% ,从而将可能出现的裂缝宽度限制在 0.5 mm 范围内,可防止连接钢筋受到腐蚀。见图 4—2。

图 4—2　隧道内雷达 2000 无砟轨道

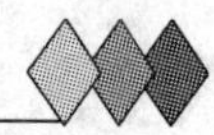

2. CRTSⅡ型双块式无砟轨道

CRTSⅡ型双块式无砟轨道系统与CRTSⅠ型双块式无砟轨道系统相似，都是在水硬性混凝土承载层上铺设双块埋入式无砟轨道，但采用的施工工艺不同。其特点是先灌注轨道板混凝土，然后将双块式轨枕安装就位，通过振动法将轨枕嵌入压实的混凝土中，直至到达精确的位置。旭普林无砟轨道组成为：CHN60 钢轨、vossloh300-1 或 wj-8 扣件、双块式轨枕、道床板、支承层（路基）、底座（桥梁）、混凝土保护层（桥梁）等。在底座上设置与道床板抗剪凸台对应的凹槽，凹槽侧面贴三元乙丙橡胶板；道床板与底座之间铺设 PE 膜和土工布；桥梁混凝土保护层中纵横向钢筋采用 CRB550 冷轧钢筋焊结网。见图 4—3。

图 4—3　旭普林无砟轨道正在施工

3. CRTSⅡ型板式无砟轨道

CRTSⅡ型板式轨道路基上结构主要有：级配碎石构成的防冻层（FSS）、30 cm 厚的水硬性混凝土支承层（HGT）、3 cm 厚的沥青水泥沙浆层（CA 砂浆）、20 cm 厚的轨道板、凸形挡台，在轨道板上安装扣件。

预制轨道板：是在预应力台座上生产出来的，混凝土强度等级为 C45/55，可以采用普通混凝土或钢纤维混凝土。预制轨道板的横向为预应力钢筋，纵向为普通钢筋，板与板之间在纵向通过伸出钢筋进行传力连接。

水硬性材料支承层（HGT）：该层厚度为 300 mm，由素混凝土构成。水硬性材料支承层的作用是保证系统刚度从防冻层经预制轨道板到钢轨的递增。在隧道和明洞里不设水硬性混凝土支承层，直接铺设在结构底板上。

防冻层：路基上应铺设一层防冻层，以防止路基因冻融循环所引起的冻胀。防冻层由级配碎石组成，也具有防止毛细作用发生的功能。

承轨台：轨道扣件安装在承轨台上。承轨台用数控机床磨削加工，加工精度为 0.1 mm。

轨道扣件：预制轨道板磨削工序完成之后，在工厂里预安装轨道扣件。见图 4—4。

4. CRTSⅠ型板式无砟轨道

CRTSⅠ型板式轨道是由钢轨、WJ－7 型或潘得路 SFC 型扣件、轨道板、CA 砂浆层、凸形挡台和底座组成。轨道板有普通 A 型轨道板、框架型轨道板、用于特殊减振区段上的防振 G 型轨道板及用于路基上的 RA 型轨道板等。CA 砂浆作为调整层和弹性层，凸形挡台作为限

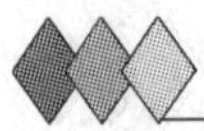

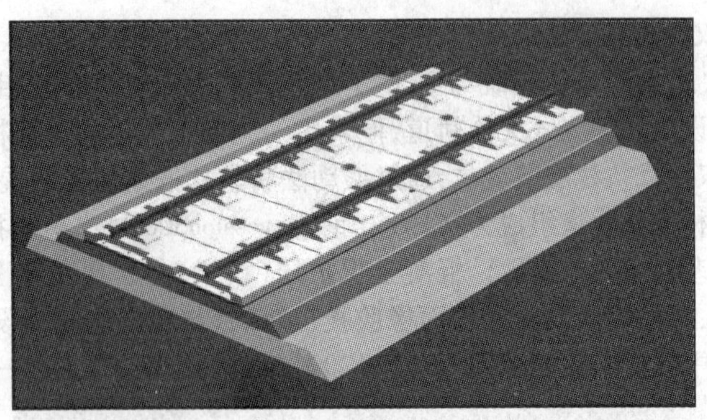

图4—4　CRTSⅡ型板的构成

位装置，凸形挡台与轨道板之间用CA砂浆或树脂填充。见图4—5。

图4—5　我国台湾高铁的框架板式无砟轨道

(二)无砟轨道施工主要材料

1. CA砂浆

CA砂浆(cement asphalt motar，简称CA砂浆)是板式轨道的关键组成部分，由水泥、乳化沥青(A乳液)、聚合物(P)乳液、细骨料(砂)、混合料、水、铝粉、各种外加剂等原材料在常温下经掺合制成的，其性能好坏直接影响到板式无砟轨道使用的耐久性与维护工作量。

(1)水泥。CA砂浆一般使用42.5普通硅酸盐水泥或者快硬硫铝酸盐水泥，保存期不超过一个月。

(2)乳化沥青。乳化沥青是CA砂浆最主要的成分，要求必须是厂制阳离子乳化沥青，保质期在三个月内，该沥青乳液与普通沥青乳液比较，具有与水泥相容性好、黏度较大、破乳速度较慢、抗冻、耐老化的优异性能。其主要技术指标要求见表4—5。

表　4—5

项　目	指标要求	试验方法
外　观	浅褐色匀质液体，无杂质	JC/T 797
颗粒电荷	+	JT J052—T0653

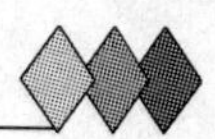

续上表

项　　目		指标要求	试验方法
恩氏黏度(%)		5~15	JTJ052-T0622
筛余物(1.18 mm)%		<0.1	JTJ052-T0652
贮存稳定性(1 d,25 ℃)%		<1.0	JTJ052-T0655
低温贮存稳定性(-5 ℃)		无颗粒或块状物出现	JTJ052-T0656
水泥混合性 %		<1.0	JTJ052-T0657
蒸发残留物	残留物含量 %	58~63	JTJ052-T0651
	针入度(25 ℃,100 g)0.1 mm	60~120	JTJ052-T0604
	延度(15 ℃) cm	>100	JTJ052-T0605
	溶解度(三氯乙烯)%	>97	JTJ052-T0607

(3)聚合物(P)乳液

采用石油树脂系乳液，其主要性能指标应符合表4—6的要求，贮存时间不得超过3个月。

表4—6　P乳液的主要性能指标要求

项　　目	单　　位	指标要求	试验方法
pH		7~9	GB/T 8325
密度	g/cm^3	1.0±0.1	GB/T 11175
不挥发物	%	45±3	JIS K 6387—2
水泥混合性	%	<1	JIS K 2208
机械稳定性	%	<0.01	GB/T 11175

(4)细骨料(砂)

细骨料应采用河砂、山砂或机制砂。细骨料应为最大粒径小于2.5 mm的岩石颗粒，不得包含软质岩、风化岩石的颗粒。颗粒级配应符合表3的规定。细骨料的其他技术要求应符合下表的规定。细骨料应烘干后用防潮袋包装，含水率不大于1%，贮存和运输过程中，应采取措施防止雨淋、杂物混入。见表4—7和表4—8。

表4—7　细骨料的颗粒级配要求

筛孔尺寸(mm)	过筛物的质量百分比(%)	筛余物的质量百分比(%)
2.36	100	0
1.18	90~100	0~10
0.60	60~85	15~40
0.30	20~50	50~80
0.15	5~30	70~95

表 4—8　细骨料的技术要求

序　号	项　　目	单　位	指标要求		试验方法
			河砂、山砂	机制砂	
1	细度模数		1.4 ~ 2.2(泵送 1.4 ~ 1.8)		GB 14684
2	表观密度	g/cm^3	> 2.55		
3	吸水率	%	< 3.0		
4	泥块含量	%	< 1.0	0	
5	含泥量	%	< 2.0	0	
6	石粉含量	%		< 1.0	
7	有机物(比色法)		合格		
8	氯化物含量	%	< 0.01		
9	表面含水率	%	——		

(5)混合料

可采用以硫铝酸钙($3CaO \cdot 3Al_2O_3 \cdot CaSO_4$)为主体的分散剂和具有膨胀性的水泥混合料,或采用石灰系膨胀性混合料。其技术要求应符合 JC 476 的规定。

(6)水

添加水应不含油、酸、盐类等对 CA 砂浆质量有影响的有害物质,宜采用饮用水。其他要求应符合 TB 10210 的规定。

(7)铝粉

应采用鳞片状铝粉。其主要技术指标应满足表 4—9 的要求。

表　4—9

序　号	项　目	单　位	指标要求	试验方法
1	外　观		银白色粉状物	HG/T 2456
2	105 ℃挥发物	%	≤35	
3	有机溶剂可溶物	%	≤4.0	
4	水面覆盖力	m^2/g	≥1.35	
5	含 水 量	%	≤0.15	
6	漂 浮 力	%	≥65	
7	铁 含 量	%	≤0.8	
8	铅 含 量	%	≤0.03	

(8)其他材料

根据性能要求,在砂浆配方中可适量添加消泡剂、引气剂、稳定剂和防水料等外加剂。

CA 砂浆主要性能指标见表 4—10。

表 4—10　CA 砂浆的主要性能指标要求

序　号	项　　目		单　位	指　　标
1	抗压强度	1 d	MPa	>0.1
		7 d		>0.7
		28 d		1.8 ~ 2.5

续上表

序　号	项　目	单　位	指　标
2	弹性模量	MPa	100 ~ 300
3	砂浆温度	℃	5 ~ 30
4	流 动 度	秒	16 ~ 26
5	可工作时间	分	≥30
6	含 气 量	%	8 ~ 12
7	单位容积质量	kg/L	>1.3
8	膨 胀 率	%	1 ~ 3
9	材料分离度	%	<3
10	泛 浆 率	%	0
11	抗 冻 性	300 次冻融循环试验后，相对动弹模量不得小于 60%，质量损失率不得小于 5%	
12	耐 候 性	外观无异常，相对抗折强度不低于 100%	

2. 钢筋焊结网

钢筋焊接网是用低碳盘条经过冷轧、矫直后用焊网设备将纵横向钢筋分别以一定间距排列，全部交叉点均用电阻点焊在一起（也可以用热轧螺纹盘条直接焊接）而形成的钢筋网片。

(1)使用钢筋焊接网与普通绑扎钢筋比较有着显著优势：

① 保障钢筋工程质量：网片刚度大、弹性好、间距均匀、焊接网强度高，不易踩踏变形，混凝土保护层易于控制；

② 提高施工效率：可节约用工 50% 以上，节约工时 50% ~70%；

③ 提高混凝土抗裂性能：能够减少 75% 以上的裂缝发生；

④ 减少钢材用量：比普通一级绑扎钢筋减少使用钢材 25% 以上。

(2)规格品种：钢筋焊接网按钢筋的牌号、直径、长度和间距分为定型钢筋焊接网和定制钢筋焊接网两种。定型钢筋焊接网在两个方向上的钢筋牌号、直径、长度和间距可以不同，但同一方向上应采用同一牌号和直径的钢筋并具有相同的长度和间距。

(3)定型钢筋焊接网应按下列内容次序标记：焊接网型号；长度方向钢筋牌号 × 宽度方向钢筋牌号；网片长度（mm）× 网片宽度（mm）。例如：A10；CRB550 × CRB550；4 800 mm × 2 400 mm。

定制钢筋焊接网采用的钢筋及其长度和间距应根据需方要求，由供需双方协商确定，并以设计图表示。

(4)技术要求：

① 钢筋焊接网应采用 GB 13788 规定的牌号 CRB 550 冷轧带肋钢筋和 GB 1499 规定牌号的热轧带肋钢筋。采用热轧带肋钢筋时，只要力学性能符合要求，可采用无纵肋的热轧钢筋，但应征满足设计要求。钢筋焊接网应采用公称直径 5 ~ 16 mm 的钢筋。钢筋焊接网两个方向均为单根钢筋时，较细钢筋的公称直径不小于较粗钢筋的公称直径的 0.6 倍。当纵向钢筋采用并筋时，纵向钢筋的公称直径不小于横向钢筋公称直径的 0.7 倍，也不大于横向

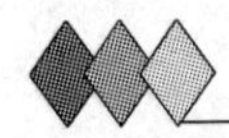

钢筋公称直径的1.25倍。按供需双方协议可供应直径比超出上述规定的钢筋焊接网。

② 钢筋焊接网应采用机械制造,两个方向钢筋的交叉点以电阻焊焊接。钢筋焊接网焊点开焊数量不应超过整张网片交叉点总数的1%,并且任一根钢筋上开焊点不得超过该支钢筋上交叉点总数的一半。钢筋焊接网最外边钢筋上的交叉点不得开焊。

③ 钢筋焊接网纵向钢筋间距宜为50 mm的整倍数,横向钢筋间距宜为25 mm的整倍数,最小间距宜采用100 mm,间距的允许偏差取±10 mm和规定间距的±5%的较大值。钢筋的伸出长度应不小于25 mm。网片长度和宽度的允许偏差取±25 mm和规定长度的±0.5%的较大值。

④ 钢筋焊接网的理论重量按组成钢筋公称直径和规定尺寸计算。钢筋焊接网实际重量与理论重量的允许偏差为±4.5%。

⑤ 焊接网用钢筋的力学与工艺性能应分别符合相应标准中相应牌号钢筋的规定。钢筋焊接网焊点的抗剪力应不小于试样受拉钢筋规定屈服力值的0.3倍。

⑥ 钢筋焊接网表面不应有影响使用的缺陷,只要性能符合要求,钢筋表面浮锈和因矫直造成的钢筋表面轻微损伤可不作为拒收的理由。钢筋焊接网允许有因取样产生的局部空缺。

(5)检验规则:

① 一般规定。钢筋焊接网的出厂检验和用户验收一般应按常规检验的规定进行,当需要采用其他方案检查验收时,应按GB/T 17505的规定,由供需双方协商确定抽样检查方案的主要内容,如组批规则、检验项目、抽样数量、合格评定准则等,并在合同中注明。

② 常规检验。钢筋焊接网应按批进行检查验收,每批应由同一型号、同一原材料来源、同一生产设备并在同一连续时段内制造的钢筋焊接网组成,重量不大于30 t。

除对开焊点数量、尺寸及表面质量进行检查外,每批钢筋焊接网均应按技术要求规定的项目进行试验并合格。必要时,可进行钢筋焊接网重量偏差的测定。

③ 钢筋焊接网的拉伸(GB/T 228)、弯曲(GB/T 232)和抗剪力试验结果如不合格,则应从该批钢筋焊接网中再取双倍试样进行不合格项目的检验,复验结果全部合格时,该批钢筋焊接网判定为合格。

主要产品性能见表4—11。

表4—11　主要产品性能

项　目	HRB335(热轧)	HRB400(热轧)	CRB550(冷轧)
抗拉强度(MPa)	≥490	≥570	≥550
屈服强度(MPa)	≥335	≥400	≥440
伸 长 率(%)	≥16	≥14	≥8
强度(N/mm^2)	300	360	360
焊点抗剪力(N)	≥150×As	≥150×As	≥132×As
弹性模量(N/mm^2)	2.0×10^5	2.0×10^5	1.9×10^5

(6)技术标准:

《钢筋混凝土用钢筋焊接网》(GB/T 1499.3—2002)

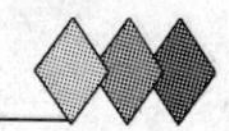

《钢筋焊接网混凝土结构技术规程》(JGJ 114—2003、J 276—2003)

《钢筋混凝土用热轧带肋钢筋》(GB 1499—98)

《冷轧带肋钢筋》(GB 13788—92)

(7)适用范围:钢筋焊接网可应用于无砟轨道桥梁保护层中。

(8)交货状况:钢筋焊接网应捆扎整齐、牢固,必要时应加刚性支撑或支架,以防止运输吊装过程中钢筋焊接网产生影响使用的变形。捆扎交货的钢筋焊接网均应吊挂标牌,标明生产厂名、本标准号、钢筋焊接网型号、尺寸、批号、片数或重量、生产日期、检验印记等内容。钢筋焊接网交货时应附有质量证明书,注明生产厂名、需方名称、合同号、本标准号、交货钢筋焊接网的型号、批号、尺寸、片数或重量、各检验项目检验结果、供方质检部门印记等内容。

3. 橡胶垫板

无砟轨道底座凹槽四周设置的弹性垫板的性能要求是:材质为100%三元乙丙(EPDM)橡胶(不得掺用再生胶),在潮湿、碱性、-20 ℃~40 ℃环境下经久耐用,不吸水,耐磨,在循环载荷或变形作用下弹性不变化,静态压力下压缩量要保证设计要求,60年的使用寿命。

(1)技术要求:弹性垫板的表面应光滑平整、修边整齐;不允许存在缺角。弹性垫板两个工作面上因杂质、气泡、水纹和闷气造成的缺陷总面积不大于5 mm^2,深度不得大于1.0 mm,缺胶缺陷每块不得超过五处。弹性垫板毛边不大于1 mm。

弹性垫板静态压缩量的要求,160 mm×160 mm×10 mm试块受压后最大弹性变形量<1.0 mm。

热空气老化100 ℃、7 d后,静态压缩量变化小于10%。

300万次疲劳试验后,无破坏和任何开裂。疲劳试验后的静态压缩量变化率小于10%。

技术要求见表4—12和表4—13。

表4—12 无砟轨道弹性垫层尺寸公差要求(mm)

项目	长度	宽度	厚度	安装定位尺寸
极限偏差	0~+2	0~+2	0~+0.5	-1~+3

表4—13 弹性垫板材料技术性能指标

序号	项目		单位	技术要求	试验方法
1	邵尔A型硬度		度	80±5	GB 531
2	抗拉强度		MPa	≥12	GB 528
3	扯断伸长率		%	≥250	
4	抗压强度*		MPa	1.2×G×S	
5	撕裂强度		N/mm	≥30	GB 529
6	压缩永久变形(24 h、100°C)		%	≤30	GB 7759
7	耐碱性(饱和$Ca(OH)_2$.24 h、23°C)体积变化率		%	≤5	GB 1690
8	阿克隆磨耗		cm^3/1.61 km	≤0.6	GB 1689
9	脆性温度		°C	<-30	GB 1682
10	热空气老化(7 d、100 ℃)	抗拉强度	MPa	≥10	GB 3512
		扯断伸长率	%	≥200	
		硬度变化	度	≤8	

注:$*G=1.0N/mm^2$,$S=a\times b/(2\times t\times(a+b))$,$t$为厚度,$a$和$b$为长度和宽度。

4. 泡沫塑料板

泡沫塑料板可用于混凝土伸缩缝之接缝板、道桥接缝止水板以及其他施工缝接缝板。有挤塑聚苯乙烯(XPS)和聚乙烯(PE)泡沫板。

聚苯乙烯泡沫板由可发性聚苯乙烯颗粒为原料,经加热预发泡,在模具中加热挤塑成型而制成的具有微细闭孔结构的泡沫塑料板材,有普通型和阻燃型。具有质轻、保温、隔热、耐低温,有一定的弹性、吸水性极小、容易加工等优点。见表4—14和表4—15。

表4—14 聚苯乙烯泡沫板物理机械性能

项目		单位	性能指标	检验标准	备注
表观密度		kg/m³	≥60.0	GB/T 6343	
压缩强度		kPa	≥700	GB/T 8813	达到压缩强度时,材料压缩变形不超过10%
长期荷载作用下允许压应力(压缩变形<2%,60年)		kPa	≥250	GB/T 15048	
剪切强度		kPa	≥300	GB/T 10007—88	
绝热性能	热阻厚度25 mm时平均温度 10 ℃ 25 ℃	(m²·K)/W	≥0.93 ≥0.086	GB/T 10294或GB/T 10295	
	导热系数平均温度 10 ℃ 25 ℃	W/(m·K)	≤0.027≤0.029		
尺寸稳定性		%	≤1	GB/T 8811	
水蒸气透过系数		ng/(Pa·m·s)	≤2	QB/T 2411	
吸水率(体积比)		%	≤1.0	GB/T 8810	
断裂弯曲负荷		N	≥120	GB/T 8812	
弯曲变形		mm	≥20	GB/T 8812	
氧指数		%	≥30		
燃烧分级			达B2级	GB 8624	
允许使用极限温度		℃	75		

表4—15 聚苯乙烯泡沫板允许偏差(mm)

长度和宽度 L		厚度 h		对角线差	
尺寸 L	允许偏差	尺寸 h	允许偏差	尺寸 T	对角线差
$L<100$	±5	$h<50$	±2	$T<100$	5
$1\,000\leqslant L<2\,000$	±7.5	$h\geqslant 50$	±3	$1\,000\leqslant T<2\,000$	7
$L\geqslant 2\,000$	±10			$T\geqslant 2\,000$	13

聚乙烯(PE)发泡有其独特的优越性,复原率强,无吸水性,耐冲击性,耐气候性,耐化学药品性,耐老化性是其他材料没有的。可加工5~50 mm不同厚度的板、条材、片切,误差在±0.2~±1范围内。见表4—16。

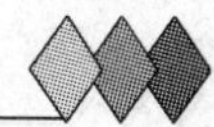

表 4—16 聚乙烯(PE)泡沫板技术指标

项 目	单 位	指 标
表观密度	g/m^2	0.05~0.14
抗拉强度	MPa	≥0.15
抗压强度	MPa	≥0.15
撕裂强度	N/mm	≥4.0
加热变形	%	≤2.0
吸 水 率	g/cm^3	≥0.005
延 伸 率	%	≥100
硬度(C 型硬度计)	邵尔 A0 度	40~60
压缩永久变形	%	≤3.0

5. 钢筋绝缘卡

无砟轨道纵横向或平行钢筋之间采用钢筋绝缘卡进行绝缘,其技术要求如下:

(1)原材料:钢筋绝缘卡的原材料为聚乙烯(或聚丙烯)。性能要求见表 4—17。

表 4—17 原材料的物理性能要求

项 目	单 位	性能指标	试验方法
体积电阻率	$\Omega \cdot cm^3$	$\geqslant 10^{14}$	GB/T 1410

(2)钢筋绝缘衬垫表面应色泽一致、清洁平整,无可见缺陷、气孔、焦痕、飞边和毛刺。

(3)钢筋绝缘衬垫的内部不得有气泡或空隙。

(4)钢筋绝缘衬垫的绝缘电阻应大于 1 012 Ω。

(5)钢筋绝缘衬垫的卡力不得小于 25 kN,见图 4—6。

图 4—6

6. 植筋胶

无砟轨道过渡段种植锚固件的胶粘剂,必须采用专门配置的改性还氧树脂胶粘剂或改性乙烯基酯类胶粘剂(包括改性氨基甲酸酯胶粘剂),其性能指标必须符合下表规定。种植锚固件的粘结剂,其填料必须在工厂制胶时添加,严禁在施工现场掺入。见表 4—18。

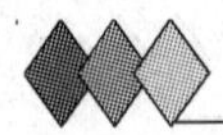

表 4—18

<table>
<tr><th colspan="3">性 能 项 目</th><th>性能要求</th><th>试验方法标准</th></tr>
<tr><td rowspan="3">胶体性能</td><td colspan="2">劈裂抗拉强度(MPa)</td><td>≥8.5</td><td>GB 50367—2006 附录 G</td></tr>
<tr><td colspan="2">抗弯强度(MPa)</td><td>≥50</td><td>GB/T 2570</td></tr>
<tr><td colspan="2">抗压强度(MPa)</td><td>≥60</td><td>GB/T 2569</td></tr>
<tr><td rowspan="3">粘结性能</td><td colspan="2">钢—钢(钢套筒法)拉伸抗剪强度标准值(MPa)</td><td>≥16</td><td>GB 50367—2006 附录 J</td></tr>
<tr><td rowspan="2">约束拉拔条件下带肋钢筋与混凝土的粘结强度(MPa)</td><td>C30
φ25
150 mm</td><td>≥11</td><td rowspan="2">GB 50367—2006 附录 K</td></tr>
<tr><td>C60
φ25
125 mm</td><td>≥17</td></tr>
<tr><td></td><td colspan="2">不挥发物含量(固体含量)%</td><td>≥99</td><td>GB/T 2793</td></tr>
</table>

7. 密封膏

(1)双组份聚氨酯密封膏

聚氨酯密封膏属双组分反应固化型,有 A、B 两组份组成。A 组分为无色或浅黄色粘稠状聚氨酯预聚体,B 组分为固化剂与助剂等混合脱水而成的黑色膏状体或液体,按使用要求可有非下垂型和自流平型。主要应用于桥梁、隧道、地铁等各种工程中,见表 4—19。

表 4—19 聚氨酯密封膏技术指标 执行标准:JC482—1992

<table>
<tr><th colspan="2">测 试 项 目</th><th>性 能 指 标</th></tr>
<tr><td rowspan="2">外 观</td><td>A 组</td><td>无色或浅黄色液体</td></tr>
<tr><td>B 组</td><td>黑色膏状体或液体</td></tr>
<tr><td colspan="2">试用期(h)</td><td>≥3</td></tr>
<tr><td colspan="2">密 度</td><td>≥1.5</td></tr>
<tr><td colspan="2">表干时间(h)</td><td>≥48</td></tr>
<tr><td colspan="2">恢复率(%)</td><td>≥100</td></tr>
<tr><td colspan="2">低温柔性(℃)</td><td>-30</td></tr>
<tr><td>流 变 性</td><td>下垂度(N)型</td><td>≤2 mm</td></tr>
<tr><td rowspan="2">拉伸粘接性</td><td>最大拉伸强度,MPa</td><td>≥0.200</td></tr>
<tr><td>最大拉伸率(%)</td><td>≥200</td></tr>
</table>

(2)双组份聚硫建筑密封膏

聚硫建筑密封膏是以液态聚硫橡胶为主要成分,使用时在常温下与硫化剂混合、反应而生成弹性体,起到粘接密封作用。聚硫建筑密封膏对大多数结构材料有很好的粘接性能,并且由于聚硫橡胶的饱和性,其硫化物在大气作用下有优良的抗老化性和耐水性能。广泛应用于构筑物的接缝粘接密封,见表 4—20。

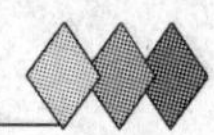

表 4—20 聚硫建筑密封膏技术指标 执行标准:JC483—1992

性能名称		A类		B类		
		一等品	合格品	优等品	一等品	合格品
密度(g/cm³)		1.50±0.1				
适用期(h)		2~6				
表干时间(h)		≤24				
渗出性指数		≤4				
流变性	下垂度(N型)(mm)	≤3				
	流平性(L型)(m)	光滑平整				
低温柔性(℃)		−30		−40		−30
拉伸粘接性	最大拉伸强度(MPa)	≥1.2	≥0.8	≥0.2		
	最大伸长率(%)	≥100		≥400	≥300	≥200
加热失重,%		≤10		≤6		≤10

8. 无砟轨道用土工布和PE膜

(1)无砟轨道用土工布

无砟轨道道床板和底座之间设置土工布,主要起隔离、减震作用,避免桥梁上部结构的变形将力传递致道床板中,同时改善道床板翘曲变形后的受力状态,也具有一定隔热、隔振作用。

无砟轨道用土工布一般使用聚丙烯纤维(丙纶)为原料的丙纶土工布,其物理力学性能优异,但是对原材料的材质要求较为严格,其中高强丝性能优于普通丝,长丝布的力学性能优于短丝布,另外不同石化公司的产品质量也存在较大的差异。高档土工布对于国内大多数厂家来说,尚处于研制阶段,只有极少数生产厂家小批量生产,其成本在普通涤纶土工布的两倍以上。由于受国产原材料材质和生产工艺及设备的限制,高档土工布也很难达到欧洲铁路标准。我国现行土工布的国家标准是针对涤纶土工布制定的,指标要求低,比较容易满足。

表 4—21 无砟轨道用PE膜的技术指标(0.2 mm)

项目	单位	指标
密度	g/cm	0.92
纵向抗拉强度	N/mm	≥16
横向抗拉强度	N/mm	≥15
纵向断裂处伸长率	%	≥250
横向断裂处伸长率	%	≥250
落锤	g/μm	≥1.0
滑动摩擦值		0.20~0.60

丙纶土工布的聚合物原料为聚丙烯树脂,国内聚丙烯树脂性能基本能满足生产中、低档丙纶土工布的要求,但为了适应客运专线无砟轨道对高档丙纶土工布的需求,聚丙烯生产企业仍需适当对生产工艺、配方进行调整,开发出抗紫外线、高强、低延伸丙纶土工布专用料。

土工布国标规定的技术指标见第五章相关内容。

(2)无砟轨道用 PE 膜

无砟轨道用 PE 膜主要起隔离作用,其技术指标低于国标要求,国标 PE 膜指标见第五章相关内容。

(三) 有砟轨道特级碎石道砟

(1)道砟由开山块石破碎筛分而成颗粒表面全部为破碎面;

(2)针状指数不大于 20% ,片状指数不大于 20% ;

(3)粒径 0.063 mm 以下的粉末含量的质量百分率不大于 0.5% ,粒径 0.5 mm 以下的颗粒含量的质量百分率不大于 0.6% ;

(4)出厂道砟须经清洗,不得含黏土团及其他杂质。

特级道砟指标见表 4—22 和表 4—23。

表 4—22 特级道砟材质性能参数指标

性能	参数	指标	评估方法
抗磨耗、抗冲击性能	洛杉矶磨耗率 LAA(%)	≤18	至少有两项指标满足要求
	标准集料冲击韧度 IP	≥110	
	石料耐磨硬度系数 $K_{干磨}$	>18	
抗压碎性能	标准集料压碎度 CA(%)	<8	两项指标同时满足要求
	道砟集料压碎率 CB(%)	<17	
渗水性能	渗透系数 P_m(10^{-6}cm/s)	>4.5	至少有两项指标满足要求
	石粉试模件抗压强度 σ	<0.4	
	石粉液限 LL(%)	>20	
	石粉塑限 PL(%)	>11	
抗大气腐蚀性能	硫酸钠溶液浸泡损失率	<10	均应满足要求
稳定性能	密度(g/cm^3)	>2.55	
	容重(g/cm^3)	>2.50	
软弱颗粒	饱水单轴抗压强度(MPa)	≤20	含量少于 10%

表 4—23 特级道砟粒径级配

粒径	筛分机底筛和面筛筛孔边长(mm):31.5~50					
级配	方孔筛孔边长	22.4	31.5	40	50	63
	过筛质量百分率	0~3	1~25	30~60	70~99	100
颗粒分布	方孔筛孔边长(mm)	31.5~50				
	颗粒质量百分率(%)	≥50				

(四)有砟轨道一级道砟

(1)道砟由开山块石破碎筛分而成;

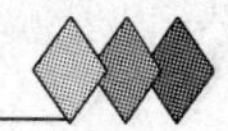

(2)针状指数不大于 30%,片状指数不大于 30%;

(3)粒径 0.1 mm 以下的粉末含量的质量百分率不大于 0.1%;

(4)黏土团及其他杂质含量的质量百分率不大于 0.5%。

一级道砟指标见表 4—24 和表 4—25。

表 4—24 一级道砟材质性能参数指标

性 能	参 数	指 标	评估方法
抗磨耗、抗冲击性能	洛杉矶磨耗率 LAA(%)	≤27	至少有两项指标满足要求
	标准集料冲击韧度 IP	≥95	
	石料耐磨硬度系数 K 干磨	>18	
抗压碎性能	标准集料压碎度 CA(%)	<9	两项指标同时满足要求
	道砟集料压碎率 CB(%)	<18	
渗水性能	渗透系数 P_m(10^{-6}cm/s)	>4.5	至少有两项指标满足要求
	石粉试模件抗压强度 σ	<0.4	
	石粉液限 LL(%)	>20	
	石粉塑限 PL(%)	>11	
抗大气腐蚀性能	硫酸钠溶液浸泡损失率	<10	均应满足要求
稳定性能	密度(g/cm^3)	>2.55	
	容重(g/cm^3)	>2.50	
软弱颗粒	饱水单轴抗压强度(MPa)	≤20	含量少于 10%

表 4—25 一级道砟粒径级配

级配	方孔筛孔边长(mm)	16	25	35.5	45	56	63
	过筛质量百分率(%)	0~5	5~15	25~40	55~75	92~97	97~100

三、扣 件

钢轨扣件由扣压件、弹性垫板和紧固件组成。扣压件有弹片式和弹簧式,紧固件分为有螺栓和无螺栓两种,根据水平受力方式,可分为无挡肩和有挡肩两类。主要扣件结构形式和调整方式见表 4—26 和表 4—27。

表 4—26 世界主要扣件结构形式

扣件类型	日本直接 8K 型	德国 RST	Vossloh 300 型	Pandrol SFC 型	中 国 WJ-7 型	中 国 WJ-8 型
系统分类	弹性分开式		弹性不分开式	弹性分开式		弹性不分开式
铁垫板	带铁垫板					
混凝土基础	无挡肩	有挡肩		无挡肩		有挡肩
承受横向力方式	主要由铁垫板下摩擦力克服	由混凝土挡肩承受		主要由铁垫板下摩擦力克服		由混凝土挡肩承受
与基础联结	预埋套管式	锚入螺栓式	预埋套管式			

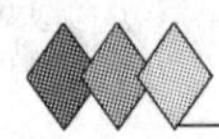

续上表

扣件类型	日本直接8K型	德国RST	Vossloh 300型	Pandrol SFC型	中国WJ-7型	中国WJ-8型
扣押件类型及扣压力	弹片3 kN	SKL3弹条 11 kN	SKL15弹条 9 kN SKL15B弹条5~7 kN	FC1504弹条 10 kN FC1306弹条 大于3.5 kN	W1弹条9 kN X2弹条6 kN	
扣压件紧固	有螺栓			无螺栓	有螺栓	
纵向阻力	3 kN	>9 kN	>9 kN 桥上5~7 kN	>9 kN 桥上>3 kN	>9 kN 桥上4 kN	>9 kN 桥上4 kN
钢轨高低调整量	40 mm	-6~+52 mm	-4~+26 mm 特殊措施更大	30 mm特殊措施更大		
钢轨左右调整量	轨距:±10 mm	轨距:±10 mm	轨距:±16 mm	轨距:±12 mm	轨距:±12 mm	轨距:±10 mm
垫层	轨下设置弹性垫层铁垫板下设缓冲垫层	轨下设置缓冲垫层铁垫板下设弹性垫层	轨下设置缓冲垫层铁垫板下设弹性垫层	轨下设置弹性垫层铁垫板下设缓冲垫层	轨下设置弹性垫层铁垫板下设缓冲垫层	轨下设置缓冲垫层铁垫板下设弹性垫层
弹性垫层静刚度	30~60 kN/mm	20~50 kN/mm	20~25 kN/mm	30~50 kN/mm	20~30 30~40 kN/mm	20~25 30~40 kN/mm

表4—27 世界主要扣件的调整方式

扣件类型	钢轨高低调整方式	钢轨左右位置调整方式
日本直接8K型	通过在钢轨与铁垫板间和铁垫板与基础间垫入调高垫板实现,采用充填式垫板可实现无级调整。调高垫板仅需几种规格,可叠加使用。	通过移动带有长圆孔的铁垫板来实现,为连续无级调整。调整无需备件。
德国RST	通过在钢轨与铁垫板间和铁垫板与基础间垫入调高垫板实现调整。调高垫板仅需几种规格,可叠加使用。	通过更换不同规格的规矩挡块实现有级调整。备用件较多
Vossloh 300型	通过更换不同厚度轨下垫板实现10 mm调整量,在轨枕承轨槽上加垫调高垫板实现更大调整。调高垫板不能叠加使用。	通过更换不同规格的规矩挡块实现有级调整。备用件较多。
Pandrol SFC型	仅能在铁垫板与基础间垫入调高垫板实现调整。调高垫板仅需几种规格,可叠加使用。	通过移动带有长圆孔的铁垫板来实现有级调整。无需备件。
中国WJ-7型	通过在钢轨与铁垫板间和铁垫板与基础间垫入调高垫板实现,采用充填式垫板可实现无级调整。调高垫板仅需几种规格,可叠加使用。	通过移动带有长圆孔的铁垫板来实现,为连续无级调整。调整无需备件。
中国WJ-8型	通过更换不同厚度轨下垫板实现10 mm调整量,在轨枕承轨槽上加垫调高垫板实现更大调整。调高垫板不能叠加使用。	通过更换不同规格的规矩挡块实现有级调整。备用件较多。

高速铁路使用的扣件主要有如下几种:

(一)Vossloh300扣件(德国)

福斯罗扣件是典型的德国扣件系统,在京津城际和武广、郑西客运专线上使用。

福斯罗扣件系统Vossloh300是一种螺栓式扣件系统,可以在轨枕上进行完全预先装配,可以全自动安装或者使用常规制螺旋机安装,不需要特殊机械和工具。

Vossloh300扣件系统是一种直接钢轨扣件系统。通过轨垫、铁垫板和高弹性垫板,钢轨直接放置在混凝土轨枕上。钢轨由塑料轨距挡板横向支撑。钢轨始终由两个Skl15弹条拉紧,通过轨枕螺栓固定在混凝土轨枕中的套管内。钢轨扣件系统不需要定期维护。通过弹条的两个自由弹簧臂可以形成大约 15 mm 的弹程和至少 2×9 kN 的拉力,从而在钢轨上可以施加持久弹簧驱动压力。不需要重新拧紧螺栓和专门工具。

为了降低扣件系统的防爬力(例如在桥梁或高架铁路上),可以用扣压力较低的弹条 SklB15 代替弹条 Skl15。其他系统组成元件保持不变。见图 4—7。

一套 Vossloh300 钢轨扣件系统由下述部件构成:

2 根 Skl15 弹条(弹性钢);

2 块 Wfp15 塑料轨距挡板(碳纤维加固塑料);

2 个 Ss36 轨枕螺栓(钢);

2 个 Sdü26 绝缘套管(塑料);

1 块 Zw692 轨垫(塑料);

1 块 Grp21 铁垫板(钢);

1 块 Zwp104NT 弹性垫板(弹性材料);

2 块绝缘垫片 IS15。

Vossloh300 扣件

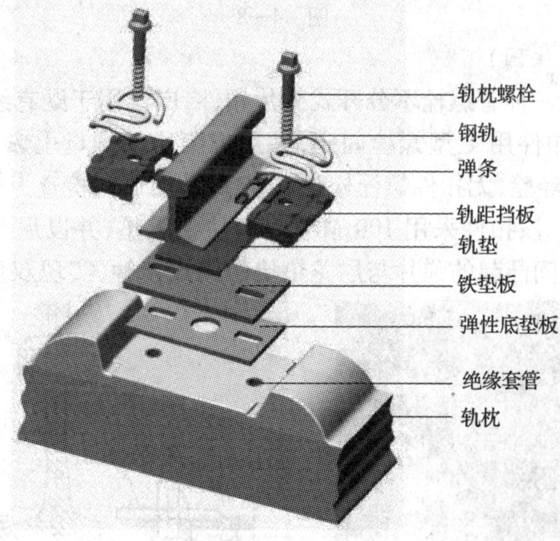

图　4—7

(二)Pandrol 扣件(英国)

潘得路(Pandrol)快速弹条扣件(Fastclip)是潘得路有限公司最新一代的扣件产品,代表着铁路扣件技术的最新水平和发展方向,也是我们引进并应用在客运专线上的扣件系统。

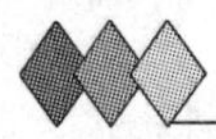

合武铁路、石太客运专线和广州地铁采用了 Pandrol 扣件系统。见图 4—8。

Pandrol 快速弹条扣件可分为两大类:

1. FC 系统,用于有砟轨道。现已大量使用在欧美的一些高级别线路上,比如:法国的 TGV 高速铁路线,设计时速 350 km/h。在亚洲的日本新干线及韩国的高速铁路上也得到了广泛应用。

2. SFC 系统(带单层底板的快速弹条扣件系统):用于无砟轨道。法国国家铁路公司(SNCF)准备安装在他们的无砟轨道高速铁路上;韩国高铁亦非常看好这样的扣件系统,首尔到釜山的高速铁路二期项目已按 SFC 扣件系统进行设计,将会应用在该项目上;日本新干线上已有应用,使用效果良好。

这种扣件系统在满足高速铁路对扣件系统的各种性能要求之外,还有其显著的优势特点:安装速度快,维修保养量小,可大大节省安装施工成本和运营维护成本。

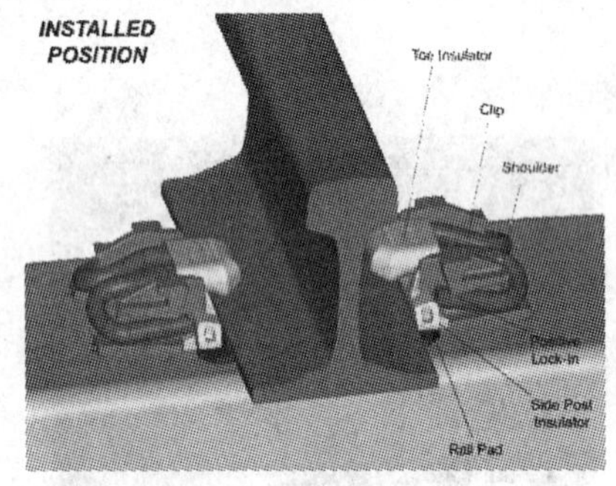

Pandrol 有砟轨道的 FC 扣件

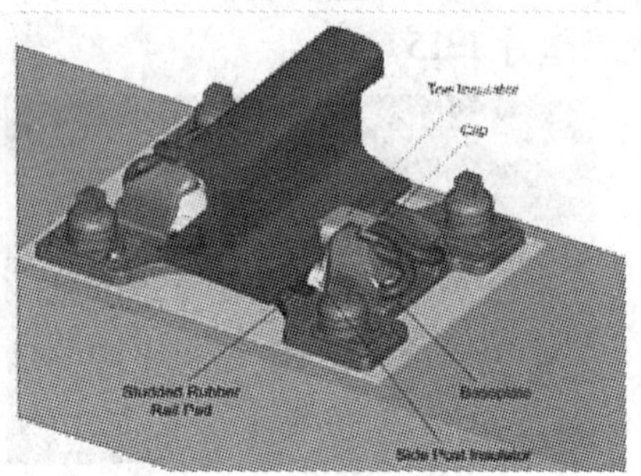

Pandrol 无砟轨道的 SFC 扣件

图 4—8

(三) Nabla 扣件(法国)

Nabla 型扣件也是一种有螺栓不分开式弹片扣件,广泛用于既有线主要干线,TGV 高速线和无砟轨道上。该扣件用 T 型螺栓固定,并用螺距小的螺母上紧弹片,弹片扣压钢轨。根据 TGV 多年的运营经验,无扣件螺栓松弛现象,故改全区间检查为部分区间检查,省去大量扣件螺栓复拧作业。该扣件采用 100 MN/m 的轨下胶垫,并以尼龙垫块作为绝缘部件。安装时,通过对固定中间凸起的弹片与尼龙垫块的两点接触,实现双重扣压方式,以追随钢

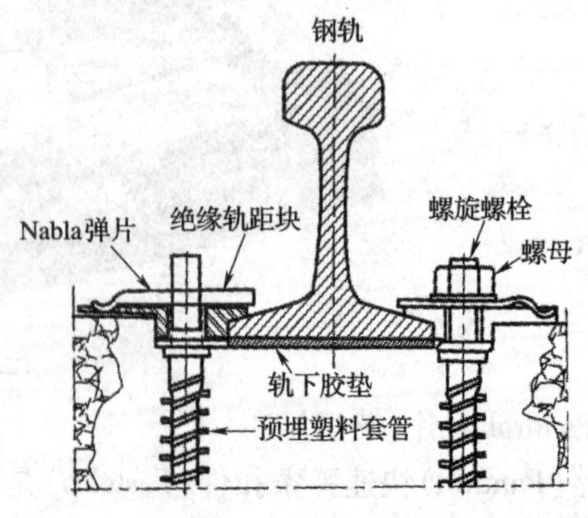

图 4—9　Nabla 扣件

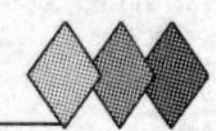

轨下沉,增大弹性,抵抗横向推力。不需用任何防爬装置。但这种扣件不能调高,调距也有限。见图 4—9。

(四)直结 4K 和 8K 扣件(日本)

直结 4K 扣件系统为分开式扣件,普通的直结 4 K 扣件并无铁垫板,由弹片直接扣压在钢轨之上,其调整量有限,调高量不大于 10 mm,左右调距分别为 6 mm;通过增加铁垫板等措施改进后的直结 4K 扣件可以把调高量增大到 50 mm,调距增大到 10 mm。直结 4K 扣件系统主要用于隧道直线段,曲线段用直结 5K 扣件系统。

直结 8 K 扣件为分开式扣件,有铁垫板和垫板,通过改变铁垫板位置可以左右调整 10 mm,通过改变铁垫板和轨下垫板的厚度,是可调高度达到 70 mm。直结 8 K 扣件系统主要用于露天线路桥梁上,路基段使用直结 7K 扣件系统。直结 4K 扣件和直结 8K 扣件见图 4—10。

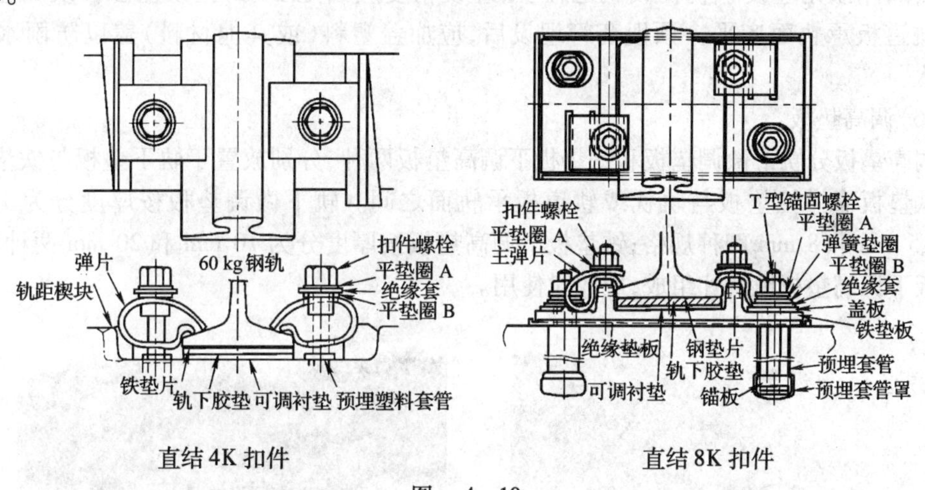

图　4—10

(五)中国扣件

1. WJ-8 型扣件系统

WJ-8 型扣件系统结构与 Vossloh300 扣件大致相同,由螺旋道钉、平垫圈、弹条、绝缘块、轨距挡板、轨下垫板、铁垫板、铁垫板下弹性垫板和预埋套管组成。此外为了钢轨高低位置调整的需要,还包括轨下微调垫板和铁垫板下调高垫板。WJ-8 型扣件在郑西客运专线等处已经开始大量使用。见图 4—11 和表 4—28。

(1)弹条和轨下垫板

弹条分两种,即一般地段使用的 W1 型和桥上可能使用的 X2 型,W1 型弹条的直径为 14 mm,X2 型弹条的直径为 13 mm。

轨下垫板分一般地段使用的橡胶垫板和桥上可能使用的复合垫板两种。

桥上需要降低线路阻力时,可采用 X2 型弹条并配用复合垫板,此时每组扣件的钢轨纵向阻力为 4 kN。

(2)轨距挡板

轨距挡板分一般地段用 WJ-8 轨距挡板和钢轨接头处用 WJ-8 接头轨距挡板两种。

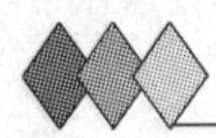

一般地段用 WJ-8 轨距挡板又分为 2 号、3 号、4 号、5 号、6 号、7 号、8 号、9 号、10 号、11 号和 12 号十一种规格，标准轨距时使用 7 号轨距挡板，其中 10、11、12 号三种规格可用于钢轨接头处。

(3)铁垫板下弹性垫板

铁垫板下弹性垫板分 A、B 两类。A 类弹性垫板用于兼顾货运的时速 250 公里客运专线；B 类弹性垫板用于时速 350 公里客运专线。

(4)螺旋道钉

螺旋道钉分 S2 型和 S3 型两种，在钢轨调高量不大于 15 mm 时用 S2 型，大于 15 mm 时用 S3 型。

(5)预埋套管

该部件预先埋设于轨枕或轨道板中，埋设精度应满足要求，且预埋套管顶面应与轨枕或轨道板承轨面齐平。预埋套管埋设后，应加盖塑料(或其他材料)盖以防雨水和泥污进入。

(6)调高垫板

调高垫板分轨下微调垫板和铁垫板下调高垫板两种，分别放置于轨下垫板与铁垫板之间和铁垫板下弹性垫板与轨枕或轨道板承轨面之间。轨下微调垫板按厚度分为 1 mm、2 mm、5 mm 和 8 mm 四种规格；铁垫板下调高垫板按厚度分为 10 mm 和 20 mm 两种规格，铁垫板下调高垫板由两片组成，应成对使用。

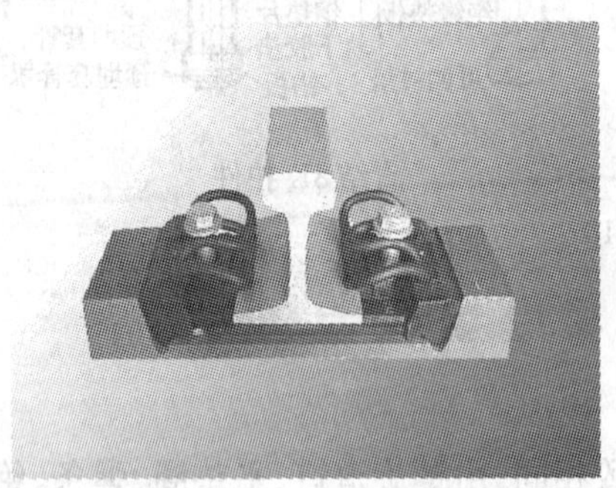
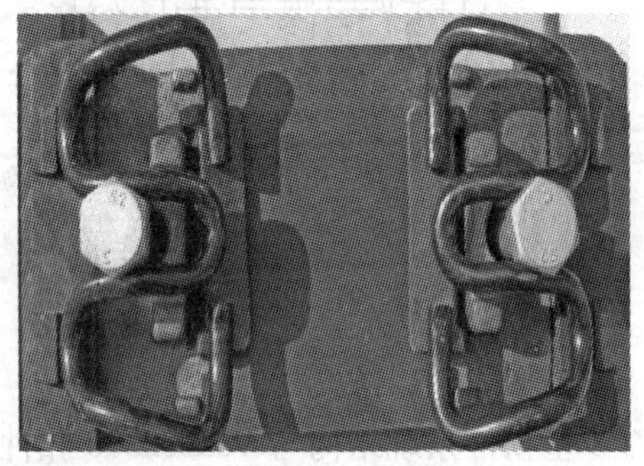

图 4—11　WJ-8 扣件系统

表 4—28　WJ-8 扣件系统组成(每组扣件用量)

序号	名称	数量	材料	质量或体积	备　注
1	螺旋道钉	2	优质碳素钢或合金钢	1.50 kg	一般采用 S2 型，调高量大于 15 mm时采用 S3 型
2	W1 型弹条	2	$60Si_2MnA$	1.44 kg	一般地段采用 W1 型，小阻力地段选用 X2 型
	X2 型弹条			1.28 kg	
3	WJ-8 绝缘块	2	玻纤增强聚酰胺 66	79.0 cm^3	Ⅰ型，一般地段采用
				73.0 cm^3	Ⅱ型，钢轨接头处采用
4	WJ8 轨距挡板	2	玻纤增强聚酰胺 66	718 cm^3	正常安装 7 号，根据轨距调整情况选用不同号码。钢轨接头处采用衔头轨距挡板
	WJ8 接头轨距挡板				

续上表

序号	名称	数量	材料	质量或体积	备　注
5	WJ8 橡胶垫板	1	橡胶	140 cm^3	根据线路阻力具体要求选定其中一种
	WJ8 复合垫板		橡胶 1 不锈钢	110 $cm^3$0. 25 kg	
6	WJ8 铁垫板	1	QT450 - 10	6. 80 kg	
7	WJ8 铁垫板下弹性垫板	1	弹性材料	540 cm^3	250 km/h 选用 A 类；350 km/h 选用 B 类。
8	预埋套管 D1	2	玻纤增强聚酰胺 66	115 cm^3	预埋套管在轨枕中的抗拔力不小于 100 kN
9	平垫圈	2	Q235 - A	0. 138 kg	
10	WJ8 轨下微调垫板		聚乙烯	25 cm^3/mm	根据调高具体情况选用
11	WJ8 铁垫板下调高垫板		聚乙烯	720 cm^3/10 mm	根据调高具体情况选用

2. 中国其他扣件系统

中国 WJ-7 扣件系统见图 4—12，其中弹条扣件系统见图 4—12。

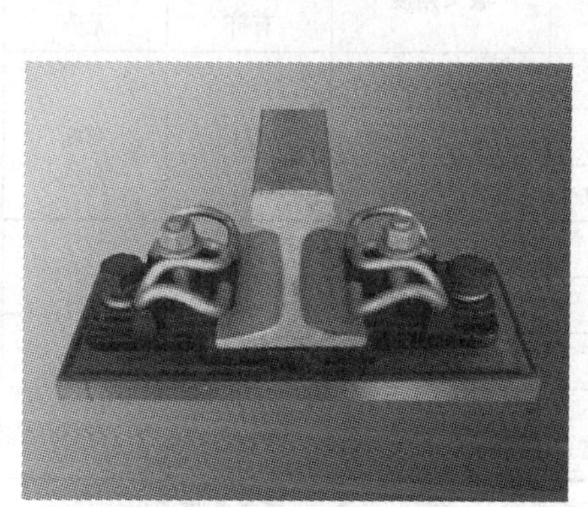

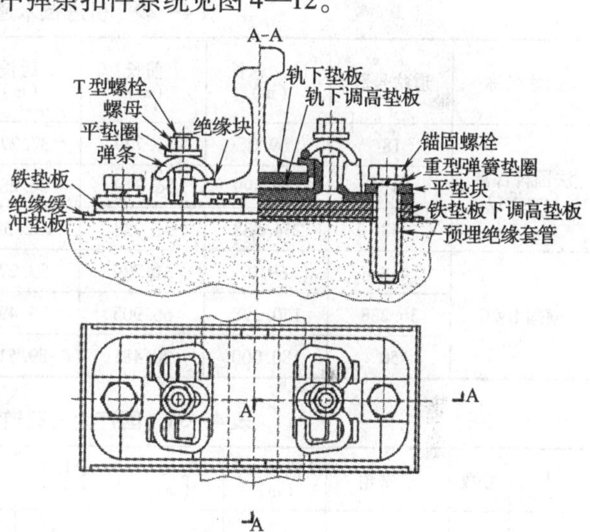

图 4—12　WJ - 7 型扣件系统

弹条Ⅰ、Ⅱ型扣件系统

弹条Ⅲ型扣件系统

图 4—13(之一)

弹条Ⅳ型扣件系统

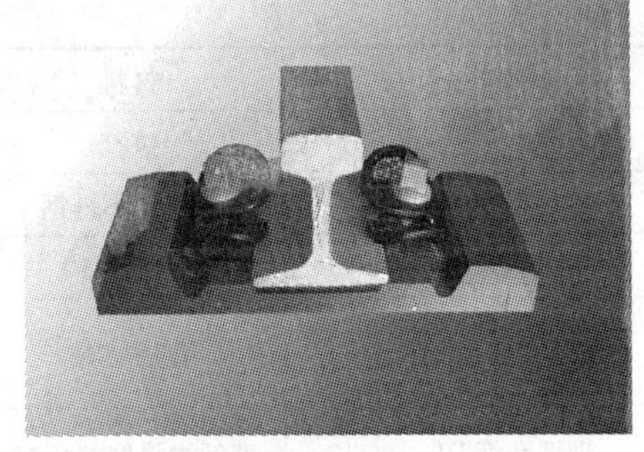
弹条Ⅴ型扣件系统

图 4—13(之二)

四、道　　岔

1. 道岔的规格(见表 4—29 ~ 表 4—31)

表 4—29　引进技术道岔规格

道岔名称	道岔号数	道岔总长(m)	前长(m)	后长(m)	辙叉角度	岔道区结构高度(mm)	
						有砟	无砟
法国科吉富(cogifer)	18	69.0	31.729	37.271	3°10′47.39″	431	408
	41	140.599	56.319	84.280	1°23′50″		
	58	214.588	91.998	122.590	0°59′15.93″		
德国 BWG	18	69.0	31.729	37.271	3°10′47.39″	443	423
	36.288	150.398	66.905	83.493	1°34′42.74″		
	50	180.000	90.481	89.519	1°08′44.67″		

表 4—30　国产大号码道岔几何参数

$v_{侧}$(km/h)	号数	道岔角	前长 a(m)	后长 b(m)	全长 l(m)	曲线半径(m)	尖轨/基本轨长(m)	辙叉长度(m)	长/短心轨
80	18	3°10′47.4″	31.729	37.271	69.0	1 100(圆)	21.45/23.392	20.992	14.325/8.21
160	42	1°21′50.13"	60.573	96.627	157.2	5 000 - >∞(圆 + 缓)	44.24/46.19	30.592	24.97/20.42
220	62	0°55′26.56"	70.784	130.216	201	8 200 - >∞(圆 + 缓)	54.45/56.401	42.48	36.86/32.31

表 4—31　国产大号码道岔质量(t)

$v_{侧}$(km/h)	号数	单根尖轨 + 基本轨组件	可动心轨辙叉组件	转辙器 + 岔枕组件	可动心轨辙叉 + 岔枕组件
80	18	6.01	8.79	38.92	31.43(含护轨)
160	42	11.74	13.9	81.94	67.26
220	62	18.0	19.3	97.68	93.4

2. 道岔钢轨件技术要求

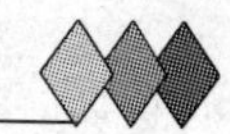

(1)一般要求

基本轨采用中国标准60kg/m 钢轨;

尖轨采用60D、60D40 或 Zul-60 钢轨制造;

翼轨采用局部锻制特种断面钢轨组合结构或高锰钢整铸,牵引杆件不应从轨腰穿出;

可动心轨可以是60D、60D40 或 Zul-60 钢轨组合式、也可以前端锻制再与相应钢轨焊接;

尖轨和可动心轨跟端锻压成中国标准60 kg/m 钢轨断面,过渡段长度不小于150 mm、中国标准60 kg/m 钢轨成型段长度不小于450 mm;

$v_{侧}$ 160 km/h 和 $v_{侧}$ 220 km/h 可动心轨辙叉应为双肢弹性可弯结构;

$v_{侧}$ 80 km/h 道岔设侧向护轨;

一组或一批道岔应使用同一材质钢轨制造。

(2)长度允许偏差

在环境温度为20 ℃时,各类钢轨件的长度允许偏差应符合表4—32 之规定。

表4—32 钢轨件的长度允许偏差

钢轨件名称	允许偏差(mm)
尖轨、长心轨	−3 ~ 0
基本轨、配轨	±2(公称长度≤12.5m) ±4(公称长度>12.5m)
叉跟尖轨、短心轨	−2 ~ +1

(3)形位公差

直线尖轨工作边的直线度,加工部分≤0.2 mm/1 m;

基本轨、配轨的轨顶面直线度≤0.2 mm/1 m;

尖轨、心轨的轨顶面直线度≤0.2 mm/1 m,有降低值的范围除外;

尖轨、长心轨、短心轨的轨底平面度应使用专用测试台进行测量控制,测试台上应设有与滑床台板作用一致的台板,轨底面应与各台板的上表面接触,若有间隙,不应大于0.5 mm,间隙不应连续出现;

基本轨、翼轨的直密贴边直线度为0.3 mm/1 m,曲密贴边应圆顺无硬弯。

(4)钢轨的螺栓孔要求

孔径偏差0 ~ +1 mm,图纸注明者除外;

孔壁粗糙度 Rα 值为12.5 μm;

孔中心位置上下允许偏差 <0.5 mm;

两孔中心距离≤350 mm 时,允许偏差为±0.5 mm;两孔中心距离≥1 500 mm 时,允许偏差为±1.5 mm,两最远螺栓孔中心距 >350 mm、<1 500 mm 时,允许偏差为±1.0 mm;

孔周应按1.0 ~ 1.5 mm ×45°或 R≥0.5 mm 倒棱。

(5)工作面要求

基本轨、尖轨、长心轨、短心轨、叉跟尖轨、配轨、翼轨的踏面不允许有深度大于0.2 mm/1 m 的校直压痕,其他工作面允许有2 处以下,深度小于0.2 mm/1m 的不平顺。

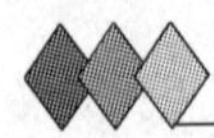

(6)60AT 钢轨型式尺寸

采用 60D、60D40 或 Zul - 60 轨的断面形状、尺寸偏差、平直度和扭曲应符合 EN 13674—2 的规定。

(7)尖轨和心轨跟端加工

尖轨和心轨锻压成型段断面的形状、尺寸允许偏差、材料力学性能、硬度和试验方法按 TB/T 3109—2005 及 TB/T 2344—2003 执行;

尖轨和心轨锻压成型段按 1:40 扭转(如道岔轨底坡采用 1:20 时,扭转角也为 1:20),扭转角度允许偏差为 ±1:320。

特种断面翼轨(由 TB/T 3109—2005 60AT 轨锻压)

断面形状允许偏差如下:

轨　高　±0.5 mm;

轨头宽　±0.5 mm;

轨底宽　-1.5 ~ +0.8 mm;

轨底厚　±0.5 mm;

轨头高　±0.5 mm;

轨腰厚　-0.5 ~ +1.0 mm。

特种断面翼轨锻压成型段断面的形状、尺寸及偏差、材料力学性能、硬度和试验方法按 TB/T 3109—2005 及 TB/T 2344—2003 执行;

锻压成型段端头与标准轨焊接接头按相关标准或技术条件执行。

(8)钢轨件机加工要求

尖轨、长心轨尖端不得掉尖。尖轨、长心轨、短心轨和翼轨经机加工后须按 1.0 ~ 1.5 mm×45°或 R≥0.5 mm 倒棱,粗糙度 Ra 为 12.5 μm。

3. 联结零部件技术要求

联结零部件中的螺栓、螺母、弹片、销钉等应进行防腐处理。

(1)铁垫板

铁垫板应能调距,调距量 -8 ~ +4 mm;

普通滑床台板表面宜有减摩涂层,达到静摩擦系数≤0.1 的要求;

按转换需要设置一定数量的滚轮滑床板垫板,视尖轨长度而异;

铁垫板的材料须符合设计图要求;

设置轨底坡的铁垫板,其轨底坡斜面的斜度允许偏差为 ±1:320;厚度允许偏差为 ±0.5 mm;

螺钉孔径允许偏差为 ±0.5 mm,孔距允许偏差为 ±0.5 mm,上表面孔周须按 1.0 ~ 1.5 mm×45°或 R≥0.5 mm 倒棱;

偏心螺钉孔的偏心距离允许差为 ±0.5 mm;

铁垫板底面平面度≤1 mm;上表面须按 1.0 ~ 1.5 mm×45°或 R≥0.5 mm 倒棱;

滑床台板的工作表面,粗糙度 Ra≤12.5 μm,滑床台平面度≤0.5 mm,上表面棱边须按 1.0 ~ 1.5 mm×45°或 R≥0.5 mm 倒棱。

(2)弹性扣压件

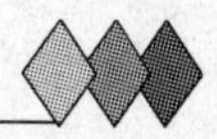

可采用有螺栓扣件或无螺栓扣件方式，并具备调高功能，无砟轨道扣件调高量应与区间轨道一致。

(3)限位器的子母块

限位器的子母块贴合面应垂直于同一水平面，垂直度偏差小于0.5 mm。

(4)橡胶垫板

材料、外观、物理力学性能和试验方法应符合UIC864－5的规定；

铁垫板下橡胶垫板的外形尺寸符合设计图要求，尺寸允许偏差：厚度为0～＋0.5 mm，长度为±2 mm，宽度为±1 mm；

钢轨下橡胶垫板的外形尺寸允许偏差：厚度为0～＋0.5 mm，长度为±1 mm，宽度为±1 mm。

(5)岔枕

有砟轨道采用预应力混凝土岔枕，长岔枕结构可为整体式或铰接式。

无砟轨道混凝土岔枕可为整体式或支承块式。

第五章　路基工程材料

一、土工合成材料

(一)土工合成材料分类

制造土工合成材料的聚合物主要有聚乙烯(PE)、聚酯(涤纶PER)、聚酰胺(锦纶/尼龙PA)、聚丙烯(丙纶PP)、氯化聚乙烯(CPE)和聚氯乙烯(PVC)等,聚乙烯分为低密度聚乙烯(LDPE)、线性低密度聚乙烯(LLDPE)和高密度聚乙烯(HDPE),HDPE性能稳定,广泛应用于制作土工织物和土工格栅等材料。土工合成材料主要用于防渗、加筋、隔离、反滤、排水、防护、减载和保温等,分为六大类:土工织物、土工膜、土工格栅、土工网、土工复合材料和其他土工材料。见表5—1。

表5—1　土工合成材料分类

一级分类	二级分类	三级分类	功　能
土工织物	有纺织物	编织、平织	不同材料间隔离;加筋和防护;反滤;排水
	无纺织物	针刺、热粘、胶粘	
土　工　膜			防渗衬垫;防水衬层
土工格栅	单向、双向土工格栅		加　筋
土工网(二维)			排　水
土工复合材料	塑料排水板		排水
	土工复合排水网		隔离、反滤、排水
	复合土工膜	一布一膜、两布一膜、一布两膜、多布多膜	防渗、隔离
	土工膜—土工格栅		防渗、加筋
	土工织物—土工格栅		隔离、反滤、加筋
	土工合成材料粘土层		防渗、隔离
其他土工材料	土工格室		侵蚀控制、加筋
	土工条带		加筋土挡墙
	土工泡沫塑料		隔声、隔热、减压
	土工模袋		模板
	土工包容系统	土工管袋	护岸、筑堤、挡土墙面板
		土　工　包	
		土工筐笼	
	土工网垫(三维)		边坡防护
	土　工　管	穿孔刚性管、波纹管	排　水

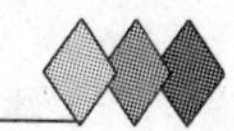

(二)客运专线应用的主要土工材料

1. 土工格栅

按拉伸方向不同,格栅分为单向(孔近矩形)和双向(孔近方形)两种。前者在拉伸方向上有较高强度,后者在两个拉伸方向上皆有较高强度。铁路客运专线较常使用的有塑料(高密度聚乙烯或聚丙烯)土工格栅、玻璃纤维土工格栅和经编高强度涤纶土工格栅等。

(1)双向拉伸塑料土工格栅

塑料土工格栅是在高分子聚合物板材上先冲孔,然后进行拉伸而成的带长方形或方形孔的板材。加热拉伸是让材料中的高分子定向排列,以获得较高的抗拉强度和较低的延伸率。双向拉伸土工格栅在纵向和横向上都具有很大的拉伸强度,这种结构在土壤中同样也能提供一个更为有效的力的承担和扩散的连锁系统,适应于大面积永久性承载的地基补强。TGSG 产品规格及性能见表 5—2。

主要用途:双向拉伸土工格栅适用于铁路路基加筋、边坡防护、洞壁补强。

其主要作用有:

(1)增大路(地)基的承载力,延长路(地)基的使用寿命;

(2)防止路(地)面塌陷或产生裂纹,保持地面美观整齐;

(3)施工方便,省时,省力,缩短工期,减少维修费用;

(4)防止涵洞产生裂纹;

(5)增强土坡,防止水土流失;

(6)减少垫层厚度,节约造价。

表 5—2 产品规格及性能参数(TGSG)

项　目	15~15	20~20	30~30	40~40	45~45
单位面积质量(g/m^2)	300±30	330±30	400±40	500±50	550±50
每延米纵向拉伸屈服力(kN/m)≥	15	20	30	40	45
每延米横向拉伸屈服力(kN/m)≥	15	20	30	40	45
纵向屈服伸长率(%)≤	13				
横向屈服伸长率(%)≤	13				
纵向 2% 伸长率时的拉伸力(kN/m)≥	5	8	11	13	16
横向 2% 伸长率时的拉伸力(kN/m)≥	7	10	13	15	20
纵向 5% 伸长率时的拉伸力(kN/m)≥	8	10	15	16	25
横向 5% 伸长率时的拉伸力(kN/m)≥	10	13	15	20	22

(2)单向拉伸塑料土工格栅

单向拉伸的土工格栅是由高分子聚合物经挤出压成薄板再冲规则孔网,然后纵向拉伸而成。这种过程中使高分子成定向线性状态并形成分布均匀、节点强度高的长椭圆形网状整体性结构。此种结构具有相当高的拉伸强度和拉伸模量。给土壤提供了理想的力的承担和扩散的连锁系统。该产品拉伸强度大,适应各种土壤,是目前广为采用的加筋加固材料。见图 5—1 和表 5—3、表 5—4。

其主要用途如下:

单向拉伸塑料土工格栅

双向拉伸塑料土工格栅

图 5—1

① 增强路基，可有效地分配扩散载荷，提高路基的稳定性和承载力，延长使用寿命；

② 可承受更大的交变载荷；

③ 防止路基材料流失造成的路基变形、开裂；

④ 使挡土墙后的填土自承能力提高，减少挡土墙的土压力，节省费用，延长使用寿命，并降低维修费用；

⑤ 结合喷锚混凝土施工方法进行边坡维护，不仅可节省 30% ~50% 的投资，而且可以缩短工期一倍以上；

⑥ 在铁路的路基和面层中加入土工格栅，可以降低弯沉，减少车辙，推迟裂缝出现时间 3 ~9 倍，可减少结构层厚度达 36% 。

表 5—3　单向拉伸聚丙烯土工格栅规格及性能参数（TGDG）

规　　格	TGDG25	TGDG35	TGDG50	TGDG80	TGDG110	TGDG150	TGDG170	TGDG200
每延米拉伸屈服力（kN/m≥）	25	35	50	80	110	150	170	200
屈服伸长率（% ≤）	10							
2% 伸长率时的拉伸（kN/m≥）	7	10	12	26	32	48	64	85
5% 伸长率时的拉伸力（kN/m≥）	14	20	28	48	64	90	120	145

表 5—4　单向拉伸高密度聚乙烯土工格栅（TGDG）

规　　格	25	35	50	65	80	90	110	135
每延米拉伸屈服力（kN/m）	≥25	≥35	≥50	≥65	≥80	≥90	≥110	≥135
屈服伸长率	≤12%							
2% 伸长率时的拉伸（kN/m）	≥6	≥9	≥10	≥16.1	≥23	≥23.7	≥30	≥39
5% 伸长率时的拉伸力（kN/m）	≥12	≥18	≥25	≥30.9	≥44	≥45.2	≥60	≥77

（3）双向经编涤纶土工格栅

采用高强度涤纶工业长丝，经过经编定向织造网格坯布，经涂覆加工成土工格栅。应用于软土地基处理和路基、堤坝等工程的加筋增强，以提高工程质量降低工程造价。见图 5—2 和表 5—5。

应用：铁路软土地基增强加筋。

特点:抗拉强度高,抗撕裂强度大,与土壤碎石结合力强。

表5—5　产品规格及性能参数

性能\规格		TGSD -20-20	TGSD -30-30	TGSD -40-40	TGSD -50-50	TGSD -50-35	TGSD -80-50	TGSD -80-80
延伸率%		10%						
强度(kN/m)	纵向	20	30	40	50	50	80	80
	横向	20	30	40	50	35	50	80
网格(mm)		25.4×25.4						
幅宽(m)		1~6						

双向经编涤纶土工格栅

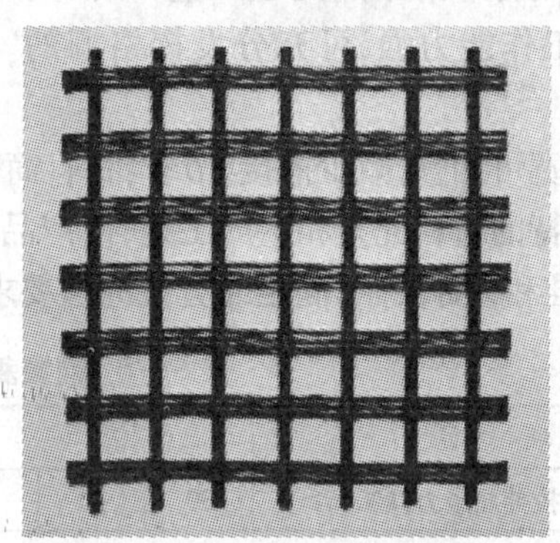

玻璃纤维土工格栅

图　5—2

(4)玻璃纤维土工格栅

玻璃纤维土工格栅是一种用于路面增强、老路补强,加固路基及软土基的优良土工合成材料。在处理沥青路面反射裂纹应用上,已成为不可替代的材料。该产品是以高强无碱玻璃纤维通过国际先进的经编工艺制成网状基材,经表面涂覆处理而制成的半刚性制品。具有经、纬双向很高的抗拉强度和较低的延伸率,并具有耐高温、耐低寒、抗老化、耐腐蚀等优良性能,应用于铁路路基的增强项目。见表5—6。

表5—6　产品规格及性能参数(TGSB)

规　格		25~25	30~30	40~40	50~50	80~80	100~100	50-50-Z(自粘式)
强度(kN/m)	纵向	25	30	40	50	80	100	50
	横向	25	30	40	50	80	100	50
断裂伸长率%		≤3						
网格(mm)		25.4×25.4或12.5×12.5						
幅宽(m)		1~6						

(5)钢塑复合土工格栅

钢塑复合土工格栅是由钢塑加筋带经特殊工艺复合而成,由于此产品表面延压成具有规则的粗花纹,铺设于填土层中承受了巨大的抗应力和填土之间的摩阻力,整体上限制了地基土的剪切,侧面挤出及隆起,由于加筋土垫层的刚度较大,有利于上部基础荷载的扩散并较均匀地传递,分布到下部软土层上,较好地提高了地基的承载力,由于加筋土垫层的作用,加大了压缩层范围内地基的整体刚度,有利于调整地基的变形。见表5—7和图5—3。

图5—3　钢塑复合土工格栅

产品特点:

① 采用钢塑复合材料,变形小,抗拉强度大。

② 采用特殊的结点处理工艺,纵横向肋条协同工作能力强,可充分发挥格栅的加固作用。

③ 幅宽可调整,减少搭接,节省材料,简化施工。

④ 独特的材料配方和生产工艺,使产品在经过100过冻融循环后,各项技术指标完全符合行业标准和设计要求,满足北方抗冻性要求。

表5—7　钢塑复合土工格栅技术指标

项　目	规格型号									
纵横每延米拉伸屈服力(kN/m≥)	30	40	50	60	70	80	90	100	125	150
纵横屈服伸长率(%≤)	3									
纵横2%伸长率时的拉伸力(kN/m≥)	30	40	50	60	70	80	90	100	125	150
焊点剥离力(N≥)	30									

2. 土工膜

(1)土工膜(单膜)

土工膜是一种以高分子聚合物为基本原料的防水隔离型材料。主要分为:聚乙烯(PE)土工膜、聚氯乙烯(PVC)土工膜,氯化聚乙烯(CPE)土工膜及各种复合土工膜等。

PE土工膜是最常见的土工膜,按其密度可分为以下几类:

HDPE土工膜。相对密度0.941~0.965 g/cm^3;无毒、无味、无臭的白色颗粒,HDPE防渗膜熔点约为130 ℃,具有良好的耐热性和耐寒性。化学稳定性好,具有较高的刚性和韧性,抗老化和耐腐蚀性能强,机械拉伸强度好,具有很好的介电性能,耐环境应力开裂性能较好。

LDPE(高压低密度聚乙烯)土工膜。密度为0.918~0.939 g/cm^3;具有密度低、透明性好、绝缘性好等优点,组成为无毒、无味、表面光泽的乳白色圆柱形颗粒,具有良好的延伸性、电绝缘性,结晶度55~65%,结晶熔点108~126 ℃。

LLDPE(线型低密度聚乙烯)土工膜。密度为0.910~0.925 g/cm^3;组成为无毒、无味、无臭的乳白色颗粒,相对密度0.918~0.939。与LDPE相比具有强度高、韧性好、刚性强、耐热、耐寒等优点,还具有良好的耐环境应力开裂、耐撕裂强度等性能,并可耐酸、碱、有机溶剂等。

PE土工膜按表面光滑度分类:

PE光面土工膜。表面光滑,膜体厚度均匀,抗拉强度好,断裂伸长率高,一般使用在地

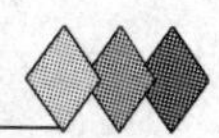

质条件复杂的环境中,防渗性能好,摩擦系数小,主要应用在边坡比较平缓对摩擦系数要求不高的项目中,与不覆土的项目结构和水池等防渗要求较高的项目中应用。

PE 糙面土工膜。表面由不规则凹凸状结构组成,同样厚度情况下比光面 PE 膜抗拉强度小,断裂伸长率低,摩擦系数高,一般应用在边坡膜体表面需要覆土要求有较大摩擦系数的项目中,应用中厚度比光面适当加大。

表 5—8　PE 膜的物理力学性能

项　　目	指　　标			
	GL		GH	
	GL－1	GL－2	GH－1	GH－2
拉伸强度(MPa)	≥14		≥17	≥25
断裂伸长率(%)	≥400		≥450	≥550
直角撕裂强度(N/mm)	≥50		≥80	≥110
炭黑含量 13(%)	≥2			
耐环境应力开裂(F 20 h)	—	—	—	≥1 500
200 ℃时氧化诱导时间(min)	—	—	—	≥20
水蒸气渗透系数 g·cm/(cm·s·Pa)	$\leqslant 1.0\times10^{-13}$			
－70 ℃低温冲击脆化性能	通过			
尺寸稳定性%	±3			

注:GL－1:普通低密度 PE 土工膜;GL－2:柔性 PE－乙酸、乙烯共聚物(EVA)土工膜;
GH－1:普通高(中)密度 PE 土工膜;GH－2:环保用高(中)密度 PE 土工膜。

(2)复合土工膜

复合土工膜是以土工布为基材,以土工膜为膜材,经流延、压延、涂刮、辊压等复合而成,其主要功能是起防渗、隔离作用。

主要用途:

土工坝、堆石坝、砌石坝和展压混凝土坝;堤、坝前水平防渗铺盖,地基垂直防渗层;施工围堰;渠道、蓄液池;废料场;地铁、地下室和隧道、隧洞防渗衬砌;铁道的路基、公路、高速公路;路基及其他地基盐渍防治;膨胀土和湿陷性黄土的防水层;屋面防漏等。

产品:两布一膜(防渗膜的两面加有防护用的土工布)、一布一膜(防渗膜的一面加有防护用的土工布)、一布二膜和多布多膜。

规格:幅宽 4～6 m;膜材厚度从 0.2～0.8 mm,土工布单位面积质量从 100～1 000 g/m^2。

表 5—9　短纤针刺非造布/聚乙烯复合土工膜的强度标准

单位面积质量	400	500	600	700	800	900	1 000	备　注
强度要求\膜材厚度(mm)	0.25～0.345			0.3～0.5				
断裂强力(kN/m)	5	7.5	10.0	12.0	14.0	16.0	18.0	纵横向
CBR 顶破强力(kN)	1.1	1.5	1.9	2.2	2.5	2.8	3.0	
撕破强力	0.15	0.25	0.32	0.4	0.48	0.56	0.62	纵横向

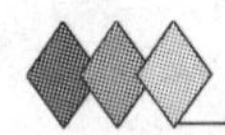

图 5—4　复合土工膜

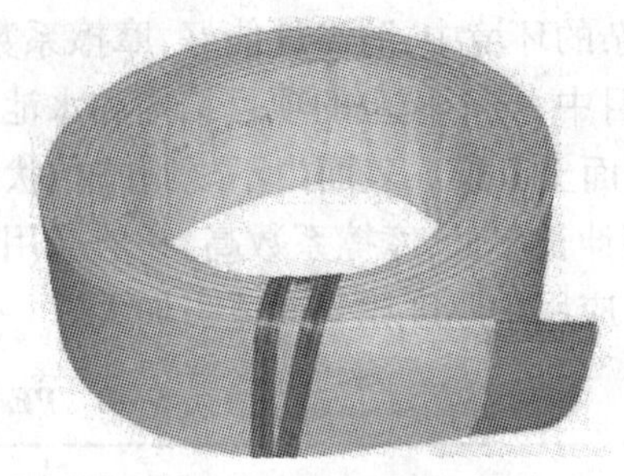
图 5—5　塑料排水板

3. 塑料排水板

用聚合物制成的口琴式条带作芯带，两面包以非织造土工织物作滤层成为塑料排水板。芯带起支撑作用并将滤层渗进来的水向上排出。塑料排水板用插板机插入软土地基，在上部预压荷载作用下，软土中空隙水由塑料排水板向上排到上部铺垫的砂层（或水平塑料排水板）中，向下游排出，以加速软基固结。见表 5—10 和表 5—11。

表 5—10　塑料排水板主要技术参数

项　目		单位	A	B	C	D	E	F		测试条件
截面尺寸	宽度	mm	100	100	100	100	100	150	150	
	厚度	mm	3.5	4.0	4.5	5.0	5.5	4.0	4.5	
纵向通水量		cm^3/s	≥20	≥30	≥40	≥50	≥60	≥80	≥90	侧压力 350 kPa
滤膜渗透系数		cm/s	$\geqslant 5\times10^{-4}$							试件在水中浸泡 24 h
滤膜等效孔径		μm	<75							最大孔径以 098 计
复合体抗拉强度（干态）		kN/10 cm	≥1.1	≥1.3	≥1.5	≥1.6	≥1.8	≥2.1	≥2.4	延伸率 10% 时
滤膜抗拉强度延伸率	干态	N/cm	≥15	≥25	≥30	≥30	≥30	≥30	≥30	延伸率 10% 时
	湿态	N/cm	≥10	≥20	≥25	≥25	≥25	≥25	≥25	延伸率 15% 时（水中浸泡 24 h）
复合体抗拉强度延伸率		%	9	8	7	6	5	4	4	在 1 kN/10 cm 的拉力时
滤膜抗拉强度延伸率	纵向干态	%			10	10	10	10	10	在 30 N/cm 拉力时
	横向湿态	%			15	15	15	15	15	在 25 N/cm 拉力时

表 5—11　高强度滤膜塑料排水板主要技术参数

项　目		单位	A	B	C	D	E	F		测试条件
截面尺寸	宽度	mm	100	100	100	100	100	150	150	
	厚度	mm	3.5	4.0	4.5	5.0	5.5	4.0	4.5	
纵向通水量		cm^3/s	≥20	≥30	≥40	≥50	≥60	≥80	≥90	侧压力 350 kPa
滤膜渗透系数		cm/s	$\geqslant 5\times10^{-3}$							试件在水中浸泡 24 h
滤膜等效孔径		μm	<100							最大孔径以 098 计
复合体抗拉强度（干态）		kN/10 cm	≥1.3	≥1.5	≥1.7	≥1.9	≥2.1	≥2.8	≥3.0	延伸率 10% 时
滤膜抗拉强度延伸率	干态	N/cm	≥30	≥40	≥50	≥50	≥50	≥50	≥50	延伸率 10% 时
	湿态	N/cm	≥20	≥30	≥40	≥40	≥40	≥40	≥40	延伸率 15% 时（水中浸泡 24 h）

续上表

项　目		单　位	A	B	C	D	E	F		测试条件
复合体抗拉强度延伸率		%	12	10	9	8	7	5	4	在 1.5 kN/10 cm 的拉力时
滤膜抗拉强度延伸率	纵向干态	%			10	10	10	10	10	在 50 N/cm 拉力时
	横向湿态	%			15	15	15	15	15	在 40 N/cm 拉力时

4. 三维土工网

三维土工王是用于植草固土用的一种三维结构的似丝瓜网络样的网垫，质地疏松、柔韧，留有 90% 的空间可充填土壤、沙砾和细石，植物根系可以穿过其间，舒适、整齐、均衡的生长，长成后的草皮使网垫、草皮、泥土表面牢固地结合在一起，由于植物根系可深入地表以下 30 ~40 cm，形成了一层坚固的绿色复合保护层。规格及性能参数见表 5—13 和图 5—6。

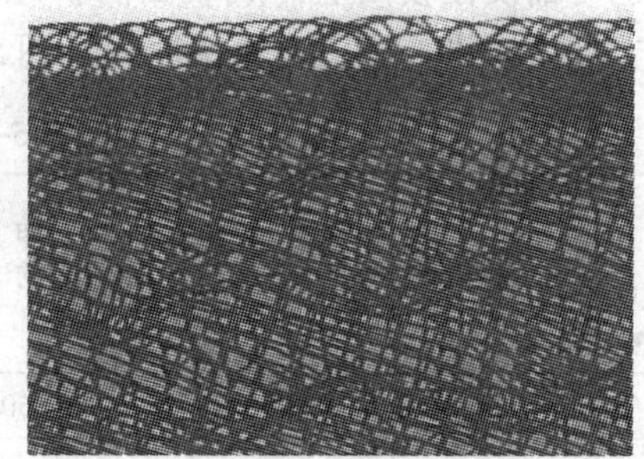

图 5—6　三维土工网

主要功能：

(1)在草皮没有长成之前，可以保护土地表面免遭风雨的侵蚀。

(2)可以牢固地保持草籽均匀地分布在坡面上，免受风吹雨冲而流失。

(3)黑色网垫能大量吸收热能，增加地湿、促进种籽发芽，延长植物生长期。

(4)由于表面粗糙，使风、水流在网垫表面产生无数涡流，因而产生消能作用，促使其携带物沉积网垫中。

(5)植物生长起来后形成的复合保护层，可经受高水位、大流速的冲刷(2 d 内可经受 3 ~4 m/s，4 ~5 h 内可经受 5 ~6 m/s)。

(6)可替代混凝土、沥青、块石等永久性的坡面防护材料，用于铁路、公路、河道、堤坝、山坡等坡面保护。

(7)可大幅度降低工程造价，是 C15 混凝土和干砌块石护坡造价的 1/7，浆砌块石造价的 1/8。

(8)在沙土地表面铺设后，可防止沙丘的移动，能极大提高地表粗糙度，增加地表沉积物，改变地表理化性能，改善局部地区生态环境。

表 5—12　产品规格及性能参数

项目规格	三维网 Em^2	三维网 Em^3	三维网 Em^4	三维网 Em^5
质控抗拉强度(kN/m)≥	0.8	1.4	2.0	3.2
克重(g/m)	220	260	350	430
厚度(mm)	10	12	14	16
宽幅(m)	2.0	2.0	2.0	2.0

5. 土工格室

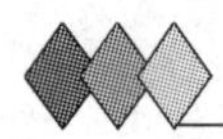

土工格室是由高强度的 HDPE 宽带，经过强力焊接而形成的一片网状格室结构。它伸缩自如，运输时可缩叠起来，使用时张开并充填土石、或混凝土料，构成具有强大侧向限制和大刚度的结构体。用于稳固铁路路基，可以防止碎石及级配横向移动，使整体更坚固，防止抽水，即使地基松软也可防止整个或局部坍方。在交通量大的地区如交叉道、分支道及回转道，可显著增加使用年限。它可用来做为垫层，处理软弱地基增大的承载能力，也可铺设在坡面上构成坡面防护结构，还可以用来建造支挡结构等。施工方便快捷。见图 5—7 和表 5—13。

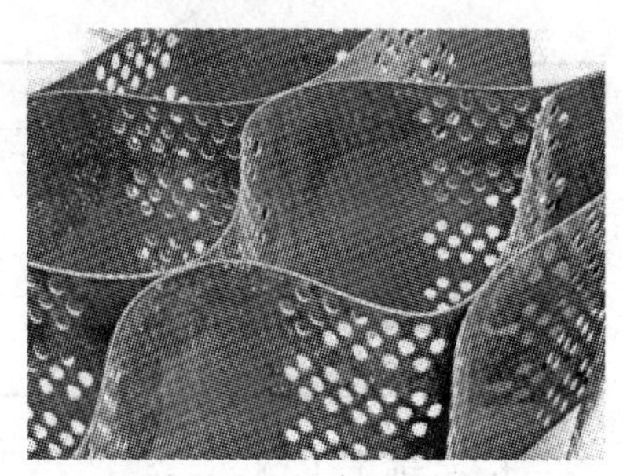

图 5—7　土工格室

表 5—13　产品规格及性能参数

产品型号	格室缩叠时的宽度	格室缩叠时的长度	格室伸张时的长度	格室伸张时的宽度	格室高	格室焊点距离	焊点数	格室单孔面积（m^2）	格室片厚	每件片数	格室单位面积质量（g/m^2）
TGGS－200－400	62±3	5600±20	4100±50	6300±50	200	400	14	0.07	1±0.05	50	2400±50
TGGS－150－400	62±3	5600±20	4100±50	6300±50	150	400	14	0.07	1±0.05	50	1800±50
TGGS－100－400	62±3	5600±20	4100±50	6300±50	100	400	14	0.07	1±0.05	50	1200±50
TGGS－75—400	62±3	5600±20	4100±50	6300±50	75	400	14	0.07	1±0.05	50	900±50
TGGS－75—400	62±3	5600±20	4100±50	6300±50	75	400	14	0.07	1±0.05	50	900±50

6. 土工布

土工布是土工织物的简称，土工布具有优越的透水性、过滤性、耐用性、可广泛用于铁路、公路、运动馆、堤坝、水工建筑、遂洞、沿海滩涂、围垦、环保等工程。

土工布的主要性能特点有：土工布具有良好的透气性和透水性，使水流通过，从而有效的截留砂土流失；土工布具有良好的导水性能，它可以在土体内部形成排水通道，将土体结构内多余液体和气体外排；利用土工布增强土体的抗拉强度和抗变形能力，增强建筑结构的稳定性，以改善土体质量；有效地将集中应力扩散，传递或分解，防止土体受外力作用而破坏；防止上下层砂石、土体及混凝土之间混杂；网孔不易堵塞——因不定型纤维组织形成的网状结构有应变性和运动性；高透水性——在土水的压力下，仍能保持良好的透水性；耐腐蚀——以丙纶或涤纶等化纤为原料，耐酸碱，不腐蚀，不虫蛀，抗氧化；施工简单——重量轻，使用方便，施工简单。

土工布主要有短纤针刺非织造土工布、长纤针刺非织造土工布和裂膜丝机织土工布等。

生产土工布的纤维原料主要是聚酯纤维（即涤纶 PES）和聚丙烯纤维（即丙纶 PP），以及聚酰胺纤维（即锦纶 PA）、聚乙烯醇纤维（即维纶 PVAL）等。涤纶具有拉伸强度高、抗蠕变性能强、热粘性好、韧性强、导水性优异、熔点高等优点，但其热收缩性大，尺寸稳定性差，一般用于生产中低档土工布。丙纶熔点低，比锦纶轻 20%，比涤纶轻 30%，比粘胶纤维轻 40%，强度较高，其断裂伸长率为 35% ~60%；丙纶耐酸碱性好，聚酯纤维在浓碱中浸泡 12 h，强度下降 25%，而聚丙烯经浓酸和浓碱浸泡 12 h 后，强度分别降低 9.5% 和 12.5%；

丙纶耐磨性、尺寸稳定性、水解稳定性好，但抗紫外线性能较差，生产中要求加入紫外线吸收剂。

高档土工布一般选用丙纶作为原料，生产丙纶土工布的生产工艺方法主要有：机织法、纺粘法、针刺法三种。

机织法是将丙纶长丝或 1 ~ 3 mm 宽的丙纶扁丝交织成布，丙纶扁丝交织物往往再经过一对热压辊，将交织点热熔粘合，以增加强度，减少变形，用于长丝机织的聚丙烯原料的熔融指数(MI)为 20 ~ 30，用于扁丝机织的聚丙烯原料的 MI 为 2 ~ 5，丙纶机织土工布大多用于对强度要求较高的地方。例如，用在加固工程、砂浆或混凝土的灌装袋、充气建筑中，一般很少用于过滤过程中。

纺粘法是将聚丙烯挤出熔融、喷丝、纺织成丙纶长丝束，再用旋转喷咀或控制气流、改变传送带速度等方法，使丙纶长丝形成不规则排列，铺放在传送带上形成纤维网。纤维间的粘合是在丙纶长丝还未完全凝固时，用热压或用粘合剂粘合或用针刺机械加固，形成连续均匀的丙纶土工布。纺粘法的主要缺点是设备投资费用大，约为短纤维成网的 2 ~ 3 倍，而且改变原料品种、长丝纤度或网宽度比较困难，只适合大批量生产，其聚丙烯 MI 为 25 ~ 40。

针刺法是将原料由丙纶短纤维梳理机或废棉开松机制成棉网，加以交叉叠铺，或直接由气流成网机制成纤维杂乱排列的棉网，以达到成布时的各向同性，然后经大量的针组成一组或几组针梭，进行针刺、穿刺纤维网，使纤维互相纠缠、挤压在一起，形成非织造布。丙纶针刺土工布密度高，结构蓬松，厚度较厚，吸水和渗水性能好，抗变形能力大，主要用于过滤和排水工程中，在客运专线无碴轨道道床板和支承层之间铺设一层土工布可起减震和隔离作用。但丙纶短纤维针刺土工布仅靠纤维间的磨擦阻力连接在一起，同时受力稍大时，丙纶易滑脱，产生位移、从而造成撕裂。

表 5—14　长纤针刺非织造土工布产品规格及性能参数

规　格	100	150	200	250	300	350	400	450	500	600	800	备　注
单位面积质量偏差(%)	−6	−6	−6	−6	−5	−5	−5	−5	−4	−4	−4	
厚度(mm) ≥	0.8	1.2	1.6	1.9	2.2	2.5	2.8	3.1	3.4	4.2	5.5	
断裂强力(kN/m) ≥	4.5	7.5	10	12.5	15	17.5	20.5	22.5	25	30	40	纵横向
断裂伸长率(%)	40 ~ 80											
CBR 顶破强力(kN) ≥	0.8	1.4	1.8	2.2	2.6	3.0	3.5	4.0	4.7	5.5	7.0	
等效孔径 $O_{90}(O_{95})$(mm)	0.07 ~ 0.2											
垂直渗透系数(cm/s)	$K\times(10^{-1}\sim10^{-3})$											K = 1.0 ~ 9.9
撕破强力(kN) ≥	0.14	0.21	0.28	0.35	0.42	0.49	0.56	0.63	0.70	0.82	1.10	纵横向

表 5—15　短纤针刺非织造土工布产品规格及性能参数

规　格	100	150	200	250	300	350	400	450	500	600	800	备　注
单位面积质量偏差(%)	−8	−8	−8	−8	−7	−7	−7	−7	−6	−6	−6	
厚度(mm) ≥	0.9	1.3	1.7	2.1	2.4	2.7	3.0	3.3	3.6	4.1	5.0	
幅度，偏差(%)	−0.5											

续上表

规　　格	100	150	200	250	300	350	400	450	500	600	800	备　　注
断裂强力(kN/m)≥	2.5	4.5	6.5	8.0	9.5	11.0	12.5	14.0	16.0	19.0	25.0	纵横向
断裂伸长率(%)	25～100											
CBR 顶破强力(kN)≥	0.3	0.6	0.9	1.2	1.5	1.8	2.1	2.4	2.7	3.2	4.0	
等效孔径 $O_{90}(O_{95})$(mm)	0.07～0.2											
垂直渗透系数(cm/s)	$K\times(10^{-1}\sim10^{-3})$											K=1.0～9.9
撕破强力(kN)≥	0.08	0.12	0.16	0.20	0.24	0.28	0.33	0.38	0.42	0.46	0.60	纵横向

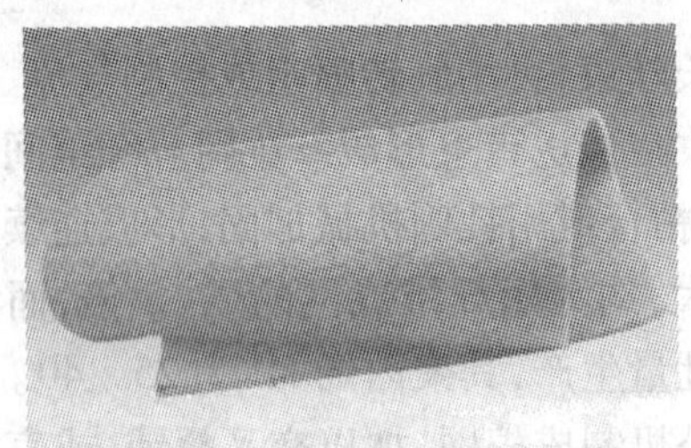
图 5—8　短纤针刺织造土工布

图 5—9　土工模袋

7. 土工模袋

土工模袋是由上下两层土工织物制成的大面积连续袋状材料，袋内充填混凝土或水泥砂浆，凝固后形成整体混凝土板，可用作护坡。这种袋体代替了混凝土的浇注模板，故而得名。模袋上下两层之间用一定长度的尼龙绳来保持其间隔，可以控制填充时的厚度。浇注在现场用高压泵进行。混凝土或砂浆注入模袋后，多余水量可从织物孔隙中排走，故而降低了水分，加快了凝固速度，使强度增高。按加工工艺的不同，可将模袋分为两类，即机织模袋和简易模袋。前者是由工厂生产的定型产品，而后者是用手工缝制而成。机织模袋按其有无排水点和充填后成型的形状分成许多种。我国现行的机织模袋有下列五种，其形状、规格与用途见表 5—16 和图 5—9。

表　5—16

名　　称		厚度(cm)	充填材料	主要用途
有过滤点(FP 型)	PF95N	6.5	砂　　浆	临时堤防工程或其他临时性工程、保护桥台坡面工程、三面铺填工程
	FP100N	10		
	FP150N	15		
	150FP	10		
	200FP	14		
	250FP	16.5		
薄型无过滤点(NF 型)	NF50	5	砂　　浆	水库、人工池塘
	NF100	10		
	100UAD	10		
	150UAD	15		

续上表

名　称		厚度(cm)	充填材料	主要用途
厚型无过滤点(CX型)	CX150	15	粗粒料直径10～15 mm以下的混凝土	防止侵蚀护岸工程、建筑码头工程(专用渔船、快艇等)
	CX200	20		
	CX300	30	粗粒料直径25 mm以下的混凝土	
	CX500	50		
	CX700	70		
铰链型(RB型)	RB100	10	砂　浆	软弱地坡面的保护工程、保护河川、河床、河岸工程
	RB150	15		
框架型(NB型)	NB36	空隙30cm×60cm	砂　浆	坡面绿化工程、地面保护工程
	NB22	空隙22cm×22cm		

8. 土工网

土工网是高密度聚乙烯(HDPE)加抗紫外线助剂经挤压成方形、菱形、六边形网格状的产品,具有一定的拉伸强度和耐久性、化学稳定性、耐候性、耐腐蚀等性能。因此可广泛应用于岩土工程的诸多方面。

图5—10　土工网

铁路路基中使用土工网可有效地分配荷载,提高地基的承载能力及稳定性,延长寿命。在铁路边坡上铺设,可防止滑坡,保护水土,美化环境。水库、河流堤坝防护铺设(CSTF/W151土工网)可有效的防止塌方;在海岸工程中用其柔韧性好,渗透性好的特点来缓冲海浪溃冲击能量。见表5—17和图5—9。

表5—17　产品规格及性能参数

指　标	CE111	CE121	CE131	CE131A	CE131B	CE151	CE152	CE153
网幅宽(m)	2.5	2.5	2.5	3.0	2.0	2.5	1.25	1.0
网孔尺寸(mm)	(8×6)±1	(8×6)±1	(27×27)±2	(27×27)±2	(22×22)±2	(74×74)±5	(74×74)±5	(50×50)±5
网厚(mm)	2.9	3.3	5.2	5.2	4.8	5.9	5.9	5.9
单位面积质量(g/m^2)	445±30	730±35	630±35	630±35	630±35	550±30	550±30	550±30
最大拉伸长≥(kN/m)	2.00	7.68	5.80	5.80	6.40	4.82	4.82	4.20
最大荷载时变形率≤%	41.0	20.2	16.5	16.5	18.6	23.2	23.2	23.2
拉伸屈服强度(kN/m)≥	2.0	6.0	5.6	5.6	5.6	4.8	4.8	4.2
10%变形时荷载≥(kN/m)	1.32	6.80	5.20	5.20	5.74	3.83	3.83	3.83
5%最大荷载时变形率≤%	6.10	3.20	3.70	3.70	3.50	4.40	4.40	4.40

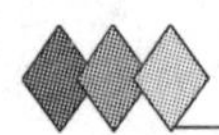

9. 软式透水管

图 5—11　透水管

以 PVC 过塑钢丝构成框架结构制成的软式透水管。可通过整体的周身全方位过滤并快速有效排除地下水，渗透率高，排水量大，取代传统的聚氯乙烯打孔管渗水。具有使用方便，功效高等优点。见表 5—18、表 5—19 和图 5—11。主要使用在如下范围：

(1)铁路、机场、公路、运动场、公园绿地排水；

(2)铁路路基、矿山尾坝、火电厂灰坝、垃圾填埋场排渗系统；

(3)隧道、挡土墙、路基、路面排水；

(4)低洼潮湿地等处的排水。

表 5—18　耐扁平率

扁平率	单　位	规　格							
		φ30	φ50	φ80	φ100	φ150	φ200	φ250	φ300
1%	kN,≥	0.08	0.1	0.18	0.4	0.78	1.0	1.2	1.4
2%	kN,≥	0.16	0.18	0.4	0.78	0.10	1.2	1.4	1.6
3%	kN,≥	0.35	0.37	0.78	1.2	1.4	1.7	1.8	1.9
4%	kN,≥	0.6	0.66	1.2	1.5	1.8	2.1	2.2	2.4
5%	kN,≥	1.0	1.1	1.5	1.8	2.0	3.2	2.6	3.0

表 5—19　主要技术性能指标

项　目	单　位	规　格							
软式透水管	(mm)	φ30	φ50	φ80	φ100	φ150	φ200	φ250	φ300
管糙		0.014	0.014	0.014	0.014	0.014	0.014	0.014	0.014
纵向抗拉强度	(kN/5cm)≥	1.0	1.0	1.0	1.0	1.0	1.0	1.0	1.0
纵向拉伸率	(%)≥	15	15	15	15	15	15	15	15
横向抗拉强度	(kN/5cm)≥	0.8	0.8	0.8	0.8	0.8	0.8	0.8	0.8
横向拉伸率	(%)≥	15	15	15	15	15	15	15	15
圆球顶破强度	(kN)≥	1.1	1.1	1.1	1.1	1.1	1.1	1.1	1.1
流量	$cm^3/s \cdot 10^{-3}$	0.180	0.440	1.672	3.032	8.839	19.252	32.906	50.201
渗透系数	(cm/s)≥	0.1	0.1	0.1	0.1	0.1	0.1	0.1	0.1
等效孔径	(mm)≥	0.06～0.2							

10. 袋装砂井

袋装砂井是以透水型土工织物长袋装砂，设置在软土地基中形成排水砂柱，以加速软土排水固结的地基处理方法。

袋装材料普遍采用聚丙烯编织，材料特点是具有足够的抗拉强度、耐腐蚀、便于制作、对人体无害、价格低廉，但抗老化性能差。其技术指标在无设计要求时，可参考以下指标：质量

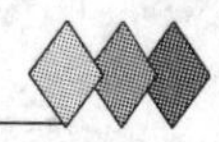

不小于95 g/m^2，条带抗拉强度大于750 N/5 cm，条带延伸率不大于25%，渗透系数大于5×10^{-3} cm/s，等效孔径O95采用0.05～0.2 mm。砂袋进场后应妥善存放，严禁砂袋长时间在阳光下曝晒。

检验数量：同一厂家、同一批号且连续进场的砂袋，每100 000 m为一批，当不足100 000 m时也按一批计。检验方法：查验每批产品出厂合格证、性能报告单，抽样检验砂袋原材料的规格、质量、条带拉伸强度、渗透系数、等效孔径。

砂子应保持干燥，不宜采用潮湿填料，以免袋内填料干燥后，体积减少，造成缩井。灌入砂袋的砂必须采用天然级配的风干中、粗砂，其含泥量不得大于3%。

11. 塑料盲沟

又称暗沟、暗渠等，它是将热塑性合成树脂加热溶化后通过喷咀挤压出纤维丝叠置在一起，并将其相接点熔接而成的三维立体多孔材料。产品有圆形及矩形断面等多种。并可根据要求以不同配方生产耐高温、阻燃、耐强酸碱、高弹性、高硬度等不同特性产品。

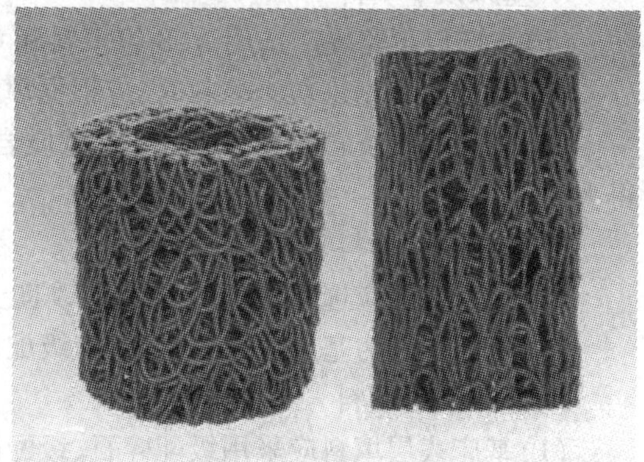

图　5—12

产品特点：塑料盲沟本身是同韧性的许多根改性塑料丝融结而成的，不存在被压断、毁坏的可能；250 kPa压力下，断面空隙率仍保持在60%以上，即便施加较大压力，始终存在通水空隙，仍有10%～15%的孔隙，且回复性好；塑料盲沟的表面平均开孔率达90%～95%，远远高于其他同类产品；能最有效的收集土壤中的渗水，并及时汇集排走；塑料盲沟由耐腐蚀纤维制成的滤膜和改性聚乙烯的三维立体网状组合，都具有在土中、水中永不降解的优点，加以抗老化配方，可保持永久性材质无变化的特点；塑料盲沟的滤膜可根据不同的土质情况选用，充分满足工程的需求，且避免了老产品滤膜单一的缺点；塑料盲沟的比重轻，现场施工安装十分方便，施工效率大大加快。见图5—12和表5—20。

工程应用：铁路、公路路基及路肩排水；挡土墙背面排水（垂直、水平排水）；隧道、地下通道排水；山坡、堤坡等坡面排水；软基处理水平排水；运动场、高尔夫球场、机场、公园等绿化地排水；堆煤场、垃圾填埋场、堆肥场等场地排水；减压工法的排水垫层；农业、园艺之地下灌溉排水系统；屋顶花园排水；污水处理的过滤材料。

表5—20　塑料盲沟的性能指标

项　目	长方形断面				圆形断面				
	MF0730	MF1435	MF1550	MF1235	MY60	MY80	MY100	MY150	MY200
外型（宽×厚 mm）	70×30	140×35	150×50	120×35	ϕ60	ϕ80	ϕ100	ϕ150	ϕ200
中空尺寸（宽×厚 mm）≥	40×10	40×10×2	40×20×2	40×10×2	ϕ25	ϕ45	ϕ55	ϕ80	ϕ120
重量（g/m）≥	350	650	750	600	400	750	1000	1800	2900

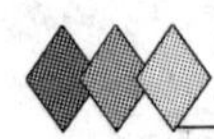

续上表

<table>
<tr><th colspan="2" rowspan="2">项　目</th><th colspan="4">长方形断面</th><th colspan="5">圆形断面</th></tr>
<tr><th>MF0730</th><th>MF1435</th><th>MF1550</th><th>MF1235</th><th>MY60</th><th>MY80</th><th>MY100</th><th>MY150</th><th>MY200</th></tr>
<tr><td colspan="2">空隙率(%)≥</td><td>82</td><td>82</td><td>85</td><td>82</td><td>82</td><td>82</td><td>84</td><td>85</td><td>85</td></tr>
<tr><td rowspan="4">抗压强度</td><td>扁平率 5%≥</td><td>60</td><td>80</td><td>50</td><td>70</td><td>80</td><td>85</td><td>80</td><td>40</td><td>50</td></tr>
<tr><td>扁平率 10%≥</td><td>110</td><td>120</td><td>70</td><td>110</td><td>160</td><td>170</td><td>140</td><td>75</td><td>70</td></tr>
<tr><td>扁平率 15%≥</td><td>150</td><td>160</td><td>125</td><td>130</td><td>200</td><td>220</td><td>180</td><td>100</td><td>90</td></tr>
<tr><td>扁平率 20%≥</td><td>190</td><td>190</td><td>160</td><td>180</td><td>250</td><td>280</td><td>220</td><td>125</td><td>120</td></tr>
</table>

二、路基基床

(一)路基填料

1. 基床以下填料

(1)基床以下路堤应选用 A、B 组填料和 C 组碎石类、砾石类填料。

(2)当选用 C 组细粒土填料时,应根据填料性质进行改良。

(3)当选用硬质岩石及不易风化的软质岩的碎石时,应级配较好,块石类填料的粒径不得大于 15 cm。

2. 基床底层填料

(1)基床底层应选用 A、B 组填料或改良土。

(2)碎石类作为基床底层填料时,应级配良好,其粒径不应大于 10 cm。

3. 基床表层填料

(1)基床表层填料应采用级配碎石、级配砂砾石和沥青混凝土。

(2)采用级配碎石时,碎石粒径、级配及材料性能应符合铁道部现行《客运专线基床表层级配碎石暂行技术条件》的有关规定。

4. 压实质量控制

有砟轨道检测标准 K_{30}、K、n;无砟轨道检测标准 K_{30}、K、n、E_{v2}。

路基填料分组见表 5—21。

表 5—21　路基填料分组

<table>
<tr><th colspan="6">一级定名</th><th colspan="3">二级定名</th><th rowspan="2">填料分组</th></tr>
<tr><th colspan="3">类　别</th><th colspan="2">名　称</th><th>说　明</th><th>细粒含量</th><th>颗粒级配</th><th>名　称</th></tr>
<tr><td rowspan="5">巨粒土</td><td rowspan="5">碎石类土</td><td rowspan="5">块石类</td><td rowspan="5">块石土</td><td>硬块石土</td><td>粒径大于 200 mm 颗粒的质量超过总质量的 50%(不易风化,尖棱状为主)</td><td>–</td><td>–</td><td>硬块石</td><td>A</td></tr>
<tr><td rowspan="4">软块石土</td><td rowspan="4">粒径大于 200 mm 颗粒的质量超过总质量的 50%(易风化,尖棱状为主)</td><td rowspan="4">–</td><td rowspan="4">–</td><td>R_c>15 MPa 的不易风化软块石</td><td>A</td></tr>
<tr><td>R_c≤15 MPa 的不易风化的软块石</td><td>B</td></tr>
<tr><td>易风化的软块石</td><td>C</td></tr>
<tr><td>风化的软块石</td><td>D</td></tr>
</table>

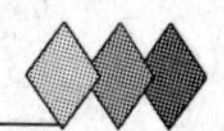

续上表

一级定名						二级定名			填料分组
类别			名称		说明	细粒含量	颗粒级配	名称	
巨粒土	碎石类土	块石类	漂石土		粒径大于 200 mm 颗粒的质量超过总质量的 50%（浑圆或圆棱状为主）	<5%	良好	级配好的漂石	A
							不良	级配不好的漂石	B
						5% ~15%	良好	级配好的含土漂石	A
							不良	级配不好的含土漂石	B
						15% ~30%	–	土质漂石	B
						>30%	–	土质漂石	C
		碎石类	卵石土		粒径大于 60 mm 颗粒的质量超过总质量的 50%（浑圆或圆棱状为主）	<5%	良好	级配好的卵石	A
							不良	级配不好的卵石	B
						5% ~15%	良好	级配好的含土卵石	A
							不良	级配不好的含土卵石	B
						15% ~30%	–	土质卵石	B
						>30%	–	土质卵石	C
			碎石土		粒径大于 60 mm 颗粒的质量超过总质量的 50%（尖棱状为主）	<5%	良好	级配好的碎石	A
							不良	级配不好的碎石	B
						5% ~15%	良好	级配好的含土碎石	A
							不良	级配不好的含土碎石	B
						15% ~30%	–	土质碎石	B
						>30%	–	土质碎石	C
粗粒土		砾石类	粗砾土	粗圆砾土	粒径大于 20 mm 颗粒的质量超过总质量的 50%（浑圆或圆棱状为主）	<5%	良好	级配好的粗圆砾	A
							不良	级配不好的粗圆砾	B
						5% ~15%	良好	级配好的含土粗圆砾	A
							不良	级配不好的含土粗圆砾	B
						15% ~30%	–	土质粗圆砾	B
						>30%	–	土质粗圆砾	C
				粗角砾土	粒径大于 20 mm 颗粒的质量超过总质量的 50%（尖棱状为主）	<5%	良好	级配好的粗角砾	A
							不良	级配不好的粗角砾	B
						5% ~15%	良好	级配好的含土粗角砾	A
							不良	级配不好的含土粗角砾	B
						15% ~30%	–	土质粗角砾	B
						>30%	–	土质粗角砾	C
			细砾土	细圆砾土	粒径大于 2 mm 颗粒的质量超过总质量的 50%（浑圆或圆棱状为主）	<5%	良好	级配好的细圆砾	A
							不良	级配不好的细圆砾	B
						5% ~15%	良好	级配好的含土细圆砾	A
							不良	级配不好的含土细圆砾	B
						15% ~30%	–	土质细圆砾	B
						>30%	–	土质细圆砾	C

续上表

<table>
<tr><th colspan="6">一级定名</th><th colspan="3">二级定名</th><th rowspan="2">填料分组</th></tr>
<tr><th colspan="2">类　别</th><th colspan="3">名　称</th><th>说　　明</th><th>细粒含量</th><th>颗粒级配</th><th>名　　称</th></tr>
<tr><td rowspan="25">粗粒土</td><td rowspan="6">碎石类土</td><td rowspan="6">砾石类</td><td rowspan="6">细砾土</td><td rowspan="6">细角砾土</td><td rowspan="6">粒径大于 2 mm 颗粒的质量超过总质量的 50%（尖棱状为主）</td><td rowspan="2"><5%</td><td>良好</td><td>级配好的细角砾</td><td>A</td></tr>
<tr><td>不良</td><td>级配不好的细角砾</td><td>B</td></tr>
<tr><td rowspan="2">5% ~15%</td><td>良好</td><td>级配好的含土细角砾</td><td>A</td></tr>
<tr><td>不良</td><td>级配不好的含土细角砾</td><td>B</td></tr>
<tr><td>15% ~30%</td><td>–</td><td>土质细角砾</td><td>B</td></tr>
<tr><td>>30%</td><td>–</td><td>土质细角砾</td><td>C</td></tr>
<tr><td rowspan="19">砂类土</td><td colspan="3" rowspan="5">砾砂</td><td rowspan="5">粒径大于 2 mm 颗粒的质量超过总质量的 25% ~50%</td><td rowspan="2"><5%</td><td>良好</td><td>级配好的砾砂</td><td>A</td></tr>
<tr><td>不良</td><td>级配不好的砾砂</td><td>B</td></tr>
<tr><td rowspan="2">5% ~15%</td><td>良好</td><td>级配好的含土砾砂</td><td>A</td></tr>
<tr><td>不良</td><td>级配不好的含土砾砂</td><td>B</td></tr>
<tr><td>>15%</td><td>–</td><td>土质砾砂</td><td>B</td></tr>
<tr><td colspan="3" rowspan="5">粗砂</td><td rowspan="5">粒径大于 0.5 mm 颗粒的质量超过总质量的 50%</td><td rowspan="2"><5%</td><td>良好</td><td>级配好的粗砂</td><td>A</td></tr>
<tr><td>不良</td><td>级配不好的粗砂</td><td>B</td></tr>
<tr><td rowspan="2">5% ~15%</td><td>良好</td><td>级配好的含土粗砂</td><td>A</td></tr>
<tr><td>不良</td><td>级配不好的含土粗砂</td><td>B</td></tr>
<tr><td>>15%</td><td>–</td><td>土质粗砂</td><td>B</td></tr>
<tr><td colspan="3" rowspan="5">中砂</td><td rowspan="5">粒径大于 0.25 mm 颗粒的质量超过总质量的 50%</td><td rowspan="2"><5%</td><td>良好</td><td>级配好的中砂</td><td>A</td></tr>
<tr><td>不良</td><td>级配不好的中砂</td><td>B</td></tr>
<tr><td rowspan="2">5% ~15%</td><td>良好</td><td>级配好的含土中砂</td><td>A</td></tr>
<tr><td>不良</td><td>级配不好的含土中砂</td><td>B</td></tr>
<tr><td>>15%</td><td>–</td><td>土质中砂</td><td>B</td></tr>
<tr><td colspan="3" rowspan="3">细砂</td><td rowspan="3">粒径大于 0.075 mm 颗粒的质量超过总质量的 85%</td><td rowspan="2"><5%</td><td>良好</td><td>级配好的细砂</td><td>B</td></tr>
<tr><td>不良</td><td>级配不好的细砂</td><td>C</td></tr>
<tr><td>5% ~15%</td><td>–</td><td>含土细砂</td><td>C</td></tr>
<tr><td colspan="3">粉砂</td><td>粒径大于 0.075 mm 颗粒的质量超过总质量的 50%</td><td>–</td><td>–</td><td>粉砂</td><td>C</td></tr>
</table>

<table>
<tr><th colspan="4">一　级　定　名</th><th colspan="3">二　级　定　名</th><th rowspan="2">填料分组</th></tr>
<tr><th colspan="4">土　名</th><th>液限含水率 W_L</th><th>土　名</th><th>塑　性　图</th></tr>
<tr><td rowspan="7">细粒土</td><td rowspan="2">粉土</td><td colspan="2" rowspan="2">$I_p \leq 10$，且粒径大于 0.075 mm 颗粒的质量不超过全部质量的 50% 的土</td><td>$W_L < 40\%$</td><td>低液限粉土</td><td rowspan="6">塑性指数 I_p / 液限 W_L(%)
B 线：$W_L=40$
A 线：$I_p=0.63(W_L-20)$
D 线：$I_p=17$
C 线：$I_p=10$
CL　CH　ML　MH
0　10　20　30　40；10　20　30　40　50　60　70　80</td><td>C</td></tr>
<tr><td>$W_L \geq 40\%$</td><td>高液限粉土</td><td>D</td></tr>
<tr><td rowspan="4">黏性土</td><td rowspan="2">粉质黏土</td><td rowspan="2">$10 < I_p \leq 17$</td><td>$W_L < 40\%$</td><td>低液限粉质黏土</td><td>C</td></tr>
<tr><td>$W_L \geq 40\%$</td><td>高液限粉质黏土</td><td>D</td></tr>
<tr><td rowspan="2">黏土</td><td rowspan="2">$I_p > 17$</td><td>$W_L < 40\%$</td><td>低液限黏土</td><td>C</td></tr>
<tr><td>$W_L \geq 40\%$</td><td>高液限黏土</td><td>D</td></tr>
<tr><td colspan="3">有机土</td><td colspan="3">有机质含量大于 5%</td><td>E</td></tr>
</table>

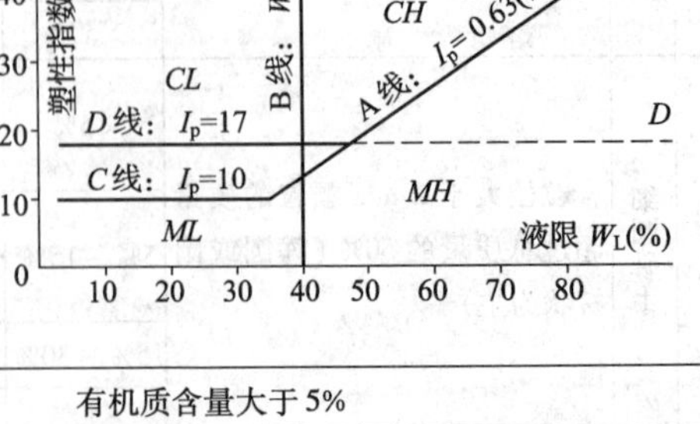

(二)改良土

(1)石灰改良土:石灰应选用钙质生石灰或消解石灰,其指标应达到合格标准。土中硫酸盐含量应小于0.8%,有机质含量应小于10%。

(2)水泥改良土:掺入水泥时,其初凝时间应大于3 h,终凝时间宜大于6 h。土中硫酸盐含量应小于0.25%。

(3)化学改良土:当掺加其他化学类固化剂改良时应符合设计要求,改良剂剂量允许偏差为试验配合比的-0.5%~+1.0%。化学改良土应色泽均匀,无灰条、灰团。

(三)级配碎石

采用级配砂砾石时,应符合下列要求:

(1)颗粒的粒径、级配应符合表5—22规定。

表5—22 砂砾石级配范围

级配编号	通过筛孔(mm)重量百分率(%)									
	60	50	40	30	20	10	5	2	0.5	0.075
1	100~97	100~95	99~90	90~84	94~76	85~65	77~54	67~40	51~23	23~3
2	——	100	100~90	93~80	85~65	70~45	55~30	35~15	20~10	10~4
3	——	——	100	100~90	95~75	70~50	55~30	30~15	20~10	10~4
4	——	——	——	100	100~85	80~60	50~30	30~15	20~10	10~4

(2)级配曲线应接近圆顺,某种尺寸的颗粒不应过多或过少。

(3)颗粒中细长及扁平颗粒含量不应大于20%;黏土团及有机物含量不应超过2%。

(4)粒径小于0.5 mm细集料的液限应小于25%,其塑性指数应小于6。

(四)石 灰

石灰石原料中常含有一些碳酸镁等杂质成分,在煅烧过程中将分解为氧化镁,所以生石灰中含有一定量的氧化镁杂质。按照氧化镁含量的多少,石灰分为钙质石灰(氧化镁含量小于5%)和镁质石灰。根据石灰产品的加工方法,建筑石灰有以下四个品种,其指标见表5—23~表5—26。

(1)块状生石灰。由石灰石煅烧生成的白色疏松结构的块状物,主要成分为CaO。

(2)生石灰粉。由块状生石灰磨细而成,主要成分为CaO。

(3)消石灰粉(也叫熟石灰)。将生石灰用适量的水经消化和干燥制成的粉末,主要成分为$Ca(OH)_2$。

(4)石灰膏。将块状生石灰用过量水(约为生石灰体积的3到4倍)消化,或将消石灰粉与水拌合,所得具有一定稠度的膏状物,主要成分为$Ca(OH)_2$和水。

石灰石中通常含有一些熔点较低的粘土杂质,煅烧温度过高时,这些杂质成分将发生熔融,流入CaO晶粒的孔隙内或包裹在表面形成釉质物,阻碍石灰与水的直接接触,也会极大地降低生石灰的活性。这种在过高温度下煅烧得到的结构比较密实、晶粒粗大、比表面积小、活性较低的石灰称为“过火石灰”。过火石灰的水化反应极慢,通常要在正常的石灰浆体水化结束、硬化后才发生水化作用,产生热量并膨胀,使石灰硬化体因膨胀而引起崩裂或隆起而导致破坏。所以在使用生石灰时,为了避免存在过火石灰的危险,可将生石灰放入储

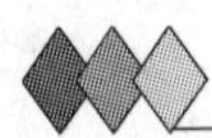

灰池中加水"陈伏"两周以上,使其中的过火石灰有充分时间与水反应,可避免危害,但"陈伏"过程较长,需要建专用的储灰池,并且造成危险。所以这种做法已经不常用,而是将块状生石灰磨细,制成生石灰粉,由于生石灰粉颗粒很细,与水接触的面积大,有利于石灰与水很快进行水化反应,则可避免过火石灰的危害。但是生石灰磨细后不易储存,容易吸收空气中的水分和二氧化碳,生成碳酸钙而失去胶凝性,最好是随磨随用。在煅烧时要控制温度不可过高,尽量减少过火石灰的生成量。

如果煅烧温度过低,则石灰产品中将含有较多的"欠烧石灰",即尚未分解的石灰石,它不能产生水化反应,降低石灰浆体的有效成分。

表 5—23　钙质石灰和镁质石灰分类界限(%)

类　别	生石灰	生石灰粉	消石灰粉
钙质石灰	≤5	≤5	<4
镁质石灰	>5	>5	≥4

表 5—24　生石灰技术指标

项　目	钙质生石灰(≤)			镁质生石灰(≤)		
	优等品	一等品	合格品	优等品	一等品	合格品
(CaO + MgO)含量(%)	90	85	80	85	80	75
未消解残渣含量(5 mm 圆孔筛筛余量)(%)	5	10	15	5	10	15
二氧化碳含量(%)	5	7	9	6	8	10
产浆量(L/kg)	2.8	2.3	2.0	2.8	2.3	2.0

表 5—25　生石灰粉技术指标

项　目		钙质生石灰(≤)			镁质生石灰(≤)		
		优等品	一等品	优等品	一等品	优等品	一等品
(CaO + MgO)含量(%)		85	80	75	80	75	70
二氧化碳含量(%)		7	9	11	8	10	12
细度	0.9 mm 筛筛余(%)	0.2	0.5	1.5	0.2	0.5	1.5
	0.125 mm 筛筛余(%)	7.0	12.0	18.0	7.0	12.0	18.0

表 5—26　消石灰粉技术指标

项　目		钙质生石灰				镁质生石灰	
		优等品	一等品	优等品	一等品	优等品	一等品
(CaO + MgO)含量(%)≤		70	65	60	65	60	55
游离水(%)		0.4~2.0					
体积安定性		合格		合格			
细度	0.9 mm 筛筛余(%)≤	0	0	0.5	0	0	0.5
	0.125 mm 筛筛余(%)≤	3	10	15	3	10	15

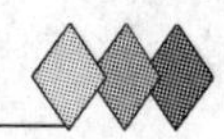

(五)沥　　青

最常用的沥青是石油沥青,此外还有煤沥青、乳化沥青、改性沥青也应用于道路工程中。

1. 石油沥青

炼油厂将原油分馏而提取汽油、煤油、柴油和润滑油等石油产品后所剩残渣,再进行加工可制得各种不同的石油沥青,石油沥青按用途分类:

(1)道路石油沥青。主要含直馏沥青,是石油蒸馏后的残留物或残留物氧化而得的产品。

(2)建筑石油沥青。主要含氧化沥青,是原油蒸馏后的重油经氧化而得的产品。

(3)普通石油沥青。主要含蜡基沥青,它一般不能直接使用,要掺配或调和后才能使用。

道路石油沥青按针入度划分为 160 号、130 号、110 号、90 号、70 号、50 号、30 号 7 个标号,同时对各标号沥青的延度、软化点、闪点、含蜡量、薄膜加热试验等技术指标也提出相应的要求。

2. 煤沥青

煤沥青是由煤干馏的产品。根据煤干馏的温度不同而分为高温煤焦油(700 ℃以上)和低温煤焦油(450 ℃ ~700 ℃)两类。路用煤沥青主要是由炼焦或制造煤气得到的高温焦油加工而得。以高温焦油为原料可获得数量较多且质量较佳的煤沥青。而低温焦油则相反,获得的煤沥青数量较少,且往往质量也不稳定。见表 5—27。

表 5—27　石油沥青和煤沥青的简易鉴别方法

鉴别方法	石油沥青	煤沥青
密　　度	接近 1.0	1.25 ~ 1.28
燃　　烧	烟少,无色,有松香味,无毒	烟多,黄色,臭味大,有毒
气　　味	常温下无刺激性气味	常温下有刺激性臭味
颜　　色	呈辉亮褐色	浓黑色
溶解试验	可溶于汽油或煤油	难溶于汽油或煤油
锤　　击	韧性较好,不易碎	韧性差,较脆
大气稳定性	较高	较低
抗腐蚀性	差	强

3. 乳化沥青

乳化沥青是将粘稠沥青加热至流动状态,经机械力的作用而形成微滴(粒径为 2 ~5 μm)分散在有乳化剂 - 稳定剂的水中,由于乳化剂—稳定剂的作用而形成均匀稳定的乳状液,又称沥青乳液,简称乳液。

4. 改型沥青

改性沥青是指掺加橡胶、树脂、高分子聚合物、磨细的橡胶粉或其他填料等外掺剂(改性剂)或采用对沥青轻度氧化加工等措施,使沥青的性能得以改善而制成的沥青结合料。道路改性沥青一般是指聚合物改性沥青,按照改性剂的不同,一般分为以下几类:

(1)热塑性树脂类改性沥青:主要改性剂有聚乙烯(PE)、聚丙烯(PP)、聚氯乙烯(PVC)、聚苯乙烯(PS)和乙烯 - 乙酸乙烯酯共聚物(EVA),这一类热塑性树脂类的共同特点是加热后软化,冷却时变硬。具有较好的高温稳定性,但对低温抗裂性不利。

(2)橡胶类改性沥青:通常称为橡胶沥青,使用最多的是丁苯橡胶(SBR)和氯丁橡胶(CR)。SBR也是世界上最早出现并广泛应用沥青的改性沥青品种,CR具有极性,常掺入煤沥青使用。橡胶沥青主要改善低温性能与疲劳性能,对高温性改善较少。

(3)热塑性橡胶类改性沥青:具有树脂类与橡胶类特性,既能改善沥青高温稳定性又能有效改变低温抗裂及疲劳性能,主要产品有苯乙烯-丁二烯-苯乙烯嵌段共聚物(SBS)、苯乙烯-异戊二烯-苯乙烯(SIS),苯乙烯-聚乙烯/丁基-聚乙烯(SE/BS)。其中SBS常用于路面沥青混合料,SIS主要用于热熔粘结料,SE/BS主要用于抗氧化、抗高温变形要求高的道路。SBS是目前世界各国道路改性沥青使用最多的改性剂。

(六)塑料波纹管

塑料波纹管在结构设计上采用特殊的"环形槽"式异形断面形式,这种管材设计新颖、结构合理,突破了普通管材的"板式"传统结构,使管材具有足够的抗压和抗冲击强度,又具有良好的柔韧性。根据成型方法的不同可分为单壁波纹管、双壁波纹管。

1. 塑料波纹管的特点

(1)刚柔兼备,既具有足够的力学性能的同时,兼备优异的柔韧性;

(2)与板式管材相比,单位长度的波纹管具有质量轻、省材料、降能耗、价格便宜等优点;

(3)内壁光滑的波纹管能减少液体在管内流动阻力,进一步提高输送能力;

(4)耐化学腐蚀性强,可承受土壤中酸碱的影响;

(5)波纹形状能加强管道对土壤的负荷抵抗力,又不增加它的曲挠性,以便于连续敷设在凹凸不平的地面上;

(6)接口方便且密封性能好,搬运容易,安装方便,减轻劳动强度,缩短工期;

(7)使用温度范围宽、阻燃、自熄、使用安全;

(8)电气绝缘性能好,是电线套管的理想材料。

2. 波纹管在客专施工中应用

(1)用做穿电线的电线套管;

(2)打孔波纹管(在罐体凹陷处打出设计密度的透水孔)替代塑料盲沟或软式透水管,可以满足对土壤承载强度的要求。

3. 作为电线套管的PVC波纹管(PVC波纹电线管)

(1)标记举例:BVG-20B表示B系列工程尺寸为20 mm的聚氯乙烯塑料波纹电线管。

(2)PVC波纹电线管A系列股规格尺寸(mm)(表5—28)

表 5—28

公称尺寸	外径		最小内径	每卷长度
	基本尺寸	极限偏差		
9	14	±0.3	9.2	≥100
10	16	±0.3	10.7	≥100
15	20	±0.4	14.1	≥100
20	25	±0.4	18.3	≥50
25	30/32	±0.4	24.3	≥50

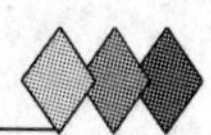

续上表

公称尺寸	外　径		最小内径	每卷长度
	基本尺寸	极限偏差		
32	40	±0.4	31.2	≥50
40	50	±0.5	39.6	≥25
50	63	±0.6	50.6	≥15

(3)PVC 波纹电线管 B 系列股规格尺寸(mm)(表 5—29)

表　5—29

公称尺寸	外　径		最小内径	每卷长度
	基本尺寸	极限偏差		
9	13.8	±0.10	9.3	≥100
10	15.8	±0.10	10.3	≥100
15	18.7	±0.10	13.8	≥100
20	21.2	±0.15	16.0	≥50
25	28.5	±0.15	22.7	≥50
32	34.5	±0.16	28.4	≥50
40	45.5	±0.20	35.6	≥25
50	54.5	±0.20	46.9	≥15

(4)PVC 波纹电线管的力学性能(表 5—30)

表　5—30

检　测　项　目		指　　标
扁平试验	管径变化率	≤25%
	管径弹性复原变化率	≤10%
热变性		塞规自重通过
常温弯曲		塞规自重通过,无裂缝
低温弯曲		塞规自重通过,无裂缝
低温冲击		合格
氧指数		≥30%
耐电压(2KV,15 min)		不击穿

(5)PVC 波纹电线管外观检测要求

① 内外壁光滑、波纹完整,无裂缝、孔眼、气泡、颜色不均、明显杂志和分解变色线。

② 每卷长度大于或等于 50 m 时,允许有 3 个断头,小于 50 m 时,允许有 2 个断头,最短管段不小于 10 m。

4. 用于盲沟的 PVC－U 双壁波纹管

(1)标记示例:SBG－110S1　GB/T 18477 表示符合国标 GB/T 18477 环刚度为 S1 级,

公称外径为 110 mm 的双壁波纹管。

(2)管材的力学性能

① 管材的环刚度分级(表 5—31)

表 5—31

级　别	S0	S1	S2	S3
环刚度(kN/m^2)	≥2	≥4	≥8	≥16

② 其他力学指标(表 5—32)

表 5—32

冲击强度	TIR≤10%
环柔性	试样圆滑,无反向弯曲,无破裂,两壁无脱开
二氯甲烷浸泡	内外壁无分离,内外表面变化不劣于 4 L
烘箱试验	无分层,无开裂
蠕 变 率	≤2.5

(3)管材的规格尺寸要求(mm)(表 5—33)

表 5—33

公称外径	110	125	140	160	180	200
最小平均外径	109.4	124.3	139.2	159.1	179.0	198.8
最大平均外径	110.4	125.4	140.5	160.5	180.6	200.6
最小平均内径	97	107	118	135	155	172
最小壁厚	1.0	1.1	1.2	1.2	1.3	1.4
最小承口平均内径	110.4	125.4	140.5	160.5	180.6	200.6
最小承口平均深度	32	35	39	42	46	50
最小插口长度	60	67	73	81	93	99
最小承口壁厚	2.2	2.2	2.4	2.4	2.7	3.0

(4)管材的外观检测要求

① 管材外壁不允许有气泡、砂眼、明显的杂质和不规则波纹,内壁光滑平整。管材两端平整且与轴线垂直。

② 管材的有效长度不允许负公差。

5. 高密度聚乙烯(HDPE)打孔波纹管

高密度聚乙烯波纹排水盲管是由高密度聚乙烯(HDPE)添加其他助剂而形成的外型呈波纹状的新型渗排水塑料管材,分为单、双壁打孔波纹管,具有重量轻、承受压力强、弯曲性能优良、便于施工等优点。由于该产品的管孔在波谷中且为长条形,有效的克服了平面圆孔产品易被堵塞而影响排水效果的弊端。针对不同的排水要求,管孔的大小可为 10 mm × 1 mm ~ 30 mm × 3 mm,并且可以在 360 度、270 度、180 度和 90 度等范围内均匀分布,广泛用于铁路路基、地铁工程、废弃物填埋场、隧道、绿化带及含水量偏高引起的边坡防护等排水领域。见图 5—13 和表 5—34。

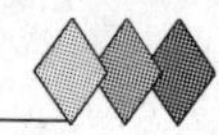

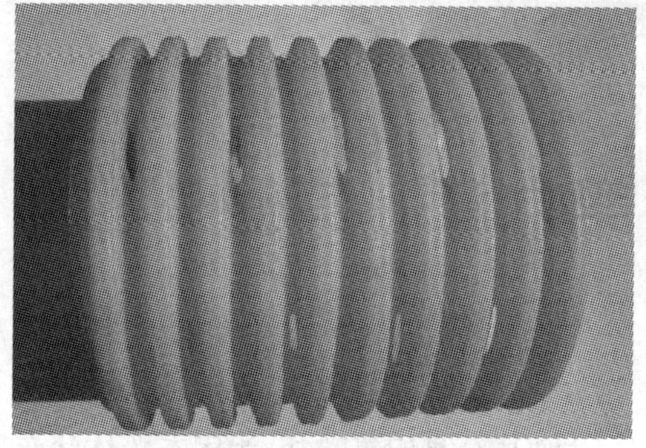

图 5—13　用作盲沟的打孔波纹管

表 5—34　HDPE 打孔波纹管主要规格

品　　名	单壁打孔波纹管		双壁打孔波纹管					
规格(外径)	50	75	110	116	160	200	250	400

第六章　其他外加剂

一、速 凝 剂

1. 速凝剂的分类

(1)铝氧酸盐速凝剂。主要成分是铝氧酸盐,为固态粉体状产品。碱含量高,对抑制碱骨料反应极为不利,对混凝土后期强度影响大;污染环境,对人体有腐蚀作用。在客运专线隧道施工中限制使用。

(2)水玻璃类速凝剂。主要成分为硅酸钠。凝结快,早期强度高,抗渗性好,可低温施工,但是可增大混凝土收缩。

(3)新型无机低碱速凝剂。低碱或无碱,对混凝土后期强度无影响。

(4)新型复合液态速凝剂。包括无机盐和有机稀释剂复合型、无机速凝剂和有机速凝剂复合型以及以水溶性树脂为主要成分的低碱有机速凝剂。这种速凝剂低碱或无碱,液态环保,它代表了速凝剂的发展方向。

2. 施工要点

(1)客运专线隧道喷射混凝土施工中一般选用低碱或无碱液态速凝剂,限制使用粉体速凝剂。

(2)速凝剂掺量随温度升高,可适当减小。

(3)更换水泥时,要对速凝剂进行适应性试验。

(4)掺加速凝剂的混凝土,干燥收缩加大,应加强湿养护。

(5)掺加速凝剂的混凝土,后期强度降低,宜复合使用减水剂,减低水灰比,弥补强度损失。

(6)客专隧道喷射混凝土凝结时间要求为初凝不大于5 min,终凝不大于10 min。

二、防 水 剂

1. 技术指标

(1)均质性指标(表6—1)

表 6—1

试验项目	指　　标
含固量	液体防水剂≤3%
含水量	粉体防水剂≤5%
总碱量($Na_2O+0.658K_2O$)	≤5%
密度	液态防水剂应在生产厂家控制值的±0.02g/ cm^{3}之内
氯离子含量	≤5%
细度(0.315 mm筛)	筛余<15%

(2)受检砂浆的均质性指标(表6—2)

表 6—2

试验项目		性能指标	
		一等品	合格品
净浆安定性		合格	合格
凝结时间	初凝(min)≥	45	45
	终凝(h)≤	10	10
抗压强度比(%)	7 d≥	100	85
	28 d≥	90	80
透水压力比(%)≥		300	200
48 h吸水量比(%)≤		65	75
28 d收缩率比≤		125	135
对钢筋的锈蚀作用		应说明对钢筋有无锈蚀作用	

(3)受检混凝土均质性指标(表6—3)

表 6—3

试验项目		性能指标	
		一等品	合格品
净浆安定性		合格	合格
泌水率比(%)≤		50	70
凝结时间差(min)	初凝≥	-90	
	终凝≥	—	
抗压强度比(%)	3 d≥	100	90
	7 d≥	110	100
	28 d≥	100	90
渗透高度比(%)≤		30	40
48 h吸水量比(%)≤		65	75
28 d收缩率比≤		125	135
对钢筋的锈蚀作用		应说明对钢筋有无锈蚀作用	

2. 防水剂的种类

(1)氯化钙防水剂。早期抗渗效果较好,但后期抗渗性会下降;氯化钙对钢筋有锈蚀作用,客运专线禁止使用。

(2)氯化铁防水剂。在钢筋周围生成氢氧化铁胶膜可以起到阻锈作用,多用于地下及水下工程。对于预应力混凝土及接触直流电源的工程禁止使用。

(3)三氯化铝防水剂。掺加三氯化铝防水剂的水泥浆有一定的膨胀性,主要用于防水堵漏。

(4)水玻璃防水剂。防水效果不太明显。

(5)硅质(SiO_2)防水剂。硅灰等硅质粉末活性高,可大大改善混凝土长期抗渗性。

(6)醇类防水剂。适用于防水砂浆,用于工期紧、要求早强、抗渗性高的工程。

(7)皂类防水剂。多用于墙壁、屋面、地面、地下室等工程。

(8)乳液类防水剂。引气量大,需要与消泡剂复合使用。

(9)有机硅防水剂。有机硅防水剂有透气、无色、防污染等优点,应用广泛,但要注意有机防水剂会增加混凝土的含气量。

(10)复合型防水剂。有机材料与无机材料复合型可以作用互补,综合利用减水、引气、膨胀、憎水和密实等多种措施,用途十分广泛。

3. 施工要点

(1)添加防水剂的防水混凝土应该选用普通硅酸盐水泥。

(2)应该严格控制防水剂的掺量,超量掺加的防水剂会锈蚀钢筋,影响混凝土强度,甚至降低防水效果。

(3)有机防水剂在制备和使用时要求搅拌均匀。氯化物防水剂使用前应该用水稀释。

(4)粉体防水剂要密封保存,聚合物乳液要注意防冻。

三、防 冻 剂

1. 防冻剂的分类

(1)氯化纳和氯化钙

氯化纳和氯化钙复合使用能起到较好的防冻效果。但是由于氯盐锈蚀钢筋,客专工程应该限制使用。

(2)碳酸盐

碳酸盐防冻剂可以使混凝土在 -25 ℃以下硬化,但是由于它是速凝性防冻剂,凝结速度快,后期强度损失大,需要添加缓凝剂调节凝结时间。

(3)亚硝酸盐

能使混凝土在 -5 ℃ ~ -15 ℃下硬化。但是亚硝酸盐有毒,与有机物接触容易燃烧和爆炸,应慎重使用。

(4)硝酸钙

防冻效果较好,而且无毒。但是掺量大,早强性能降低较多,常复合速凝剂使用。

(5)复合防冻剂

复合防冻剂效果好于单组分防冻剂,甚至能将水的冰点降至 -50 ℃。

2. 施工要点

(1)不同防冻剂具有不同的使用条件,应根据不同的混凝土温度、环境温度和对混凝土强度的要求选择防冻剂的品种和掺量。

(2)氯盐会促使钢筋锈蚀,客专工程不要单独选用此类防冻剂。

(3)粉体防冻剂受潮结块后,不能直接使用,可磨碎过筛并检测合格后使用。

(4)由防冻剂与聚羧酸减水剂以及适量的引气剂组成的复合防冻剂能同时起到减水抗冻作用,还能减少早期强度损失。

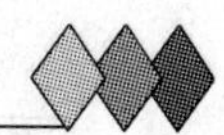

四、膨 胀 剂

1. 混凝土膨胀剂性能指标(见表6—4)

表　6—4

项　　目				指 标 值
化学成分	氧化镁(%)			≤5.0
	含水率(%)			≤3.0
	总碱量(%)			≤0.75
	氯离子(%)			≤0.05
物理性能	细　度	比表面积(m^2/kg)		≥250
		0.08 mm筛筛余(%)		≤12
		1.25 mm筛筛余(%)		≤12
	凝结时间	初凝(min)		≥45
		终凝(h)		≤10
	限制膨胀剂	水中	7 d	≥0.025
			28 d	≤0.10
		空气中	21 d	≥ -0.020
	抗压强度(MPa)	≥7 d		≥25.0
		≥28 d		≥45.0
	抗压强度(MPa)	≥7 d		≥4.5
		≥28 d		≥6.5

注:1. 细度用比表面积和1.25 mm筛筛余或0.08 mm筛筛余和1.25 mm筛筛余表示,仲裁检验用比表面积和1.25 mm筛筛余;

2. 本表引自《混凝土膨胀剂》(JC 476—2001)。

2. 膨胀剂不适宜用于以下工程

由于国际、国内的权威实验研究都证明钙矾石在温度高于70 ℃时会分解、接近比较温限膨胀能力已很小;缺少大量水分的环境,钙矾石无法生成、内部硫酸盐无法释放。因此:

(1)含硫铝酸钙类、硫铝酸钙－氧化钙类膨胀剂不得用于长期环境温度高于80 ℃的工程。

(2)膨胀剂不用于厚度2 m以上的混凝土结构、慎用于厚度1 m以上的大体积混凝土。

(3)膨胀剂不适用于温差大的结构如楼板、屋面等。必要使用时则要采取相应构造措施。

(4)膨胀剂必须在潮湿环境下应用,此时膨胀源才能不断形成并不断补偿水泥石的收缩。但含氧化钙类膨胀剂不得用于海水工程。

3. 施工要点

(1)为了保证收缩补偿效果,必须确保膨胀剂掺量的准确性。

(2)粉体膨胀剂投入的混凝土,应该延长拌合时间30 s,以提高其匀质性。

(3)膨胀混凝土要充分进行湿养。

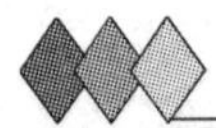

(4)计划浇筑区间内应连续浇筑混凝土,不易中断,浇筑间隔不得超过混凝土初凝时间。

五、脱 模 剂

客运专线在预制梁、现浇梁、墩台帽施工使用模板时,都要使用适当的脱模剂。脱模剂种类繁多,选好适宜的脱模剂,对产品外观和质量都十分重要。

1. 脱模剂的种类

(1)乳化机油(皂类脱模剂)。主要原料为动植物油和机油。可用于木模和地模,在钢模板使用效果不佳,目前很少使用。

(2)矿物油类脱模剂。主要原料为石油产品的机油、润滑油和废机油。污染混凝土表面,影响混凝土外观,地面工程不宜使用。

(3)水质脱模剂。主要成分为皂角、海藻酸钠、滑石粉、脂肪酸皂。常用于涂刷钢模,无表面污染。但是需要一次一涂,耐雨水淋湿能力差,负温下易冻结,冬季需谨慎使用。

(4)乳化油类脱模剂。主要材料是乳化机油、脂肪酸、煤油。脱模效果好,混凝土表面光洁,使用广泛,但是贮存稳定性和耐雨水淋湿能力差。

(5)固体脱模剂。主要材料是生石灰和黏土。脱模后表面粗糙,通常只应用于隐蔽工程。

(6)聚合物长效脱模剂。主要材料为甲基硅树脂、环氧树脂和不饱和树脂。脱模效果好,可多次使用,清模困难。

(7)溶剂类脱模剂。主要材料为石蜡或金属皂。脱模效果好,耐雨水,耐低温,但成本较高,对混凝土表面有一定的污染,且不能用于蒸汽养护。

(8)化学活性脱模剂。主要成分为脂肪酸。脱模效果好,无污染,但是过量涂刷会引起混凝土表面起粉。国内较少使用。

(9)油漆类脱模剂。实际上是一种涂料,用红外加热技术脱模剂喷涂在模板表面形成一层漆膜,可使用30~50次。缺点是价格昂贵,局部修补困难。

(10)有机高分子脱模剂。原料为水溶性高分子成膜物质,成膜性能好,无色透明,混凝土表面光滑,无污染,价格低廉,可喷可涂,适用于各种模板。喷涂在混凝土表面还可做养护剂。

2. 脱模剂的选用

(1)金属模板宜选用有防锈工能的脱模剂;

(2)蒸养混凝土采用热稳定性好的脱模剂;

(3)大型桥梁构件采用吸附力小的脱模剂;

(4)现场泵送大体积混凝土用聚合物或油类脱模剂;

(5)表面要求较高的,不宜选用油类脱模剂;

(6)雨季施工选用油类或其他耐雨淋的脱模剂;

(7)冬季施工选用成膜快、贮存稳定的脱模剂。

3. 施工要点

(1)在保证脱模效果的前提下,脱模剂成膜越薄越好,钢模一般10~20 m^2/kg。

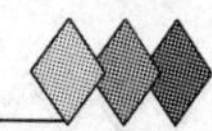

(2)大模板可用喷雾器喷涂,较黏稠的脱模剂用抹布、海绵等涂抹。不能把脱模剂涂到钢筋或其他金属预埋件上。

(3)使用前先进行除锈、表面清理。

(4)脱模剂涂刷后,干燥成膜前不能使用,不可受雨淋或水冲。干燥时间为 20 ~ 30 min。

(5)如果使用非油类脱模剂,模板长期不用时应涂机油防锈,使用前再做清油处理。

六、养 护 剂

混凝土养护剂是一种喷洒或涂刷在混凝土表面,能在混凝土表面形成密闭的养护薄膜的聚合高分子乳液,外观为透明或乳白色液体。

1. 适用范围

养护剂适用于大面积暴露混凝土的养护,如大型箱梁、机场跑道、公路、大坝、水渠、电厂烟囱、冷却塔等;适用于干旱、无水、炎热及有风的气候条件下混凝土的养护,以及构筑物立面等用传统方法无法实现潮湿养护的各种混凝土施工环境。

2. 技术指标(见表 6—5)

表 6—5　主要技术指标

检验项目		一级品	合格品
有效保水率(%)		≥90	≥75
抗压强度比(%)	7 d	95	90
	≥28 d	95	90
磨耗量(kg/m^2)		≤3.0	≤3.5
固含量		≥20	
干燥时间(h)		≤4	
成膜后水溶解性		注明溶或不溶	
成膜耐热性		合格	

3. 性能优点

(1)使用养护剂的混凝土具有良好的保水性,在 5 ℃ ~40 ℃条件下施工,喷洒养护剂的混凝土强度与盖草袋浇水养护的混凝土强度相同;

(2)使用养护剂养护的混凝土路面,表面耐磨性能提高 30% 左右;

(3)使用养护剂养护的混凝土路面,不影响其饰面工程;

(4)养护剂无毒、不燃、无腐蚀。

4. 施工要点

(1)养护剂喷洒的厚薄用每公斤溶液的喷洒面积来控制。喷洒面积过大则厚度太薄,影响混凝土强度;面积过小,则厚度大,造成浪费。一般每千克养护剂可喷涂混凝土表面 5 ~6 m^2,厂家有剂量说明的按照说明使用。

(2)施工时机宜为混凝土初凝和表面没有游离水之后;在裸露混凝土抹平压光表面无水渍时,或混凝土拆膜后即可喷涂养护剂。需要正确掌握喷洒时间,才能保证良好的养护效果。

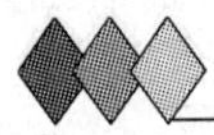

(3)喷洒养护剂可采用背包式喷雾器,最好用压力较大的涂料泵喷涂,相互垂直喷涂两遍,至表面均匀为止。两遍间隔时间夏季0.5 h,冬季3 h。

(4)养护剂在使用前若发现有少量絮状沉淀物,经摇匀后使用,一般不影响养护混凝土的效果。但是若出现严重分层、结块和絮凝,则应该停止使用。

(5)在下雨时不适合喷洒,但养护剂喷涂成膜后遇雨,则不影响养护效果。

(6)喷涂时,喷头距模板表面30 cm左右为宜,喷洒完毕后,应用清水将喷头、喷管等器材冲洗干净,以免再次使用时器材堵塞。

(7)冬季施工时,喷涂养护剂后应加强表面保温措施。

5. 养护剂主要品种

(1)水玻璃型。对混凝土表面无影响,但由于硅酸钠与水泥中氢氧化钙生成的硅酸钙收缩大,腹膜容易产生裂缝,所以保水性能能还不够好。

(2)乳液型。保水率在75%左右,但由于油脂膜污染混凝土表面,多用于表面不做装修的大面积构筑物上。

(3)树脂型。主要成份是过氯乙烯树脂,养护效果较好。

(4)复合型。这类产品由有机高分子材料与无机材料及表面活性剂渗透剂等多种助剂配制而成,综合了乳液型和树脂型两类产品的优点,依靠双重作用机理起到养护效果。

(5)非成膜型。与混凝土表面无化学反应,不影响后期装饰与防护。

6. 养护剂的选用

(1)外观要求较高时,不宜选用乳液型。

(2)冬季施工不宜选用水玻璃型。

(3)强日照条件下不宜选用透明型。

(4)吊装构件不宜选用腊膜类养护剂。

(5)垂直面结构物不宜选用附着力弱的养护剂。

第七章　综合接地系统

随着我国铁路电气化水平的不断提高以及各个客运专线的相继投入建设,列车运行速度越来越快,从而对铁路行车指挥的自动化和安全性提出了更高的要求。其中,实现铁路信号传输设备及沿线设施的可靠接地是实现安全控制的一个重要部分。

铁路综合贯通地线(以下简称贯通地线)用于铁路信号传输设备及沿线设施接地,其技术性能直接影响铁路信号传输设备、电气设备安全可靠运行和人身安全防护要求。目前我国贯通地线有铅护套贯通地线和导电塑料护套贯通地线两种。使用铅作贯通地线的防腐层,不仅在生产制造环节构成污染,更严重的是在贯通地线的敷设沿线造成对土壤和地下水的污染,所到之处即成为长达数十年之久的污染源。根据我国科研机构长达40年的科研调查表明:铅护套埋在土壤中8年,呈大面积斑点腐蚀,蚀孔小而深;局部腐蚀产物是白色粉末状 $PbCO_3$,对电缆不具保护性。

导电高分子塑料护套铁路综合贯通地线(以下简称环保地线)外护套使用的是导电塑料材料,既具有塑料的密度,又具有金属的导电性和塑料的可加工性,还具备金属和塑料所欠缺的化学和电化学性能。导电高分子塑料体积电阻率 $\rho_v \leqslant 0.7\ \Omega \cdot cm$,完全满足贯通地线的接地电阻要求。

导电高分子塑料具有良好的物理机械性能,其施工性能优于铅护套贯通地线,再加上优良的环保型能及与生俱来的抗腐蚀性使其理所当然地成为新型贯通地线护套材料的首选。

一、产品性能

1. 产品特性

(1)环保地线的使用环境温度范围为 -40 ℃ ~ +60 ℃,敷设环境温度不低于 -10 ℃。导体长期允许工作温度为 70 ℃ 。

(2)电缆的允许弯曲半径不小于电缆外径的20倍。

(3)环保地线的短路电流冲击性能,在承受25 kA、300 ms的短路电流冲击后,护套外表光滑圆整、无裂痕、无肉眼所见缺陷,外护套材料的体积电阻率保持不变。

(4)贯通地线具有良好的耐腐蚀性能和环保性能并且具有优异的耐磨和耐压性能。

(5)长期埋设的贯通地线外护套仍具有良好的导电性能。

(6)贯通地线适合于震动较为剧烈、使用条件较为恶劣的铁路运输环境。

2. 型号、规格及产品表示方法

(1)型号由以下部分组成,各部分用代号表示,见图7—1。

(2)各部分代号及代号含义应符合表7—1规定。

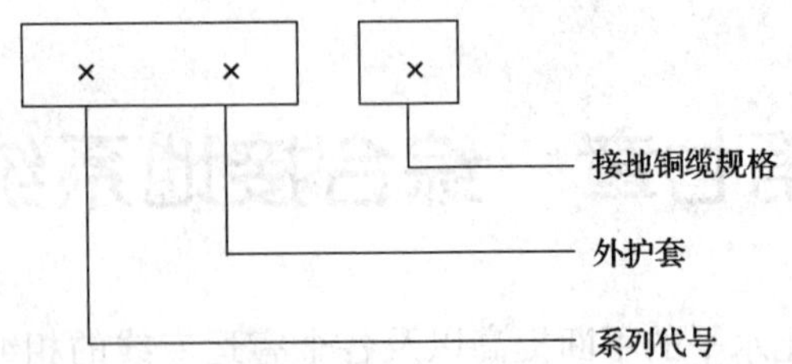

图 7—1

表 7—1

项目	代号	代号含义
系列代号	D	贯通地线
护套材料	HS	导电高分子塑料护套
	QJD	铅护套

(3)产品规格应符合表7—2规定。

表 7—2

项目名称	规格				
接地铜缆截面 (mm^2)	25	35	50	70	95

示例:70 mm^2 接地铜缆,环保导电塑料护套铁路综合贯通地线表示为:DHS 1×70。

(4)可根据设计需求生产不同型号规格环保导电塑料护套铁路综合贯通地线。

3. 技术要求与试验方法

(1)电缆的电气性能

环保型铁路综合贯通地线的电气性能及试验方法见表7—3。型式试验(T)、例行试验(R)的定义见GB/T 5441.1规定。

表 7—3

序号	项目		指标	单位	试验方法	换算公式	试验类型
1	导体直流电阻 20 ℃	25 mm^2	≤0.727	(Ω/km)	GB/T 3048.4	L/1000	T. R
		35 mm^2	≤0.524				
		50 mm^2	≤0.387				
		70 mm^2	≤0.268				
		95 mm^2	≤0.193				
2	材料体积电阻率	老化前	≤0.7	(Ω·cm)	GB/T 3048.3	—	T
		空气烘箱老化试验 100 ℃ 168 h					
3	导电高分子护套的体积电阻率		≤0.7	(Ω·cm)	—	—	T

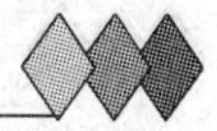

(2)导电塑料护套的机械物理性能应符合表7—4的规定。

表　7—4

序号	项　　目	单　　位	性能要求	试验方法
1	抗张强度	(N/mm^2)	≥10.0	GB/T 2951.1
2	断裂伸长率	(%)	≥250	GB/T 2951.1
3	空气烘箱老化试验　100 ℃　168 h 老化后　抗张强度变化率 断裂伸长率变化率	—	≤±25% ≤±25%	GB/T 2951.1
4	冲击脆化温度 -25 ℃ ±2 ℃ 4 h	失效数/试样数	15/30	GB/T 5470
5	耐环境应力开裂试剂浓度10%,浸泡48 h	失效数/试样数	0/10	GB/T 2951.8
6	热收缩率 100 ℃ ±2 ℃ 4 h 循环5次	(%)	≤5	GB/T 2951.3
7	护套厚度	(mm)	≥1.0	GB/T 2951.1

(3)环保性能

导电塑料材料应符合表7—5规定的6种有毒危害物质含量标准。

表　7—5

有害物质项	单　　位	技术要求	试验类型
汞(Hg)	(mg/kg)	≤1 000	T
铅(Pb)	(mg/kg)	≤1 000	
镉(Cd)	(mg/kg)	≤100	
六价铬(Cr Ⅵ)	(mg/kg)	≤1 000	
多溴联苯	(mg/kg)	≤1 000	
多溴联苯醚	(mg/kg)	≤1 000	

(4)环保型铁路综合贯通地线电缆截面图

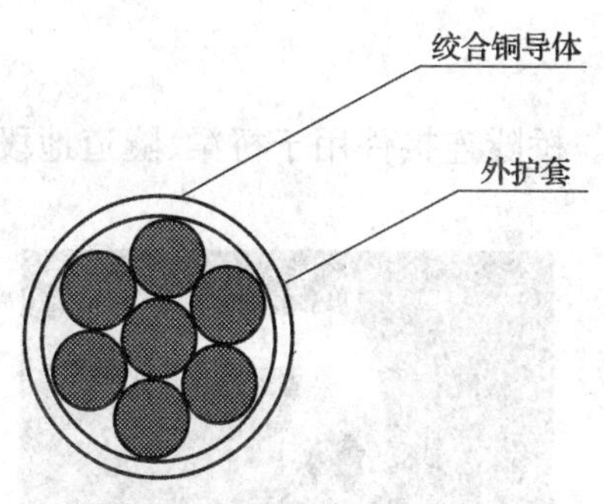

DHS　导电塑料护套铁路综合贯通地线
DTJQ　铅护套铁路综合贯通地线
规格：25 mm^2、35 mm^2、50 mm^2

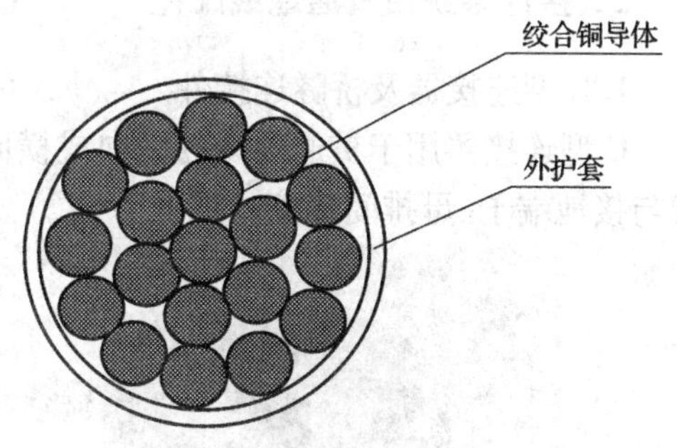

DHS　导电塑料护套铁路综合贯通地线
DTJQ　铅护套铁路综合贯通地线
规格：70 mm^2、95 mm^2

(5)电缆参考外径见表7—6。

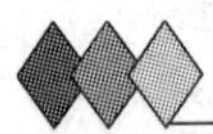

表 7—6

电缆名称	型　　号	规　　格	标称截面 (mm^2)	电缆参考外径 (mm)
导电塑料护套/铅护套铁路综合贯通地线	DHS/DTJQ	1×25	25	8.1
		1×35	35	9.3
		1×50	50	10.5
		1×70	70	13.0
		1×95	95	14.9

(6)交货长度

① 每个电缆盘上只允许绕一个交货长度的铁路综合贯通地线。每盘电缆的标准制造长度不小于1 000 m。250 m以下的短段铁路综合贯通地线交货长度不超过总交货长度的5%。长度计量误差应不超过±0.5%。

② 根据双方协议,允许以任意长度交货。

4. 标志、包装、运输、贮存

(1)标志

在电缆制造长度上每米应印有制造厂明或代号、电缆型号规格和电缆长度。

(2)包装

① 铁路综合贯通地线应整齐地卷绕在电缆盘上交货,每盘仅允许卷绕相同型号规格的贯通地线,电缆盘应符合JB/T8137.1的规定。

② 每根铁路综合贯通地线应附带产品合格证。

(3)运输、贮存

① 铁路综合贯通地线应妥善存放,防止缆芯进水或受潮,运输中应避免碰撞或机械损伤;

② 不得将盘装综合贯通地线作长距离滚动;

③ 不得将电缆盘平放或堆放,防止挤压变形和机械损伤。

二、接地系统用贯通地线配件

1. C型连接器及桥隧连接件

C型连接器用于贯通地线的纵向或横向连接。桥隧连接件用于桥梁、隧道地段贯通地线与接地端子、母排间连接。见图7—2。

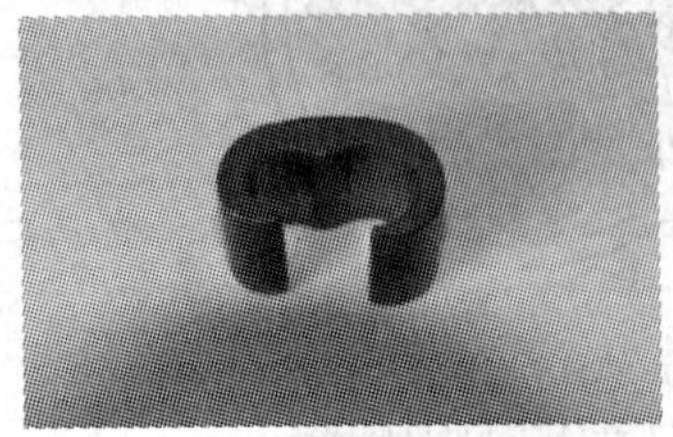

C型连接器

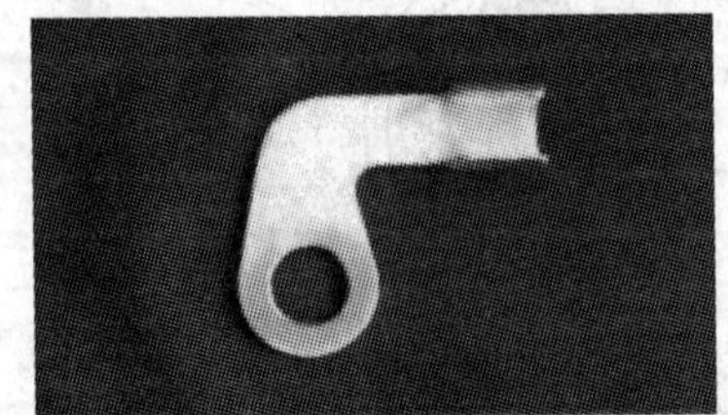

桥隧连接件

图 7—2

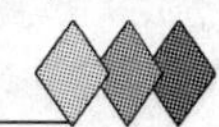

(1)型号、规格及产品表示方法

型号由以下部分组成,各部分用代号表示,如图 7—3。

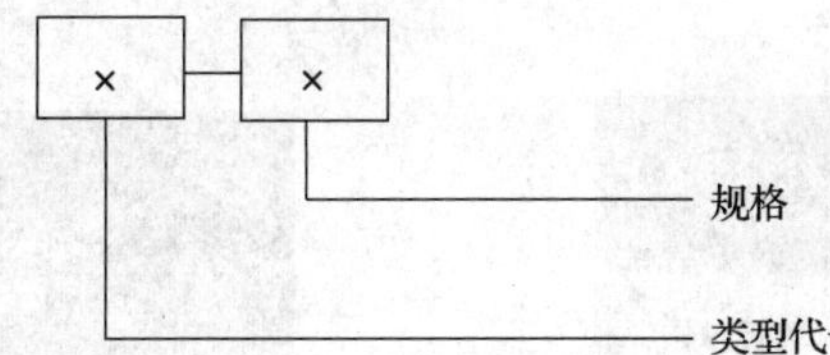

图　7—3

① 各部分代号及代号含义应符合表 7—7 规定。

表　7—7

型号组成	代　号	代号含义
类型代号	LJQC	C 型连接器
	LJQS	桥隧连接件
规　格	25、35、50、70	铜绞线的标称截面

② 产品用型号、规格表示

示例:70 mm^2 导电塑料护套铁路综合贯通地线用 C 型连接器表示为 LJQC－70。

③ 可根据用户需求生产不同型号规格连接器。

(2)技术要求与试验方法

① 材料

连接器用铜材应符合 GB/T 5121. 1—1996 的规定,铜含量不低于 99. 9% 。

② 贯通地线 C 型连接器接续处电气及接续性能

贯通地线 C 型连接器接续处电气及接续性能指标满足表 7—8 规定。

表　7—8

序号	试验项目	指　标	试验方法
1	抗拉强度注1	3. 5 kN,3 min,不松动和断股	GB/T 228—2002
2	直流电阻比率注2	≤1. 2	GB/T 9327. 2—88

注1. 接头处使用 2 个 C 型连接器压接;

2. 接头与等截面、等长度导线直流电阻比率,接头处使用 2 个 C 型连接器压接,直流电阻测试时,两电压点间距 100 mm。

(3)标识、包装

① 标识

包装箱外必须标识:产品名称、型号规格、数量(重量)、生产厂家、生产日期、供方检验合格印记等。

② 包装

连接器应用气泡塑料袋包装,然后采用纸盒(箱)批量封装。每箱产品应附带产品合格证。

2. 不锈钢接地端子、接地母排

不锈钢接地端子(以下简称接地端子)、不锈钢接地母排(以下简称接地母排)用于接地系统中环保型铁路综合贯通地线与铁路信号传输设备及沿线设施接地的连接。

梁体、墩身、无电缆上桥的墩帽，设单孔接地端子；路基、隧道、有电缆上桥的墩帽，一般设双孔接地母排，特殊情况采用多孔不锈钢板作为扩展母排，接地端子和母排螺栓孔统一规格为 M16。见图 7—4。

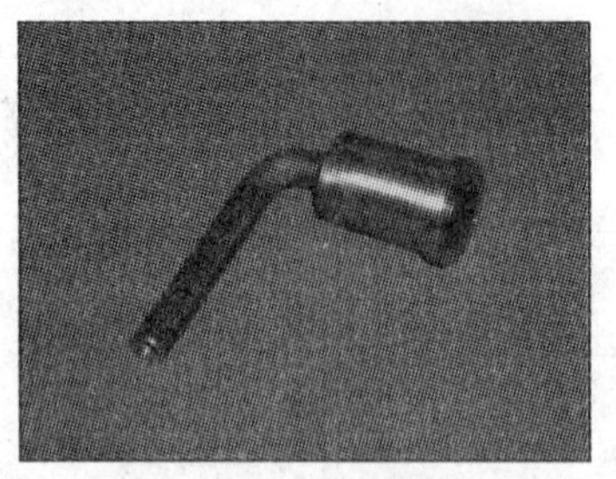

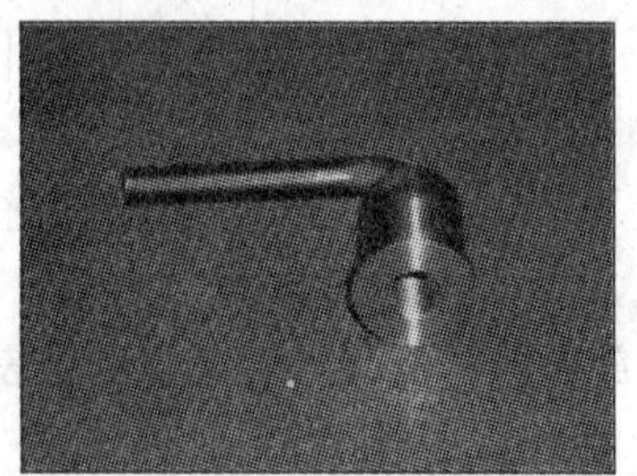

不锈钢接地端子

图 7—4 不锈钢接地母排

(1)产品型号

① 接地端子型号符合表 7—9 规定。

表 7—9

接地端子类型	型　号
直杆接地端子	DZY-1
直角杆接地端子	DZY-2

② 接地母排规格符合表 7—10 规定。

表 7—10

接地母排类型	型　号
直杆接地母排	DZP-1
直角杆接地母排	DZP-2
平面接地母排	DZP-3
带线鼻子接地母排	DZP-4

(2)材质要求

不锈钢接地端子、不锈钢接地母排的材质采用不锈钢制造，不锈钢材料的成份应满足表 7—11 的要求。

表　7—11

成分	Cr	Ni	Mo	C	典型实例
技术要求	≥16%	≥5%	≥2%	≤0.08%	GB00Cr17Ni14Mo2

(3)连接钢筋

接地端子、接地母排连接钢筋材料可以采用Q235钢筋或不锈钢钢筋制造。Q235钢筋材料成份符合GB/T 700规定，不锈钢钢筋材料成分符合GB/T 1220—92标准中的0Cr18Ni9牌号要求。连接钢筋的长度可以根据施工的实际情况确定。允许不锈钢钢筋端部制作成线鼻子，线鼻子深度不小于50 mm。

(4)焊接要求

不锈钢接地端子、不锈钢接地母排与连接部分采用先压接后焊接工艺，焊接处的焊接质量应符合表7—12的规定。

表　7—12

<table>
<tr><th colspan="3">项　目</th><th>检测标准</th><th>技术要求</th><th>试验类型</th></tr>
<tr><td rowspan="7">焊接要求</td><td>1</td><td>导电性能</td><td>—</td><td>电阻 <0.5 Ω</td><td>T</td></tr>
<tr><td>2</td><td>焊接接头拉伸试验</td><td>GB 2651</td><td>≥167 MPa</td><td>T</td></tr>
<tr><td>3</td><td>焊接耐大电流试验</td><td>—</td><td>25 kA，不小于0.1 s，焊接处未熔断</td><td>T</td></tr>
<tr><td rowspan="4">4</td><td rowspan="4">焊接表面质量</td><td rowspan="4">目　测</td><td>无残留污物</td><td rowspan="4">R</td></tr>
<tr><td>焊接表面光滑平整</td></tr>
<tr><td>焊接面高度不小于2 mm</td></tr>
<tr><td>不允许出现缩径等现象</td></tr>
</table>

T表示型式试验，型式试验的特点为一次性试验，但在产品所用材料、结构和主要工艺有了变更而可能影响产品的性能时，必须重复进行试验。

R表示例行试验，例行试验是制造厂对全部成品进行的试验。

(5)接地端子、接地母排内螺纹

不锈钢接地端子的端头加工M16内螺纹和不锈钢接地母排一侧加工的2个或三个M16内螺纹，螺纹技术要求符合表7—13的规定。

表　7—13

<table>
<tr><th colspan="3">项　目</th><th>检测标准</th><th>技术要求</th><th>检测频次</th></tr>
<tr><td rowspan="2">螺纹要求</td><td>1</td><td>采用通端螺纹塞规</td><td rowspan="2">螺纹量规符合GB 3934要求</td><td rowspan="2">内螺纹旋合通过</td><td rowspan="2">R</td></tr>
<tr><td>2</td><td>采用止端螺纹塞规</td></tr>
</table>

(6)标志、包装

① 标志

不锈钢端子和母排的外端部应采取腐蚀或激光刻标记，内容为：厂名和材料编号，并且针对不同的用户要有不同的序列编号，并做好相应的记录备案。为了区分不同加工商加工的产品，序列后面应加上加工厂商的编号等，并且要有相应备案。字的高度为不小于4 mm，

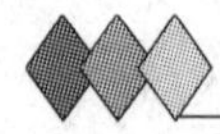

字体为宋体，字间距环绕端子外端头的圆环均布。

② 包装

每一个不锈钢接地端子和不锈钢接地母排都要有单独小包装，包装材料必须是包装纸或瓦楞纸。大包装采用纸箱，每个纸箱最多允许放置30个端子或母排。包装箱外必须印有：厂名、产品名称、规格型号、数量等。包装纸箱应能够承受20 kg的重量。包装必须密封。

3. 不锈钢连接线

不锈钢连接线用于铁路综合接地系统中桥梁和桥墩之间的连接。见图7—5。

(1)规格型号

LJXB2-200-L　200 mm^2双线鼻子L长不锈钢桥墩连接线

LJXB2-120-L　120 mm^2双线鼻子L长不锈钢桥墩连接线

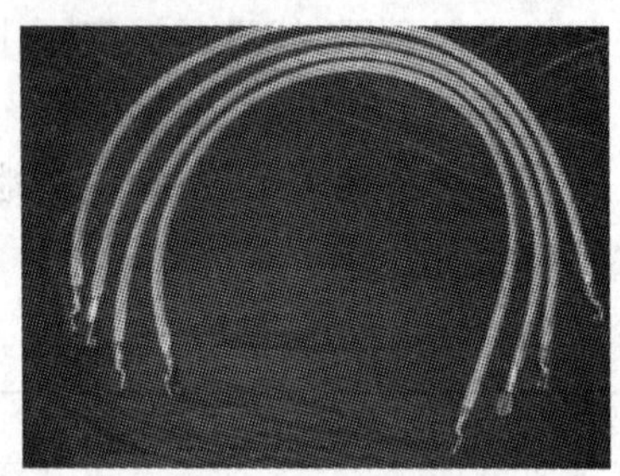
图7—5　不锈钢连接线

(2)产品代号表示方法

LJX-连接线

B -不锈钢

2 -双线鼻子

120,200-连接线标称截面，(mm^2)

L-连接线长度，(mm)

(3)材料

不锈钢桥墩连接线采用GB/T 9944中的单线直径不大于1.0 mm的不锈钢丝绞合而成，总截面积不小于200 mm^2或120 mm^2。不锈钢桥墩连接线的材料必须满足Cr≥16%、Ni≥5%、C≤0.08%的要求，GB/T1220的规定。

(4)线鼻子与钢丝绳的连接处应能承受10 kN的拉力且3 min不得松动和断股。

(5)疲劳试验按GB/T 12347—1996中4.2.2的规定进行，按70 000疲劳次数/次执行。

(6)标识

不锈钢桥墩连接线应在明显位置处采取腐蚀或激光刻标记，内容为：厂名和材料编号，并且要有相应备案。字的高度为不小于4 mm，字体为宋体，标记应印在线鼻子过渡处，压线后不应损伤字迹。

4. 贯通地线配件的运输及贮存

(1)在运输过程中应使包装箱保持密封，防止潮气损害。

(2)运输过程中应避免包装箱碰撞、挤压或机械损伤。

(3)运达施工现场后应贮存在通风、干燥的地方，应避免长时间阳光曝晒，避免酸、碱、盐等溶液沾污包装箱及连接器。应将包装箱放在平稳地段。

(4)在包装箱的装卸过程中，应注意防护，避免造成人体伤害及损伤包装箱，严禁抛、扔包装箱等野蛮装卸行为。

三、产品接续

1. 导电塑料护套铁路综合贯通地线的敷设

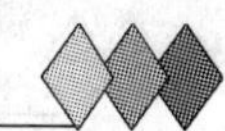

环保型铁路综合贯通地线内部接地铜缆为绞合导体,外护套为高分子导电塑料护套,电缆的接续采用专用压接工具、模具及专用连接件压接,接续安全可靠、简便易行。

环保型铁路综合贯通地线的敷设应符合《铁路信号施工规范》TB 10206 和《ZPW—2000 系列自动闭塞设备施工安装工艺和技术标准》的规定。

2. 接续工具及连接器

(1)接续工具

① 手动液压钳

手动液压钳如图 7—6 所示。液压钳应具有 12 t 的压接力。为了保证接头压接的一致性,避免不必要的人为干扰,必须具备自动脱扣机构,即压接到位后压模自动弹回。在狭窄工作环境可采用短玻璃纤维手柄。但手柄强度及长度应能满足正常压接作业要求。

图 7—6

② 压模

压模采用高强度进口钢制成,可接续截面为 16 ~ 185 mm^2 的电缆,实现电缆与电缆、电缆与钢筋的接续。

(2)连接器

① C 型连接器

C 型连接器接续如图 7—7 所示。连接器可接续截面为 25 ~ 185 mm^2 的电缆,接续处拉断力≥300 kg。

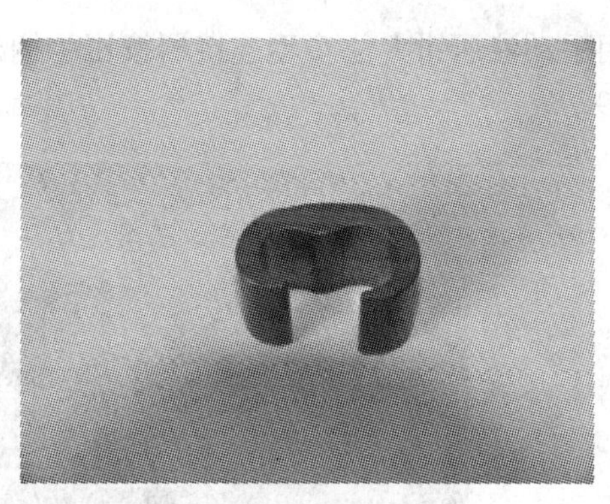

图 7—7

② 终端接线端子

终端接线端子接续如图 7—8 所示。提供截面为 25 ~ 185 mm^2 电缆与接地母排、接地端子的连接。连接螺栓规格为 M6 ~ M16。

③ 防水防腐自粘胶带

防水防腐自粘胶带应采用防水防腐性能优异的专用自粘胶带。作为接头的二次防腐材料具有操作简单、安全可靠等优点。施工过程中不需要借助任何工具,只需简单绕包就可以形成一层粘接牢固,强度很高的完整保护层,胶带自然成为一体,对接头具有非常好的防腐

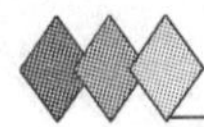

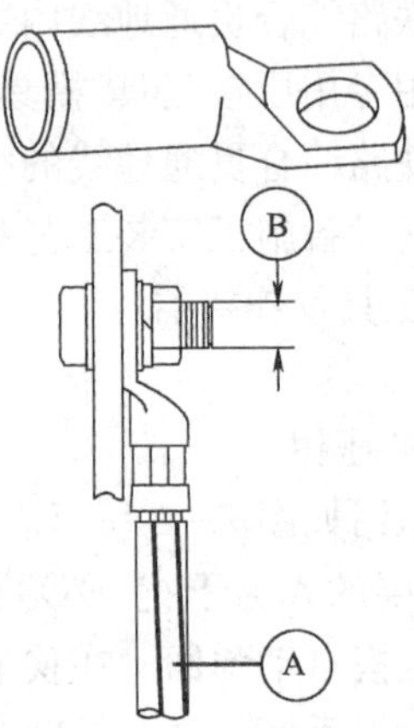

图 7—8

和防水作用。

3. 接续方法

(1)贯通地线接续

① 直型接续

a. 用电工刀环切贯通地线一周,剥掉导电塑料外护套,露出 80 cm 长度的铜缆;用相同方法剥好另一根贯通地线。剥贯通地线外护套时不可用力过大伤及内部铜缆。

b. 将待接续的两根贯通地线端头同时穿入 2 个 C 型连接器。C 型连接器端口朝下,线头端部超出 C 型连接器端部 2 mm 左右。要求每个接续点采用 2 个 C 型连接器压接,C 型连接器之间的距离为 25 ~ 30 mm。

c. 在手动液压钳上安装压接模具。用手动液压钳夹住 C 型连接器按压手柄进行压接,直至压模自动弹回即完成压接。见图 7—9。

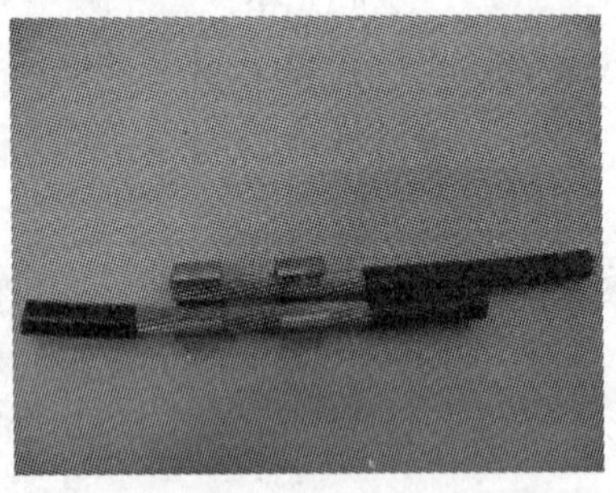
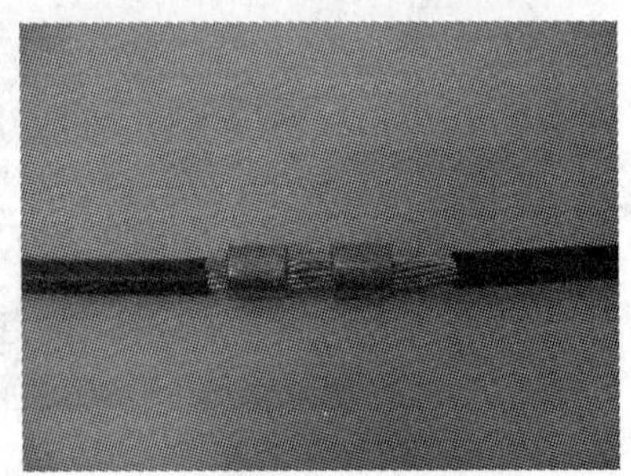

图 7—9

d. 取自粘胶带 20 cm,紧密缠绕在接续处进行防腐处理,缠绕搭接率在 30% ~40% 带宽度。要求完全覆盖住接续位置并搭接保护护套至少 3 ~ 5 cm 距离。缠绕后外观平整,手摸后无明显铜线芯的痕迹。

② 分支型接续

a. 用电工刀在主线芯贯通地线两个标记处环切一周,剥掉导电塑料外护套,露出

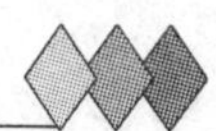

100 mm长度的铜导体。分支贯通地线端头剥掉80 mm长度护套,露出铜导体,待接续。注意剥贯通地线外护套时不可用力过大伤及内部铜缆。

b. 将待接续的两根贯通地线端头同时穿入2个C型连接器。C型连接器端口朝下,线头端部超出C型连接器端部2 mm左右。要求每个接续点采用2个C型连接器压接,C型连接器之间的距离为25～30 mm。

c. 在手动液压钳上安装压接模具。用手动液压钳夹住C型连接器按压手柄进行压接,直至压模自动弹回即完成压接。见图7—10。

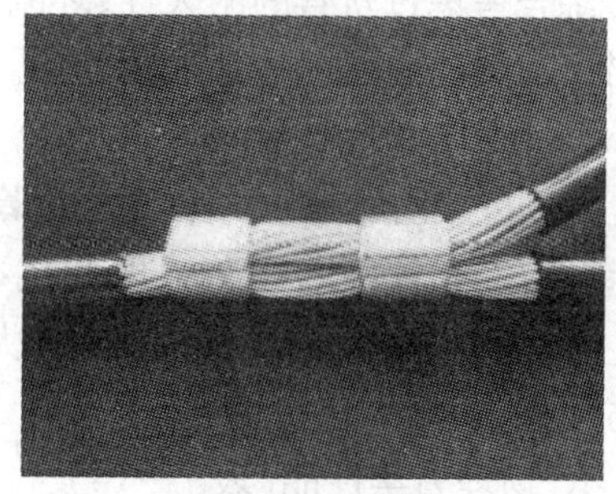

图　7—10

d. 取自粘胶带35 cm,紧密缠绕在接续处进行防腐处理,分支处自粘胶带采用"8"字型缠绕在两个分支上,缠绕长度要求完全覆盖接续位置并搭接保护护套3～5 cm,然后再把两个分支并到一起,外层再缠绕3～5 cm长度。缠绕搭接率在30%～40%带宽度。缠绕后外观平整,手摸后无明显铜线芯的痕迹。

(2)终端接线端子的压接方法

① 在引接线端头标记处用电工刀环切引接线一周,剥掉导电塑料外护套,露出内部铜缆,将剥好的铜缆穿入接线端子。

② 在端子手动液压钳上安装六边形压接模具。用手动液压钳夹住终端接线端子按压手柄进行压接。压接应从靠近线鼻子接线孔处开始,直到手柄按压不动的程度即完成压接。转动手柄压模即可自动弹回。为了保证压接牢固,应将液压钳旋转90°进行二次压接。要求每个线鼻子至少压接两道,保证压接接触面积不少于200 mm^2。见图7—11。

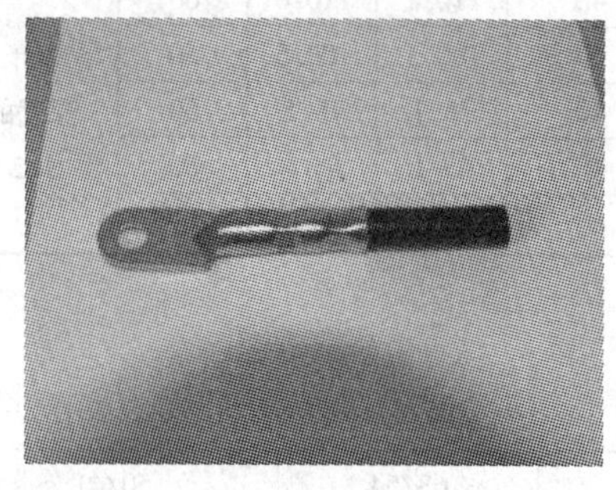

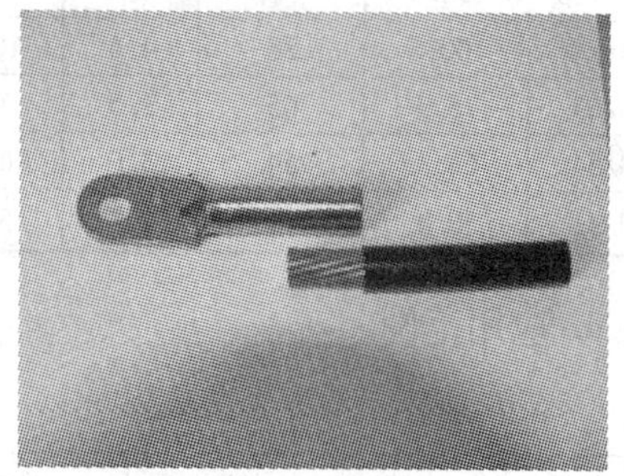

图　7—11

③ 采用上述方法对接续部位进行防腐处理。

(3)接续质量检查

① 直型接续、分支型接续、终端接线端子的压接接续处应牢固可靠,无松动现象。

② 直型接续、分支型接续、终端接线端子的压接处按上述接续方法接续后必须进行密封、防腐处理。

四、电缆过轨管

综合考虑过轨管的耐久性、环刚度、绝缘等性能,过轨管可以采用 HDPE 管、CPVC 管以及带聚乙烯防腐层的埋地式钢管等。

(一)HDPE 过轨管

高密度聚乙烯 HDPE 管:高密度聚乙烯管是由 80 级以上聚乙烯挤出而成,管材寿命长、无毒、韧性好,有较好的疲劳强度和抗冲击性能,脆化温度可达 -70 ℃。管材规格为 φ20 ~ φ65 mm,连结方式为热熔焊接。室外大口径 管采用 热熔对接,长距离管线无接口,施工安装极为方便。

1. 物理力学性能(表 7—14)

表 7—14

检测项目	技术指标
落锤冲击	9/10 不破裂
环 刚 度	≥6. 3
扁平试验	无破裂
摩擦系数	干放≤0. 363;施加膨润土≤0. 155
连接密封试验	无泄漏

2. 结构尺寸(mm)

表 7—15

标称直径	最大外径	最小内径	最小弯曲半径(m)	弹性密封圈式连接			粘接式连接			
				最小承口内径	最小承口深度	密封圈深度	承口内径 最小	承口内径 最大	最小承口深度	插入深度
110/100	110. 4	97	5	110. 5	60	40	110. 2	110. 6	60	大于承口深度的1/2
100/90	100. 3	88	4. 5	100. 4	60	40	100. 1	100. 5	60	
75/65	75. 3	65	3. 5	75. 4	60	40	75. 1	75. 5	60	
63/54	63. 3	54	3. 0	63. 3	60	40	63. 1	63. 4	60	
50/41	50. 3	41	2. 5	50. 3	60	40	50. 1	50. 4	60	

3. 应用范围

表 7—16

标称直径	110/100	100/90	75/65	63/54	50/41
应用范围	穿放标准系列以外电缆	特大号电缆少量使用;馈线管道	从馈线管道引向交接箱,专用网	配线管道	光缆管道

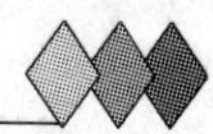

(二)埋地式高压电力电缆用氯化聚氯乙烯(PVC-C)套管

1. 应用现状

埋地式高压电力电缆用氯化聚氯乙烯(PVC-C)套管主要用于电力电缆的铺设并起导向和保护电缆作用,与传统的石棉管加水泥的形式相比,具有柔性好、耐高温、不易断裂和老化、使用寿命长、无放射污染等特点;产品在扩口承插连接处加高温橡胶圈,起到防止热胀冷缩的作用,且无需在施工现场浇混凝土及保障层;自重轻、施工简便、费用低,可大大缩短工期;维卡软化温度不小于93 ℃,电缆在管内发生过载短路所产生的温度对产品无任何影响。由于PVC-C材料的优良性能,特别是较好的刚度及耐热性能能够承受高压电力电缆在运行过程中产生的缆芯温度和泥土对管材的外压,且其价格较低,安装简便。

PVC-C具有加工难度较大的缺陷,如果没有特定的配方与工艺,是很难生产出符合标准的管材的,同时,巨大的市场又在吸引着众多的管材生产企业,一些技术力量薄弱的企业便以PVC-U管材来代替。因此PVC-C埋地式高压电力电缆用套管市场同PVC-U市场一样,产品、价格、市场比较混乱。

目前国内批量生产埋地式高压电力电缆用氯化聚氯乙烯(PVC-C)套管管道的厂家有二十家左右,这些厂家的PVC-C高压电力电缆用套管维卡软化点的目标值为93 ℃,颜色均为桔红色或桔黄色,国产树脂占70% ~80%。市场上埋地式高压电力电缆用氯化聚氯乙烯(PVC-C)套管管道的质量参差不齐,PVC-C在树脂配比中也从0 ~80%不等,市场形象并不完美,采购时要注意品牌质量的差异。

2. PVC-C电力电缆套管的特点

轻质:PVC-C的密度为1 450 ~1 650 kg/m ,重量一般为同类压力管的1/10,钢管的1/6,运输安装便捷。见图7—12。

施工方便、具有显著的经济效益:电力电缆保护导管由接头、防水密封圈、支架等部件组成。设计合理、施工方便,不需浇注混凝土保护层,支架采用组合式连接,缩短施工周期,无放射性致癌物,具有显著的经济效益和社会效益。

耐腐蚀性能优良:PVC-C耐酸、碱、盐等化学溶剂腐蚀,遇油脂也不开裂。

强度高、阻燃、抑烟、耐热、使用寿命长:电力电缆保护导管完全克服了普通PVC管耐候性差的缺点,最大的区别是PVC-C电力电缆套管的维卡软化温度是93 ℃,比PVC要高20 ℃左右。与传统的石棉加水泥形式相比,具有柔性好、耐高温、不易断裂和老化、使用寿命长、无放射性污染等特点。其强度可取代钢管并克服了钢管易腐蚀以及形成闭合磁路造成单芯电缆温度过高而损坏的现象;PVC-C管材阻燃等级是FV-0级,其本身不能燃烧,离火即熄,基本不传热,线膨胀系数为(7.5 ~8) ×10 cm/cm ℃,维卡软化温度≥93 ℃。

图7—12 PVC-C电力电缆套管

性能价格比优越:PVC-C管材价格比同类水泥压力管略低,比同类钢管低20%,综合造价可降低15%。

3. PVC-C管材的规格尺寸要求(表7—17)

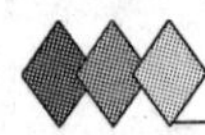

表 7—17

公称外径	平均外径		壁厚	
	基本尺寸	允许误差	基本尺寸	允许误差
110	110	−0.4 ~ +0.8	5.0	0 ~ +0.5
139	139	−0.4 ~ +0.8	6.0	0 ~ +0.5
167	167	−0.4 ~ +0.8	6.0	0 ~ +0.5
167	167	−0.5 ~ +1.0	8.0	0 ~ +0.6
192	192	−0.5 ~ +1.0	6.5	0 ~ +0.5
192	192	−0.5 ~ +1.0	8.5	0 ~ +0.6
219	219	−0.5 ~ +1.0	7.0	0 ~ +0.5
219	219	−0.5 ~ +1.0	9.5	0 ~ +0.8

4. PVC-C 管材的物理性能(表 7—18)

表 7—18

项目			指标
颜色			一般为橘红色
长度			6 米
维卡软化温度(℃)			≥93
环片热压力(kN)	公称壁厚(e_n/mm)	5.0 ~ 8.0	≥0.45
		≥8.0	≥1.26
体积电阻率(Ω·m)			$\geq 1.0\times10^{11}$
锣锤冲击(20±2 ℃)			9/10 无破裂
纵向回缩率(%)			≤5.0

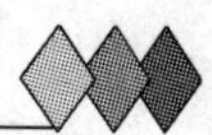

第八章　常用资料

一、常用材料的堆积密度（体积与重量换算）

表 8—1　常用材料堆积密度

材料名称	单位重量（kg/m^3）	材料名称	单位重量（kg/m^3）
水泥（袋装）	1 600	硅灰	250 ~ 300
水泥（散装）	1 450	沸石粉	700 ~ 800
生石灰块	1 100	褐煤	600 ~ 800
生石灰（粉状）	1 200	无烟煤	700 ~ 1 000
熟石灰	1 200	粉煤灰	600 ~ 1 000
熟石灰（粉状）	500	矿粉	1070
石屑	1 500	片石（页岩）	1 480
碎石	1 400 ~ 1 500	片石（花岗岩）	1 540
沥青	1 000 ~ 1 100	片石（石灰岩）	1 600
细砂（干）	1 400 ~ 1 650	卵石（干）	1 600 ~ 1 800
粗砂（干）	1 400 ~ 1 900	黏土夹卵石（干松）	1 700 ~ 1 800
细砂（湿）	1 800 ~ 2 100	砂夹卵石（干松）	1 500 ~ 1 700
砂土（干松）	1 220	砂夹卵石（干实）	1 600 ~ 1 920
砂土（干实）	1 600	砂夹卵石（湿）	1 890 ~ 1 920
砂土（湿实）	1 800	黏土（干松）	1 350
砂土（很湿，实）	2 000	黏土（干实）	1 600
普通砖（684 块/m^3）	1 800	黏土（湿实）	1 800
灰砂砖	1 800	黏土（很湿，实）	2 000
粉煤灰砖	1 400 ~ 1 600	三合土	1700
水泥空心砖（85 块/m^3）	980	瓷砖（5 556 块/m^3）	1 980
粉煤灰加气混凝土砌块	550	水泥花砖（1 042 块/m^3）	1 980

二、常用材料的密度

表 8－2　常用材料密度（kg/m³）

钢　材	7 850	聚羧酸减水剂	920～940
铸　铁	7 250	木　材	400～750
铝	2 700	竹　材	900
铁矿渣	2 760	混凝土	1 800～2 450
紫　铜	8 900	钢筋混凝土	2 400～2 500
黄　铜	8 500	粉煤灰	1 900～2 400
页　岩	2 800	矿　粉	2 870
砂　岩	2 360	石灰石	2 640
花岗岩、大理石	2800	聚乙烯	920～950

三、石油产品体积质量换算表

表 8—3　石油产品体积换算表

产品名称	公斤/升（kg/dm³）	吨/立方（t/m³）
汽　油	0.742	0.742
煤　油	0.814	0.814
轻柴油	0.831	0.831
中柴油	0.839	0.839
重柴油	0.880	0.880
燃料油	0.947	0.947

四、热轧圆钢（螺纹钢）、方钢理论重量表

表 8—4　热轧圆钢方钢理论重量表

型号	理论重量（kg/m）		型号	理论重量（kg/m）		型号	理论重量（kg/m）	
	圆　钢	方　钢		圆　钢	方　钢		圆　钢	方　钢
5.5	0.186	0.237	15	1.39	1.77	26	4.17	5.31
6	0.222	0.283	16	1.58	2.01	27	4.49	5.72
6.5	0.26	0.332	17	1.78	2.27	28	4.83	6.15
7	0.302	0.385	18	2	2.54	29	5.18	6.6
8	0.395	0.502	19	2.23	2.83	30	5.55	7.06
9	0.499	0.636	20	2.47	3.14	31	5.92	7.54
10	0.617	0.785	21	2.72	3.46	32	6.31	8.04
11	0.746	0.95	22	2.98	3.8	33	6.71	8.55
12	0.888	1.13	23	3.26	4.15	34	7.13	9.07
13	1.04	1.33	24	3.55	4.52	35	7.55	9.62
14	1.21	1.54	25	3.85	4.91	36	7.99	10.2

续上表

型号	理论重量(kg/m)		型号	理论重量(kg/m)		型号	理论重量(kg/m)	
	圆 钢	方 钢		圆 钢	方 钢		圆 钢	方 钢
38	8.9	11.3	55	18.6	23.7	70	30.2	38.5
40	9.86	12.6	56	19.3	24.6	75	34.7	44.2
42	10.9	13.8	58	20.7	26.4	80	39.5	50.2
45	12.5	15.9	60	22.2	28.3	85	44.5	56.7
48	14.2	18.1	63	24.5	31.2	90	49.9	63.6
50	15.4	19.6	65	26	33.2	95	55.6	70.8
53	17.3	22	68	28.5	36.3	100	61.7	78.5

五、常用无缝钢管理论重量表

表 8—5 常用无缝钢管重量表

管道型号(mm)		理论重量(kg/m)	管道型号(mm)		理论重量(kg/m)
外径	壁 厚		外径	壁 厚	
8	2.0	0.30	76	3.0	5.40
10	2.0	0.40		3.5	6.26
	2.5	0.46		4.0	7.10
18	2.0	0.79		4.5	7.93
	2.5	0.96	89	3.5	7.38
25	2.0	1.13		4.0	8.38
	2.5	1.39		4.5	9.38
32	2.5	1.82		5.0	10.36
	3.0	2.15	108	4.0	10.26
	3.5	2.46		4.5	11.60
38	2.5	2.19		5.0	12.70
	3.0	2.59		5.5	13.9
	3.5	2.98	133	4.0	12.73
45	2.5	2.62		4.5	14.26
	3.0	3.11		5.0	15.78
	3.5	3.58		5.5	17.29
57	3.0	4.00	159	4.5	17.14
	3.5	4.62		5.0	18.99
	4.0	5.23		5.5	20.82
	4.5	5.83		6.0	22.64
				6.5	24.44

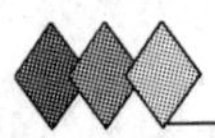

续上表

管道型号(mm)		理论重量(kg/m)	管道型号(mm)		理论重量(kg/m)
外径	壁厚		外径	壁厚	
219	6.0	31.52	273	9.0	58.59
	6.5	34.06		9.5	61.73
	7.0	36.60		10.0	64.86
	7.5	39.12	325	7.5	58.72
	8.0	41.63		8.0	62.54
	8.5	44.12		8.5	66.34
	9.0	46.61		9.0	70.13
273	6.5	42.64		9.5	73.92
	7.0	45.92		10.0	77.68
	7.5	49.10		11	85.18
	8.0	52.28		12	92.63
	8.5	55.44			

六、焊接钢管理论重量表

表 8—6　焊接钢管理论重量表

公称口径		普通钢管		加厚钢管	
(mm)	(in)	壁厚(mm)	理论重量(kg/m)	壁厚(mm)	理论重量(kg/m)
6	1/8	2	0.39	2.5	0.46
8	1/4	2.25	0.62	2.75	0.73
10	3/8	2.25	0.32	2.75	0.97
15	1/2	2.75	1.26	3.25	1.45
20	3/4	2.75	1.63	3.5	2.01
25	1	3.25	2.42	4	2.91
32	$1\frac{1}{4}$	3.25	3.13	4	3.78
40	$1\frac{1}{2}$	3.5	3.84	4.25	4.58
50	2	3.5	4.88	4.5	6.16
65	$2\frac{1}{2}$	3.75	6.64	4.5	7.88
80	3	4	8.34	4.75	9.81
100	4	4	10.85	5	13.44
125	5	4.5	15.04	5.5	18.24
150	6	4.5	17.81	5.5	21.63

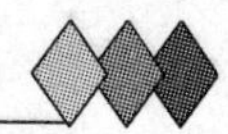

七、镀锌钢管理论重量表

表 8—7 镀锌钢管理论重量表

公称口径		壁厚(mm)	理论重量(kg/m)	公称口径		壁厚(mm)	理论重量(kg/m)
(mm)	(in)			(mm)	(in)		
15	1/2	2.75	1.34	65	$2\frac{1}{2}$	3.75	7.04
20	3/4	2.75	1.73	80	3	4	8.84
25	1	3.25	2.57	100	4	4	11.5
32	$1\frac{1}{4}$	3.25	3.32	125	5	4	15.94
40	$1\frac{1}{2}$	3.5	4.07	150	6	4.5	18.89
50	2	3.5	5.17				

八、热轧等边角钢理论重量表

表 8—8 热轧等边角钢理论重量表

型号	尺寸(mm)		理论重量	型号	尺寸(mm)		理论重量
	边宽	厚度	(kg/m)		边宽	厚度	(kg/m)
2	20	3	0.877	7.5	75	5	5.818
		4	1.145			6	6.905
2.5	25	3	1.121			7	7.976
		4	1.459			8	9.03
3	30	3	1.373			10	11.089
		4	1.786	8	80	5	6.221
4	40	3	1.852			6	7.376
		4	2.422			7	8.525
		5	2.976			8	9.658
5	50	3	2.332			10	11.874
		4	3.059	9	90	6	8.35
		5	3.77			7	9.656
		6	4.465			8	10.946
6.3	63	4	3.097			10	13.476
		5	4.822			12	15.94
		6	5.721	10	100	6	9.366
		8	7.469			7	10.83
		10	9.151			8	12.276
7	70	4	4.372			10	15.12
		5	5.397			12	17.898
		6	6.406			14	20.611
		7	7.398			16	23.257
		8	8.373				

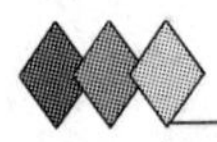

续上表

型号	尺寸(mm)		理论重量	型号	尺寸(mm)		理论重量
	边宽	厚度	(kg/m)		边宽	厚度	(kg/m)
11	110	7	11.928	16	160	10	24.729
		8	13.532			12	29.391
		10	16.69			14	33.987
		12	19.782			16	38.518
		14	22.809	18	180	12	33.159
12.5	125	8	15.504			14	38.383
		10	19.133			16	43.542
		12	22.696			18	48.634
		14	26.193	20	200	14	42.894
14	140	10	21.488			16	48.68
		12	25.522			18	54.401
		14	29.49			20	60.056
		16	33.393			24	71.168

九、热轧不等边角钢理论重量表

表8—9 热轧不等边角钢理论重量表

型　号	尺　寸(mm)			理论重量	型　号	尺　寸(mm)			理论重量
	长边宽	短边宽	厚度	(kg/m)		长边宽	短边宽	厚度	(kg/m)
2.5/1.6	25	16	3	0.912	7/4.5	70	45	4	3.57
			4	1.176				5	4.403
3.2/2	32	20	3	1.171				6	5.218
			4	1.522				7	6.011
4/2.5	40	25	3	1.484	7.5/5	75	50	5	4.808
			4	1.936				6	5.699
4.5/2.8	45	28	3	1.687				8	7.431
			4	2.203				10	9.098
5/3.2	50	32	3	1.908	8./5	80	50	5	5.005
			4	2.494				6	5.935
5.6/3.6	56	36	3	2.153				7	6.848
			4	2.818				8	7.745
			5	3.466	9/5.6	90	56	5	5.661
6.3/4	63	40	4	3.085				6	6.717
			5	3.92				7	7.756
			6	4.638				8	8.779
			7	5.339					

续上表

型号	尺寸(mm) 长边宽	短边宽	厚度	理论重量(kg/m)	型号	尺寸(mm) 长边宽	短边宽	厚度	理论重量(kg/m)
10/6.3	100	63	6	7.55	14/9	140	90	8	14.16
			7	8.722				10	17.475
			8	9.878				12	20.724
			10	12.142				14	23.908
10/8	100	80	6	8.35	16/10	160	100	10	19.872
			7	9.656				12	23.592
			8	10.946				14	27.274
			10	13.476				16	30.835
11/7	110	70	6	8.35	18/11	180	110	10	22.273
			7	9.656				12	26.464
			8	10.946				14	30.589
			10	13.476				16	34.649
12.5/8	125	80	7	11.066	20/12.5	200	125	12	29.761
			8	12.551				14	34.436
			10	15.474				16	39.045
			12	18.33				18	43.588

十、热轧槽钢理论重量表

表8—10 热轧槽钢理论重量

型号	尺寸(mm) h	b	d	t	r	r_1	截面面积(cm^2)	理论重量(kg/m)
5	50	37	4.5	7.0	7.0	3.50	6.93	5.44
6.3	63	40	4.8	7.5	7.5	3.75	8.444	6.63
8	80	43	5.0	8.0	8.0	4.0	10.24	8.04
10	100	48	5.3	8.5	8.5	4.25	12.74	10.00
12.6	126	53	5.5	9.0	9.0	4.5	15.69	12.37
14a	140	58	6.0	9.5	9.5	4.75	18.51	14.53
14b	140	60	8.0	9.5	9.5	4.75	21.31	16.73
16a	160	63	6.5	10.0	10.0	5.0	21.95	17.23
16	160	65	8.5	10.0	10.0	5.0	25.15	19.74
18a	180	68	7.0	10.5	10.5	5.25	25.69	20.17
18	180	70	9.0	10.5	10.5	5.25	29.29	22.99
20a	200	73	7.0	11.0	11.0	5.5	28.83	22.63
20	200	75	9.0	11.0	11.0	5.5	32.83	25.77

注：h—高度；b—腿宽；d—腰厚；t—平均腿厚；r—内圆弧半径；r_1—腿端圆弧半径

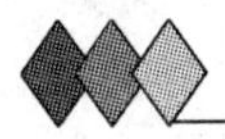

续上表

型　号	尺　　寸(mm)						截面面积 (cm^2)	理论重量 (kg/m)
	h	*b*	*d*	*t*	*r*	r_1		
22a	220	77	7.0	11.5	11.5	5.75	31.84	24.99
22	220	79	9.0	11.5	11.5	5.75	36.24	28.45
25a	250	78	7.0	12.0	12.0	6.0	34.91	27.47
25b	250	80	9.0	12.0	12.0	6.0	39.91	31.39
25c	250	82	11.0	12.0	12.0	6.0	44.91	35.32
28a	280	82	7.5	12.5	12.5	6.2	40.02	31.42
28b	280	84	9.5	12.5	12.5	6.2	45.62	35.81
28c	280	86	11.5	12.5	12.5	6.2	51.22	40.21
32a	320	88	8.0	14.0	14.0	7.0	48.7	38.22
32b	320	90	10.0	14.0	14.0	7.0	55.1	43.25
32c	320	92	12.0	14.0	14.0	7.0	61.5	48.28
36a	360	96	9.0	16.0	16.0	8.0	6.89	47.80
36b	360	98	11.0	16.0	16.0	8.0	68.09	53.45
36c	360	100	13.0	16.0	16.0	8.0	75.29	59.10
40a	400	100	10.5	18.0	18.0	9.0	75.05	58.91
40b	400	102	12.5	18.0	18.0	9.0	83.05	65.19
40c	400	104	14.5	18.0	18.0	9.0	91.05	71.47

十一、热轧轻型槽钢

表 8—11　热轧轻型槽钢

型　号	尺　　寸(mm)						截面面积 (cm^2)	理论重量 (kg/m)
	h	*b*	*d*	*t*	*r*	r_1		
5	50	32	4.4	7.0	6.0	2.5	6.16	4.84
6.5	65	36	4.4	7.2	6.0	2.5	7.51	5.90
8	80	40	4.5	7.4	6.5	2.5	8.89	7.05
10	100	46	4.5	7.6	7.0	3.0	10.90	8.59
12	120	52	4.8	7.8	7.5	3.0	13.30	10.4
14	140	58	4.9	8.1	8.0	3.0	15.60	12.3
14a	140	62	4.9	8.7	8.0	3.0	17.00	13.3
16	160	64	5.0	8.4	8.5	3.5	18.10	14.2
16a	160	68	5.0	9.0	8.5	3.5	19.50	15.3
18	180	70	5.1	8.7	9.0	3.5	20.70	16.3
18a	180	74	5.1	9.3	9.0	3.5	22.20	17.4
20	200	76	5.2	9.0	9.5	4.0	23.4	18.4

注：*h*—高度；*b*—腿宽；*d*—腰厚；*t*—平均腿厚；*r*—内圆弧半径；r_1—腿端圆弧半径

续上表

型　号	尺　寸(mm)						截面面积 (cm^2)	理论重量 (kg/m)
	h	b	d	t	r	r_1		
20a	200	80	5.2	9.7	9.5	4.0	25.2	19.8
22	220	82	5.4	9.5	10.0	4.0	26.7	21.0
22a	220	87	5.4	10.2	10.0	4.0	28.8	22.6
24	240	90	5.6	10.0	10.5	4.0	30.6	24.0
24a	240	95	5.6	10.7	10.5	4.0	32.9	25.8
27	270	95	6.0	10.5	11	4.5	35.2	27.7
30	300	100	6.5	11.0	12	5	40.5	31.8
33	330	105	7.0	11.7	13	5	46.5	36.5
36	360	110	7.5	12.6	14	6	53.4	41.9
40	400	115	8.0	13.5	15	6	61.5	48.3

十二、热轧工字钢理论重量表

表8—12　热轧工字钢理论重量表

型　号	尺　寸(mm)						截面面积 (cm^2)	理论重量 (kg/m)
	h	b	d	t	r	r_1		
10	100	68	4.5	7.6	6.5	3.3	14.3	11.1
12.6	126	74	5.0	8.4	7	3.5	18.1	14.2
14	140	80	5.5	9.1	7.5	3.8	21.5	16.9
16	160	88	6.0	9.9	8.0	4.0	26.1	20.5
18	180	94	6.5	10.7	8.5	4.3	30.6	24.1
20a	200	100	7.0	11.4	9.0	4.5	35.5	27.9
20b	200	102	9.0	11.4	9.0	4.5	39.5	31.1
22a	220	110	7.5	12.3	9.5	4.8	42.0	33.0
22b	220	112	9.5	12.3	9.5	4.8	46.4	36.4
25a	250	116	8.0	13	10	5	48.5	38.1
25b	250	118	10	13	10	5	53.5	42.0
28a	280	122	8.5	13.7	10.5	5.3	55.45	43.4
28b	280	124	10.5	13.7	10.5	5.3	61.05	47.9
32a	320	130	9.5	15	11.5	5.8	67.05	52.7
32b	320	132	11.5	15	11.5	5.8	73.45	57.7
32c	320	134	13.5	15	11.5	5.8	79.95	62.8
36a	360	136	10.0	15.8	12.0	6.0	76.3	59.9
36b	360	138	12.0	15.8	12.0	6.0	83.5	65.6
36c	360	140	14.0	15.8	12.0	6.0	90.7	71.2

注：h—高度；b—腿宽；d—腰厚；t—平均腿厚；r—内圆弧半径；r_1—腿端圆弧半径。

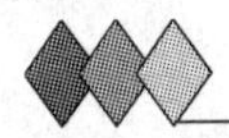

续上表

型号	尺寸(mm)						截面面积(cm^2)	理论重量(kg/m)
	h	b	d	t	r	r_1		
40a	400	142	10.5	16.5	12.5	6.3	86.1	67.6
40b	400	144	12.5	16.5	12.5	6.3	94.1	78.8
40c	400	146	14.5	16.5	12.5	6.3	102	80.1
45a	450	150	11.5	18.0	13.5	6.8	102	80.4
45b	450	152	13.5	18.0	13.5	6.8	111	87.4
45c	450	154	15.5	18.0	13.5	6.8	120	94.5
50a	500	158	12.0	20.0	14.0	7.0	119	93.6
50b	500	1.60	14.0	20.0	14.0	7.0	129	101
50c	500	162	16.0	20.0	14.0	7.0	139	109
12	120	74	5.0	8.4	7.0	3.5	17.8	14.0
24a	240	116	8.0	13.0	10.0	5.0	47.7	37.4
24b	240	118	10.0	13.0	10.0	5.0	52.6	41.2
27a	270	122	8.5	13.7	10.5	5.3	54.6	42.8
27b	270	124	10.5	13.7	10.5	5.3	60.0	47.1
30a	300	126	9.0	14.4	11.0	5.5	61.2	48.0
30b	300	128	11.0	14.4	11.0	5.5	67.2	52.7
30c	300	130	13.0	14.4	11.0	5.5	73.4	57.4
55a	550	166	12.5	21.0	14.5	7.3	134	105
55b	550	168	14.5	21.0	14.5	7.3	145	114

十三、热轧轻型工字钢

表8—13　热轧轻型工字钢

型号	尺寸						截面面积	理论重量
	h	b	d	t	r	r_1		
	(mm)						(cm^2)	(kg/m)
10	100	55	4.5	7.2	7.0	2.5	12.0	9.46
12	120	64	4.8	7.3	7.5	3.0	14.7	11.5
14	140	73	4.9	7.5	8.0	3.0	17.4	13.7
16	160	81	5.0	7.8	8.5	3.5	20.2	15
18	180	90	5.1	8.1	6.0	3.5	23.4	18.4
18a	180	100	5.1	8.3	9.0	3.5	25.4	19.9
20	200	100	5.2	8.4	9.5	4.0	26.8	21.0
20a	200	110	5.2	8.6	9.5	4.0	28.9	22.7
22	220	110	5.4	8.7	10.0	4.0	30.6	24.0

注：h—高度；b—腿宽；d—腰厚；t—平均腿厚；r—内圆弧半径；r_1—腿端圆弧半径。

续上表

型号	尺寸						截面面积	理论重量
	h	b	d	t	r	r_1		
	(mm)						(cm^2)	(kg/m)
22a	220	120	5.4	8.9	10.0	4.0	32.8	25.8
24	240	115	5.6	9.5	10.5	4.0	34.8	27.3
24a	240	125	5.6	9.8	10.5	4.0	37.5	29.4
27	270	125	6.0	9.8	11.0	4.5	40.2	31.5
27a	270	135	6.0	10.2	11.0	4.5	43.2	33.9
30	300	135	6.5	10.2	12.0	5.0	46.5	36.5
30a	300	145	6.5	10.7	12.0	5.0	49.9	39.2
33	330	140	7.0	11.2	13.0	5.0	53.8	42.2
36	360	145	7.5	12.3	14.0	6.0	61.9	48.6
40	400	155	8.0	13.0	15.0	6.0	71.4	56.1
45	450	160	8.6	14.2	16.0	7.0	83.0	65.2
50	500	170	9.5	15.2	17.0	7.0	97.8	76.8
55	550	180	10.3	16.5	18.0	7.0	114	89.8
60	600	190	11.1	17.8	20.0	8.0	132	104
65	650	200	12	19.2	22.0	9.0	153	120
70	700	210	13	20.8	24.0	10.0	176	138
70a	700	210	15	24.0	24.0	10.0	202	158

十四、热轧钢板理论重量

表8—14 热 轧

厚 度(mm)	理论重量(kg/m^2)	厚 度(mm)	理论重量(kg/m^2)	厚 度(mm)	理论重量(kg/m^2)
0.2	1.57	1	7.85	7	54.95
0.25	1.963	1.2	9.42	8	62.8
0.3	2.355	1.5	11.78	9	70.65
0.35	2.748	2	15.7	10	78.5
0.4	3.14	2.5	19.63	11	96.38
0.45	3.533	3	23.55	12	94.2
0.5	3.925	3.5	27.48	13	102.1
0.55	4.318	4	31.4	14	109.9
0.6	4.71	4.5	35.33	15	117.5
0.7	5.495	5	39.25	16	125.6
0.75	5.888	5.5	43.18	17	133.5
0.8	6.28	6	47.1	18	141.3
0.9	7.065	6.5	51.03	19	149.2

续上表

厚　度(mm)	理论重量(kg/m²)	厚　度(mm)	理论重量(kg/m²)	厚　度(mm)	理论重量(kg/m²)
20	157	46	361.1	105	824.3
21	164.9	48	376.8	110	963.5
24	188.4	50	392.5	120	942
25	196.3	52	408.2	125	981.3
26	204.1	55	431.8	130	1021
28	219.8	60	471	140	1099
30	235.5	65	510.3	150	1178
32	251.2	70	549.7	160	1256
34	266.9	75	588.8	170	1335
36	282.6	80	628	180	1413
38	298.3	85	667.3	190	1492
40	314	90	706.5	200	1570
42	329.7	95	745.8		
45	353.3	100	785		

十五、扁钢理论重量表

表 8—15　扁钢理论重量表

宽度(mm)	厚　度(mm)							
	3	4	5	6	8	9	10	12
	理论重量(kg/m)							
12	0.28							
16	0.38	0.5						
20	0.47	0.63						
25	0.59	0.79						
30	0.71	0.94						
40	0.94	1.26						
50			1.96	2.63				
60				2.83	3.77			
65				3.06	4.08			
70				3.3	4.4			
80				3.77	5.02			
90					5.65	6.36	7.07	
100				4.71	6.28		7.85	9.42
120					7.54		9.42	11.3

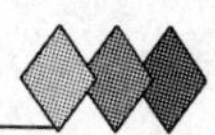

十六、花纹钢板理论重量表

表 8—16 花纹钢板理论重量表

厚度(mm)	理论重量(kg/m²)		
	菱形	扁豆形	圆豆形
2.5	21.6	21.3	21.1
3	25.6	24.4	24.3
3.5	29.5	28.4	28.3
4	33.4	32.4	32.3
4.5	37.3	36.4	36.2
5	42.3	40.5	40.2
5.5	46.2	44.3	44.1
6	50.1	48.4	48.1
7	59	52.6	52.4
8	66.8	56.4	56.2

十七、钢板网规格和重量

表 8—17 钢板网规格和重量

品种	规格(mm)						每张大约重量(kg)
	丝梗厚度 *h*	孔眼宽度 *T*	丝梗宽度 *b*	节距 *t*	网面宽度 *B*	网面长度 *L*	
小网	0.5	9	1	25	1 800	600	0.875
					2 000		0.875
	0.6	9	1	25	1 800	600	1.000
					2 000		1.125
	0.7	9	1	25	1 800	600	1.125
					2 000		1.250
	0.75	9	1	25	1 800	600	1.250
					2 000		1.375
	0.8	9	1	25	1 800	600	1.375
					2 000		1.500
	1	9	1	25	1 500	600	1.625
					1 800		1.875
					2 000		2.125

续上表

品种	规格(mm)						每张大约重量(kg)
	丝梗厚度 h	孔眼宽度 T	丝梗宽度 b	节距 t	网面宽度 B	网面长度 L	
大网	0.5	7	1.2	2.5	1 800	2 800	5.85
	1	7	1.2	25	1 800	2 800	11.70
		9	1.2	25	1 500	3 000	7.95
					1 800	3 600	11.70
		9	1.1	25	2 000	4 000	14.76
		11	1.6	40	1 800	3 600	11.70
					2 000	4 000	14.60
	1.2	7	1.2	25	1 800	2 800	14.04
		9	1.2	25	1 800	3 600	14.04
			1.1	25	2 000	4 000	17.71
		11	1.6	40	1 800	3 600	14.04
					2 000	4 000	17.71
	1.5	11	1.6	40	1 800	3 600	17.55
		17	2.3	65	2 000	4 000	22.14
	2	17	2.3	65	1 500	3 000	15.90
					1 800	3 600	23.41
					2 000	4 000	29.52
		22	3.0	75	1 500	3 000	15.90
					1 800	3 600	23.41
					2 000	4 000	29.52
		27	3.8	100	2 000	4 000	29.52
	3	36	4.6	115	2 000	4 000	44.28
		45	6.1	150			

十八、热轧钢筋新标准摘要

从2008年3月1日起执行新标准《热轧带肋钢筋》(GB 1499.2—2007),原标准(GB 1499—1998)同时废止。将新旧标准进行对比,有几个变化:

1. 新的国家标准新标准为强制性标准,而且不设过渡期,3月1日起正式实施,同时废除旧标准,而在以往一般有两年的过渡期,这次没有了。

2. 新标准在内容方面变化较大,在适用范围、牌号、尺寸要求、力学性能、表面质量、标志、检测及判定方法等方面都有了不同的要求。如新标准在分类、牌号上增加了细晶粒热轧钢筋:HRBF335、HRBF500;在订货合同上增加了"标准编号、产品名称、钢筋牌号、钢筋公称直径、长度及重量、特殊要求。"在螺纹钢长度规定上,也有新的变化。旧标准规定"允许偏

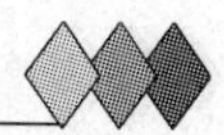

差不得大于 +50 mm”,而新标准则规定“正常交货时偏差为 ±50 mm,当要求最大长度时,其偏差为 -50 mm,当要求最小长度时,其偏差为 +50 mm。”这就意味着,现在 9 米定尺的螺纹钢,可以短 25 mm,也可以长出 25 mm,都是符合标准的。这样一来,钢厂就以节省一些材料。

3. 新标准在钢筋的标志识别上作了改变。一些业内人士认为,“对贸易商来说,最重要的要数螺纹钢的标志了。”标志就是刻在钢筋上的标记,旧标准 HRB335 用“2”表示;HRB400 用“3”表示;HRB500 用“4”表示。而新标准的标志作了变动:HRB335 用“3”表示;HRB400 用“4”表示;HRB500 用“5”表示;HRBF335 用“C3”表示;HRBF400 用“C4”表示;HRBF500 用“C5”表示。牌号带 F 的抗震钢筋在标牌和“质保书”上要明示。今后看到钢筋表面刻着“4”,就是 HRB400,也就是现在说的Ⅲ级螺纹钢,不过今后Ⅲ级螺纹钢不称了,要是叫 HRB400 钢筋。

4. 新标准对钢筋性能的一些指标进行调整。比如新标准对钢筋的抗拉强度降低了,旧标准(HRB335、HRBF335)为 490 MPa,新标准改为≥455 MPa;旧标准(HRB400、HRBF400)为 570 MPa,新标准则下降到≥540 MPa。

新标准对表面质量的规定:“只要经营钢丝刷子刷过的试样的重量、尺寸、横截面积和拉伸性能不低于本标准的要求,锈皮、表面不平整或氧化铁皮不作为拒收的理由。”这就是说,按照新标准,生锈的螺纹钢不能算作质量问题,不是算有害的表面缺陷,客户不能要求退货。这些对经营螺纹钢的贸易商来说确实相当重要,要运用新的标准保护用户和自己的合法利益。

5. 新标准与国际接轨,有利于钢筋的出口。这次新颁布的《热轧带肋钢筋》新标准(GB 1499.2—2007),是对应国际标准 ISO 6935—2:1991,同时参照国际标准 ISO/DIS 6935—2(2005),所以新标准与较大的变动。这样,新标准与国际标准基本接轨了,也就是说根据新标准生产的钢筋符合国际标准,这有利于国产钢筋直接打入国际市场。

《热轧带肋钢筋》新标准(GB 1499、2—2007)摘要:

4 分类、牌号

4.1 钢筋按屈服强度特征值分为 335、400、500 级。

4.2 钢筋牌号的构成及其含义见表 1。

表 1

类别	牌 号	牌号构成	英 文 字 母 含 义
普通热筋钢轧	HRB335	由 HRB +屈服强度特征值构成	HRB 一热轧带肋钢筋的英文(Hot rolled Ribbed Bars)缩写
	HRB400		
	HRB500		
细晶粒热轧钢筋	HRBF335	由 HRBF +屈服强度特征值构成	HRBF—在热轧带肋钢筋的英文缩写后加“细”的英文(Fine)首位字母
	HRBF400		
	HRBF500		

5 订货内容

按本部分订货的合同至少应包括下列内容:

a)本部分编号;

b）产品名称；

c）钢筋牌号；

d）钢筋公称直径、长度（或盘径）及重量（或数量、或盘重）；

e）特殊要求。

6 尺寸、外形、重t及允许偏差

6.1 公称直径范围及推荐直径

钢筋的公称直径范围为6 mm～50 mm，本标准推荐的钢筋公称直径为6 mm、8 mm、10 mm、12 mm、16 mm、20 mm、25 mm、32 mm、40 mm、50 mm。

6.2 公称横截面面积与理论重量

钢筋的公称横截面面积与理论重量列于表2。

表 2

公称直径（mm）	公称横截面面积（mm^2）	理论重量（kg/m）
6	28.27	0.222
8	50.27	0.395
10	78.54	0.617
12	113.1	0.888
14	153.9	1.21
16	201.1	1.58
18	254.5	2.00
20	314.2	2.47
22	380.1	2.98
25	490.9	3.85
28	615.8	4.83
32	804.2	6.31
36	1 018	7.99
40	1 257	9.87
50	1 964	15.42

注：表2中理论重量按密度为7.85 g/cm^3 计算。

6.3 带肋钢筋的表面形状及尺寸允许偏差

6.3.1 带肋钢筋横肋设计原则符合下列规定。

6.3.1.1 横肋与钢筋轴线的夹角β不应小于45°，当该夹角不大于70°时，钢筋相对两面上横肋的方向应相反。

6.3.1.2 横肋公称间距不得大于钢筋公称直径的0.7倍。

6.3.1.3 横肋侧面与钢筋表面的夹角α不得小于45°。

6.3.1.4 钢筋相邻两面上横肋末端之间的间隙（包括纵肋宽度）总和不应大于钢筋公称周长的20%。

6.3.1.5 当钢筋公称直径不大于12 mm时，相对肋面积不应小于0.055；公称直径为14 mm和16 mm时，相对肋面积不应小于0.060；公称直径大于16 mm时，相对肋面积不应小于0.065 。相对肋面积的计算可参考附录C 。

6.3.2 带肋钢筋通常带有纵肋，也可不带纵肋。

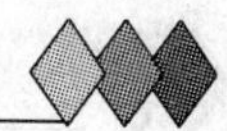

6.3.3 带有纵肋的月牙肋钢筋，尺寸及允许偏差应符合表3的规定。钢筋实际重量与理论重量的偏差符合表4规定时，钢筋内径偏差不做交货条件。

6.3.4 不带纵肋的月牙肋钢筋，其内径尺寸可按表3的规定作适当调整，但重量允许偏差仍应符合表4的规定。

表 3

（单位为mm）

公称直径 d	内径 d_1		横肋高 h		纵肋高 h_1（不大于）	横肋宽 α	纵肋宽 α	间距 1		横肋末端最大间隙（公称周长的10%弦长）
	公称尺寸	允许偏差	公称尺寸	允许偏差				公称尺寸	允许偏差	
6	5.8	±0.3	0.6	±0.3	0.8	0.4	1.0	4.0	±0.5	1.8
8	7.7	±0.4	0.8	±0.3	1.1	0.5	1.5	5.5		2.5
10	9.6		1.0	±0.4	1.3	0.6	1.5	7.0		3.1
12	11.5		1.2	+0.4 −0.5	1.6	0.7	1.5	8.0		3.7
14	13.4		1.4		1.8	0.8	1.5	9.0		4.3
16	15.4		1.5		1.9	0.9	1.8	10.0		5.0
18	17.3		1.6	±0.5	2.0	1.0	2.0	10.0		5.6
20	19.3	±0.5	1.7		2.1	1.2	2.0	10.0	±0.8	6.2
22	21.3		1.9		2.4	1.3	2.5	10.5		6.8
25	24.2		2.1	±0.6	2.6	1.5	2.5	12.5		7.7
28	27.2	±0.6	2.2		2.7	1.7	3.0	12.5	±1.0	8.6
32	31.0		2.4	+0.8 −0.7	3.0	1.9	3.0	14.0		9.9
36	35.0		2.6	+1.0 −0.8	3.2	2.1	3.5	15.0		11.1
40	38.7	±0.7	2.9	±1.1	3.5	2.2	3.5	15.0		12.4
50	48.5	±0.8	3.2	±1.2	3.8	2.5	4.0	16.0		15.5

注：1. 纵肋斜角 θ 为0°～30°；

2. 尺寸 a,b 为参考数据。

6.4 长度及允许偏差

6.4.1 长度

6.4.1.1 钢筋通常按定尺长度交货，具体交货长度应在合同中注明。

6.4.1.2 钢筋可以盘卷交货，每盘应是一次钢筋，允许每批5%的盘数（不足两盘时可有两盘）由两条钢筋组成，其盘重及盘径由供需双方协商确定。

6.4.2 长度允许偏差

钢筋按定尺交货时的长度允许偏差为±25 mm。

当要求最小长度时，其偏差为±50 mm。

当要求最大长度时，其偏差为－50 mm。

6.5 弯曲度和端部

直条钢筋的弯曲度应不影响正常使用，总弯曲度不大于钢筋总长度的0.4%。

钢筋端部应剪切正值,局部变形应不影响使用。

6.6 重量及允许偏差

6.6.1 钢筋可按理论重量交货,也可按实际重量交货。按理论重量交货时,理论重量为钢筋长度乘以表2中钢筋的每米理论重量。

6.6.2 钢筋实际重量与理论重量的允许偏差应符合表4的规定。

表 4

公称直径(mm)	实际重量与理论重量的偏差1%
6~12	±7
14~20	±5
22~50	±4

7 技术要求

7.1 牌号和化学成分

7.1.1 钢筋牌号及化学成分和碳当量(熔炼分析)应符合表5的规定,根据需要,钢中还可以加入V、Nb、Ti等元素。

表 5

牌 号	化学成分(质量分数)(%),不大于					
	C	Si	Mn	P	S	Ceq
HRB335 HRBF335	0.25	0.80	1.60	0.045	0.045	0.52
HRB400 HRBF400						0.54
HRB500 HRBF500						0.55

7.1.2 碳当量Ceq(百分比)值可按公式(1)计算:

$$Ceq = C + Mn/6 + (Cr + V + Mo)/5 + (Cu + Ni)/15 \cdots\cdots \quad (1)$$

7.1.3 钢的氮含量应不大于0.012%。供方如能保证可不作分析。钢中如有足够数量的氮结合元素,含氮量的限制可适当放宽。

7.1.4 钢筋的成品化学成分允许偏差应符合GB/T 222的规定,碳当量Ceq的允许偏差为+0.03%。

7.2 交货型式

钢筋通常按直条交货,直径不大于12 mm的钢筋也可按盘卷交货。

7.3 力学性能

7.3.1 钢筋的屈服强度Rel、抗拉强度Rm、断后伸长率A、最大力总伸长率Agt等力学性能特征值应符合表6的规定。表6所列各力学性能特征值,可作为交货检验的最小保证值。

表 6

牌 号	ReL(MPa)	Rm(MPa)	A(%)	Agt(%)
	不小于			
HRB335 HRBF335	335	455	17	7.5
HRB400 HRBF400	400	540	16	
HRB500 HRBF500	500	630	15	

7.3.2 直径28~40 mm各牌号钢筋的断后伸长率A可降低1%；直径大于40 mm各牌号钢筋的断后伸长率A可降低2%。

7.3.3 有较高要求的抗震结构用牌号为：在表1中已有牌号后加E(例如：HRB400E、HRBF400E)的钢筋。该类钢筋除应满足以下a)、b)、c)的要求外，其他要求与相对应的已有牌号钢筋相同。

a) 钢筋实测抗拉强度与实测屈服强度之比R_M^0/R_{eL}^0不大于1.25。

b) 钢筋实测屈服强度与表6规定的屈服强度特征值之比R_{EL}^0/R_{eL}不大于1.30。

c) 钢筋的最大力总伸长率Agt不小于9%。

注：R_M^0为钢筋实测抗拉强度；R_{eL}^0为钢筋实测屈服强度。

7.3.4 对于没有明显屈服强度的钢，屈服强度特征值R_{El}应采用规定非比例延伸强度Rp0.2。

7.3.5 根据供需双方协议，伸长率类型可从A或Agt中选定。如伸长率类型未经协议确定，则伸长率采用A，仲裁检验时采用Agt。

7.4 工艺性能

7.4.1 弯曲性能

按表7规定的弯芯直径弯曲180°后，钢筋受弯曲部位表面不得产生裂纹。

表7(单位为毫米)

牌 号	公称直径	弯芯直径
HRB335 HRBF335	6~25	3 *d*
	28~40	4 *d*
	>40~50	5 *d*
HRB400 HRBF400	6~25	4 *d*
	28~40	5 *d*
	>40~50	6 *d*
HRB500 HRBF500	6~25	6 *d*
	28~40	7 *d*
	>40~50	8 *d*

7.4.2 反向弯曲性能

根据需方要求，钢筋可进行反向弯曲性能试验。

7.4.2.1 反向弯曲试验的弯芯直径比弯曲试验相应增加一个钢筋公称直径。

7.4.2.2 反向弯曲试验,先正向弯曲90°后在反向弯曲20°。两个弯曲角度均应在去载之前测量。经反向弯曲试验后,钢筋受弯曲部位表面不得产生裂纹。

7.5 疲劳性能

如需方要求,经供需双方协议,可进行疲劳性能试验。疲劳试验的技术要求和试验方法由供需双方协商确定。

7.6 焊接性能

7.6.1 钢筋的焊接工艺及接头的质量检验与验收应符合相关行业标准的规定。

7.6.2 普通热轧钢筋在生产工艺、设备有重大变化及新产品生产时进行型式检验。

7.6.3 细晶粒热轧钢筋的捍接工艺应经试验确定。

7.7 晶粒度

细晶粒热轧钢筋应傚晶粒度检验,其晶粒度不粗于9级,如供方能保证可不做晶粒度检验。

7.8 表面质量

7.8.1 钢筋应无有害的表面缺陷。

7.8.2 只要经钢丝刷刷过的试样的重量、尺寸、横截面积和拉伸性能不低于本部分的要求,锈皮、表面不平整或氧化铁皮不作为拒收的理由。

7.8.3 当带有7.8.2条规定的缺陷以外的表面缺陷的试样不符合拉伸性能或弯曲性能要求时,则认为这些缺陷是有害的。

8 试验方法

8.1 检验项目

每批钢筋的检验项目,取样方法和试验方法应符合表8的规定。

表 8

序号	检验项目	取样数量	取样方法	试验方法
1	化学成分（熔炼分析）	1	GB /T 20066	GB /T 223 GB /T 4336
2	拉伸	2	任选两根钢筋切取	GB /T 228 、本部分8.2
3	弯曲	2	任选两根钢筋切取	GB /T 232 、本部分8.2
4	反向弯曲	1		YB /T 5126 、本部分8.2
5	疲劳试验	供需双方协议		
6	尺寸	逐支		本部分8.3
7	表面	逐支		目视
8	重量偏差	本部分8.4		本部分8.4
9	晶位度	2	任选两根钢筋切取	GB /T 6394

注:对化学分析和拉伸试验结果有争议时,仲裁试验分别按GB/T 223,GB/T 228进行。

8.2 拉伸、弯曲、反向弯曲试验

8.2.1 拉伸、弯曲、反向弯曲试验试样不允许进行车削加工。

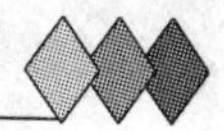

8.2.2 计算钢筋强度用截面面积采用表2所列公称横截面面积。

8.2.3 最大力总伸长率Agt的检验,除按表8规定采用GB/T 228的有关试验方法外,也可采用附录A(本书省略)的方法。

8.2.4 反向弯曲试验时,经正向弯曲后的试样,应在100 ℃ 温度下保温不少于30 min,经自然冷却后再反向弯曲。当供方能保证钢筋经人工时效后的反向弯曲性能时,正向弯曲后的试样亦可在室温下直接进行反向弯曲。

8.3 尺寸测量

8.3.1 带肋钢筋内径的测量应精确到0.1 mm。

8.3.2 带肋钢筋纵肋、横肋高度的测量采用测量同一截面两侧横肋中心高度平均值的方法,即测取钢筋最大外径,减去该处内径,所得数值的一半为该处肋高,应精确到0.1 mm。

8.3.3 带肋钢筋横肋间距采用测量平均肋距的方法进行测量。即测取钢筋一面上第1个与第11个横肋的中心距离,该数值除以10即为横肋间距,应精确到0.1 mm。

8.4 重量偏差的测量

8.4.1 测量钢筋重量偏差时,试样应从不同根钢筋上截取,数量不少于5支,每支试样长度不小于500 mm。长度应逐支测量,应精确到1 mm。测量试样总重量时,应精确到不大于总重量的1%。

8.4.2 钢筋实际重量与理论重量的偏差(%)按公式(2)计算:

$$\text{重量偏差}=\frac{\text{试样实际总重量}-\text{试样总长度}\times\text{理论重量}}{\text{试样总长度}\times\text{理论重量}\times 100} \tag{2}$$

8.5 检验结果的数值修约与判定应符合YB / T 081的规定。

9 检验规则

钢筋的检验分为特征值检验和交货检验。

9.1 特征值检验

9.1.1 特征值检验适用于下列情况

a)供方对产品质量控制的检验;

b)需方提出要求,经供需双方协议一致的检验;

c)第三方产品认证及仲裁检验。

9.1.2 特征值检验应按附录B规则进行。

9.2 交货检验

9.2.1 交货检验适用于钢筋验收批的检验。

9.2.2 组批规则

9.2.2.1 钢筋应按批进行检查和验收,每批由同一牌号、同一炉罐号、同一规格的钢筋组成。每批重量通常不大于60 t。超过60 t的部分,每增加40 t(或不足40 t的余数),增加一个拉伸试验试样和一个弯曲试验试样。

9.2.2.2 允许由同一牌号、同一冶炼方法、同一浇注方法的不同炉罐号组成混合批,但各炉罐号含碳量之差不大于0.02 %,含锰量之差不大于0.15 %。混合批的重量不大于60 t。

9.2.3 检验项目和取样数量

钢筋检验项目和取样数量应符合表8及9.2,2.1的规定。

9.2.4 检验结果

各检验项目的检验结果应符合第6章和第7章的有关规定。

9.2.5 复验与判定

钢筋的复验与判定应符合 GB/T 17505 的规定。

10 包装、标志和质量证明书

10.1 带肋钢筋的表面标志应符合下列规定。

10.1.1 带肋钢筋应在其表面轧上牌号标志,还可依次轧上经注册的厂名(或商标)和公称直径毫米数字。

10.1.2 钢筋牌号以阿拉伯数字或阿拉伯数字加英文字母表示,HRB335、HRB400、HRB500 分别以3、4、5表示,HRBF335、HRBF400、HRBF500 分别以 C3、C4、C5 表示。厂名以汉语拼音字头表示。公称直径毫米数以阿拉伯数字表示。

10.1.3 公称直径不大于10 mm 的钢筋,可不轧制标志,可采用挂标牌方法。

10.1.4 标志应清晰明了,标志的尺寸由供方按钢筋直径大小作适当规定,与标志相交的横肋可以取消。

10.2 牌号带E(例如 HRB400E、HRBF400E 等)的钢筋,应在标牌及质量证明书上明示。

10.3 除上述规定外,钢筋的包装、标志和质量证明书应符合 GB/T 2101 的有关规定。

十九、通用硅酸盐水泥新标准(GB 175—2007)摘要

本标准第7.1、7.3.1、7.3.2、7.3.3、8.4为强制性条款,其余为推荐性条款。

本标准与欧洲水泥标准 ENV 197—1:2000《通用波特兰水泥》的一致性程度为非等效。

本标准自实施之日起代替 GB 175—1999《硅酸盐水泥、普通硅酸盐水泥》、GB 1344—1999《矿渣硅酸盐水泥、火山灰质硅酸盐水泥、粉煤灰硅酸盐水泥》、GB 12958—1999《复合硅酸盐水泥》三个标准。

与 GB 175—1999、GB 1344—1999、GB 12958—1999 相比,本标准主要变化如下:

——全文强制改为条文强制(本版前言);

——增加了通用硅酸盐水泥的定义(本版第3章);

——将各品种水泥的定义取消(原版 GB 175—1999、GB 1344—1999、GB 12958—1999 第3章);

——将组分与材料合并为一章(原版 GB 175—1999、GB 1344—1999、GB 12958—1999 第4章,本版第5章);

——普通硅酸盐水泥中"掺活性混合材料时,最大掺量不超过15%,其中允许用不超过水泥质量5%的窑灰或不超过水泥质量10%的非活性混合材料来代替"改为"活性混合材料掺加量为>5%且≤20%,其中允许用不超过水泥质量8%且符合本标准第5.2.4条的非活性混合材料或不超过水泥质量5%且符合本标准第5.2.5条的窑灰代替"(原版 GB 175—1999 中第3.2条,本版第5.1条);

——将矿渣硅酸盐水泥中矿渣掺加量由"20%~70%"改为">20%且≤70%",并分为

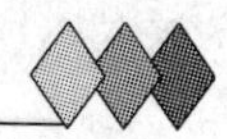

A 型和 B 型。A 型矿渣掺量 >20% 且≤50%，代号 P. S. A；B 型矿渣掺量 >50% 且≤70%，代号 P. S. B（原版 GB 1344—1999 中第 3.1 条，本版第 5.1 条）；

——将火山灰质硅酸盐水泥中火山灰质混合材料掺量由“20% ~50%”改为“>20% 且≤40%”（原版 GB 1344—1999 中第 3.2 条，本版第 5.1 条）；

——将复合硅酸盐水泥中混合材料总掺加量由“应大于 15%，但不超过 50%”改为“>20% 且≤50%”（原版 GB 12958—1999 中第 3 章，本版第 5.1 条）；

——材料中增加了粒化高炉矿渣粉（本版第 5.2.3 条和 5.2.4 条）；

——取消了复合硅酸盐水泥中允许掺加粒化精炼铬铁渣、粒化增钙液态渣、粒化碳素铬铁渣、粒化高炉钛矿渣等混合材料以及符合附录 A 新开辟的混合材料，并将附录 A 取消（原版 GB 12958—1999 中第 4.2.4.3 条和附录 A）；

——增加了 M 类混合石膏，取消了 A 类硬石膏（原版 GB 175—1999、GB 1344—1999 和 GB 12958—1999 中第 3 章，本版第 5.2.1.1 条）；

——助磨剂允许掺量由“不超过水泥质量的 1%”改为“不超过水泥质量的 0.5%”（原版 GB 175—1999、GB 1344—1999 和 GB 12958—1999 中第 4.5 条，本版第 5.2.6 条）；

——普通水泥强度等级中取消了 32.5 和 32.5R（原版 GB175—1999 中第 5 章，本版第 6 章）；

——将矿渣硅酸盐水泥、火山灰质硅酸盐水泥、粉煤灰硅酸盐水泥和复合硅酸盐水泥中“熟料中的氧化镁含量”改为“水泥中的氧化镁含量”，其中要求 P. S. A 型、P. P 型、P. F 型、P. C 型水泥中的氧化镁含量不大于 6.0%，并加注 b 说明如果水泥中氧化镁含量大于 6.0% 时，应进行水泥压蒸试验并合格；P. S. B 型无要求。（原版 GB 1344—1999 和 GB 12958—1999 中第 6.1 条，本版第 7.1 条）；

——增加了氯离子限量的要求，即水泥中氯离子含量不大于 0.06%（本版第 7.1 条）；

——将各强度等级的普通硅酸盐水泥的强度指标改为和硅酸盐水泥一致，将各强度等级复合硅酸盐水泥的强度指标改为和矿渣硅酸盐水泥、火山灰质硅酸盐水泥、粉煤灰硅酸盐水泥一致（原版 GB 12958—1999 中第 6.6 条，本版第 7.3.3 条）；

——增加了 45 μm 方孔筛筛余不大于 30% 作为选择性指标（本版第 7.3.4 条）；

——增加了选择水泥组分试验方法的原则和定期校核要求（本版第 8.1 条）；

——将“按 0.50 水灰比和胶砂流动度不小于 180 mm 来确定用水量”的规定的适用水泥品种扩大为火山灰质硅酸盐水泥、粉煤灰硅酸盐水泥、复合硅酸盐水泥和掺火山灰质混合材料的普通硅酸盐水泥（原版 GB 1344—1999 第 7.5 条，本版第 8.5 条）；

——编号与取样中增加了年生产能力“200 ×104 t 以上”的级别，即：200 ×104 t 以上，不超过 4 000 t 为一个编号；将“120 万 t 以上，不超过 1 200 t 为一个编号”改为“120 ×104 t ~200 ×104 t，不超过 2 400 t 为一个编号”（原版 GB 175—1999、GB 1344—1999、GB 12958—1999 中第 8.1 条，本版第 9.1 条）；

——将“出厂水泥应保证出厂强度等级，其余技术要求应符合本标准有关要求”改为“经确认水泥各项技术指标及包装质量符合要求时方可出厂”（原版 GB 175—1999、GB 1344—1999、GB 12958—1999 中第 8.2 条，本版第 9.2 条）；

——增加了出厂检验项目（本版第 9.3 条）；

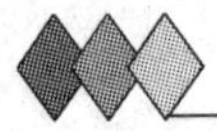

——取消了废品判定(原版 GB 175—1999、GB 1344—1999、GB 12958—1999 中第 9.3 条);

——不合格品判定中取消了细度和混合材料掺加量的规定,将判定规则改为检验结果符合本标准 7.1.7.3.1.7.3.2.7.3.3 条技术要求为合格品。检验结果不符合本标准 7.1.7.3.1.7.3.2.7.3.3 条中任何一项技术要求为不合格品。(原版 GB 175—1999、GB 1344—1999、GB 12958—1999 中第 8.3.2 条,本版第 9.4.1.9.4.2 条);

——检验报告中增加了"合同约定的其他技术要求"(原版 GB 175—1999、GB 1344—1999、GB 12958—1999 中第 8.4 条,本版第 9.5 条);

——交货与验收中增加了"安定性仲裁检验时,应在取样之日起 10 d 以内完成"(本版第 9.6.2 条);

——包装标志中将"且应不少于标志质量的 98%"改为"且应不少于标志质量的 99%"(原版 GB 175—1999、GB 1344—1999、GB 12958—1999 中第 9.1 条,本版第 10.1 条);

——包装标志中将"火山灰质硅酸盐水泥、粉煤灰硅酸盐水泥和复合硅酸盐水泥包装袋的两侧印刷采用黑色"改为"火山灰质硅酸盐水泥、粉煤灰硅酸盐水泥和复合硅酸盐水泥包装袋的两侧印刷采用黑色或蓝色"(原版 GB 1344—1999、GB 12958—1999 中第 9.2 条,本版第 10.2 条)。

GB 175—2007 主要内容如下。

1　范围

本标准规定了通用硅酸盐水泥的定义与分类、组分与材料、强度等级、技术要求、试验方法、检验规则和包装、标志、运输与贮存等。

本标准适用于通用硅酸盐水泥。

2　规范性引用文件

下列文件中的条款通过本标准的引用而成为本标准的条款。凡是注日期的引用文件,其随后所有的修改单(不包括勘误的内容)或修订版均不适用于本标准,然而,鼓励根据本标准达成协议的各方研究是否可使用这些文件的最新版本。凡是不注日期的引用文件,其最新版本适用于本标准。

GB/T 176　水泥化学分析方法(GB/T 176—1996,eqv ISO 680:1990)

GB/T 203　用于水泥中的粒化高炉矿渣

GB/T 750　水泥压蒸安定性试验方法

GB/T 1345　水泥细度检验方法(筛析法)

GB/T 1346　水泥标准稠度用水量、凝结时间、安定性检验方法(GB/T 1346—2001,eqv ISO 9597:1989)

GB/T 1596　用于水泥和混凝土中的粉煤灰

GB/T 2419　水泥胶砂流动度测定方法

GB/T 2847　用于水泥中的火山灰质混合材料

GB/T 5483　石膏和硬石膏

GB/T 8074　水泥比表面积测定方法(勃氏法)

GB 9774　水泥包装袋

GB 12573　水泥取样方法

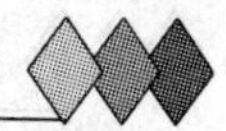

GB/T 12960 水泥组分的定量测定

GB/T 17671 水泥胶砂强度检验方法(ISO法)(GB/T17671－1999,idt ISO679:1989)

GB/T 18046 用于水泥和混凝土中的粒化高炉矿渣粉

JC/T 420 水泥原料中氯离子的化学分析方法

JC/T 667 水泥助磨剂

JC/T 742 掺入水泥中的回转窑窑灰

3 定义与分类

下列术语和定义适用于本标准。

通用硅酸盐水泥 Common Portland Cement

以硅酸盐水泥熟料和适量的石膏、及规定的混合材料制成的水硬性胶凝材料。

4 分类

本标准规定的通用硅酸盐水泥按混合材料的品种和掺量分为硅酸盐水泥、普通硅酸盐水泥、矿渣硅酸盐水泥、火山灰质硅酸盐水泥、粉煤灰硅酸盐水泥和复合硅酸盐水泥。各品种的组分和代号应符合5.1的规定。

5 组分与材料

5.1 组分

通用硅酸盐水泥的组分应符合下表的规定。

品种	代号	组分(%)				
		熟料＋石膏	粒化高炉矿渣	火山灰质混合材料	粉煤灰	石灰石
硅酸盐水泥	P·I	100	—	—	—	—
	P·Ⅱ	≥95	≤5	—	—	—
		≥95	—	—	—	≤5
普通硅酸盐水泥	P·O	≥80且<95	>5且≤20a			—
矿渣硅酸盐水泥	P·S·A	≥50且<80	>20且≤50b	—	—	—
	P·S·B	≥30且<50	>50且≤70b	—	—	—
火山灰质硅盐水泥	P·P	≥60且<80	—	>20且≤40c	—	—
粉煤灰硅酸盐水泥	P·F	≥60且<80	—	—	>20且≤40 d	—
复合硅酸盐水泥	P·C	≥50且<80	>20且≤50e			

a. 本组分材料为符合本标准5.2.3的活性混合材料,其中允许用不超过水泥质量8%且符合本标准5.2.4的非活性混合材料或不超过水泥质量5%且符合本标准5.2.5的窑灰代替。

b. 本组分材料为符合GB/T 203或GB/T 18046的活性混合材料,其中允许用不超过水泥质量8%且符合本标准第5.2.3条的活性混合材料或符合本标准第5.2.4条的非活性混合材料或符合本标准第5.2.5条的窑灰中的任一种材料代替。

c. 本组分材料为符合GB/T 2847的活性混合材料。

d. 本组分材料为符合GB/T 1596的活性混合材料。

e. 本组分材料为由两种(含)以上符合本标准第5.2.3条的活性混合材料或/和符合本标准第5.2.4条的非活性混合材料组成,其中允许用不超过水泥质量8%且符合本标准第5.2.5条的窑灰代替。掺矿渣时混合材料掺量不得与矿渣硅酸盐水泥重复。

5.2 材料

5.2.1 硅酸盐水泥熟料

由主要含 CaO、SiO_2. Al_2O_3. Fe_2O_3 的原料，按适当比例磨成细粉烧至部分熔融所得以硅酸钙为主要矿物成分的水硬性胶凝物质。其中硅酸钙矿物不小于66%，氧化钙和氧化硅质量比不小于2.0。

5.2.2 石膏

5.2.1.1 天然石膏：应符合 GB/T 5483 中规定的 G 类或 M 类二级（含）以上的石膏或混合石膏。

5.2.1.2 工业副产石膏：以硫酸钙为主要成分的工业副产物。采用前应经过试验证明对水泥性能无害。

5.2.3 活性混合材料

符合 GB/T 203、GB/T 18046、GB/T 1596、GB/T 2847 标准要求的粒化高炉矿渣、粒化高炉矿渣粉、粉煤灰、火山灰质混合材料。

5.2.4 非活性混合材料

活性指标分别低于 GB/T 203、GB/T 18046、GB/T 1596、GB/T 2847 标准要求的粒化高炉矿渣、粒化高炉矿渣粉、粉煤灰、火山灰质混合材料；石灰石和砂岩，其中石灰石中的三氧化二铝含量应不大于2.5%。

5.2.5 窑灰

符合 JC/T 742 的规定。

5.2.6 助磨剂

水泥粉磨时允许加入助磨剂，其加入量应不大于水泥质量的0.5%，助磨剂应符合 JC/T667 的规定。

5 强度等级

6.1 硅酸盐水泥的强度等级分为42.5、42.5R、52.5、52.5R、62.5、62.5R 六个等级。

6.2 普通硅酸盐水泥的强度等级分为42.5、42.5R、52.5、52.5R 四个等级。

6.3 矿渣硅酸盐水泥、火山灰质硅酸盐水泥、粉煤灰硅酸盐水泥、复合硅酸盐水泥的强度等级分为32.5、32.5R、42.5、42.5R、52.5、52.5R 六个等级。

7 技术要求

7.1 化学指标

化学指标应符合下表规定（质量分数，单位%）。

<table>
<tr><th>品　种</th><th>代号</th><th>不溶物</th><th>烧失量</th><th>三氧化硫</th><th>氧化镁</th><th>氯离子</th></tr>
<tr><td rowspan="2">硅酸盐水泥</td><td>P·I</td><td>≤0.75</td><td>≤3.0</td><td rowspan="3">≤3.5</td><td rowspan="3">≤5.0a</td><td rowspan="5">≤6.0b</td></tr>
<tr><td>P·Ⅱ</td><td>≤1.50</td><td>≤3.5</td></tr>
<tr><td>普通硅酸盐水泥</td><td>P·O</td><td>—</td><td>≤5.0</td></tr>
<tr><td rowspan="2">矿渣硅酸盐水泥</td><td>P·S·A</td><td>—</td><td>—</td><td rowspan="2">≤4.0</td><td>≤6.0b</td></tr>
<tr><td>P·S·B</td><td>—</td><td>—</td><td>-</td></tr>
</table>

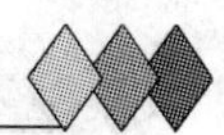

续上表

品　　种	代号	不溶物	烧失量	三氧化硫	氧化镁	氯离子
火山灰质硅酸盐水泥	P·P	—	—	≤3.5	≤6.0b	≤0.06c
火山灰质硅酸盐水泥	P·F	—	—			
复合硅酸盐水泥	P·C	—	—			
a. 如果水泥压蒸试验合格，则水泥中氧化镁的含量(质量分数)允许放宽至6.0%。 b. 如果水泥中氧化镁的含量(质量分数)大于6.0%时，需进行水泥压蒸安定性试验并合格。 c. 当有更低要求时，该指标由买卖双方协商确定						

7.2　碱含量(选择性指标)

水泥中碱含量按 $Na_2O+0.658K_2O$ 计算值表示。若使用活性骨料，用户要求提供低碱水泥时，水泥中的碱含量应不大于0.60%或由买卖双方协商确定。

7.3　物理指标

7.3.1　凝结时间

硅酸盐水泥初凝不小于45 min，终凝不大于390 min；普通硅酸盐水泥、矿渣硅酸盐水泥、火山灰质硅酸盐水泥、粉煤灰硅酸盐水泥和复合硅酸盐水泥初凝不小于45 min，终凝不大于600 min。

7.3.2　安定性

沸煮法合格。

7.3.3　强度

不同品种不同强度等级的通用硅酸盐水泥，其不同各龄期的强度应符合下表的规定。

品　　种	强度等级	抗压强度(MPa)		抗折强度(MPa)	
		3 d	28 d	3 d	28 d
硅酸盐水泥	42.5	≥17.0	≥42.5	≥3.5	≥6.5
	42.5R	≥22.0		≥4.0	
	52.5	≥23.0	≥52.5	≥4.0	≥7.0
	52.5R	≥27.0		≥5.0	
	62.5	≥28.0	≥62.5	≥5.0	≥8.0
	62.5R	≥32.0		≥5.5	
普通硅酸盐水泥	42.5	≥17.0	≥42.5	≥3.5	≥6.5
	42.5R	≥22.0		≥4.0	
	52.5	≥23.0	≥52.5	≥4.0	≥7.0
	52.5R	≥27.0		≥5.0	
矿渣硅酸盐水泥 火山灰硅酸盐水泥 粉煤灰硅酸盐水泥 复合硅酸盐水泥	32.5	≥10.0	≥32.5	≥2.5	≥5.5
	32.5R	≥15.0		≥3.5	
	42.5	≥15.0	≥42.5	≥3.5	≥6.5
	42.5R	≥19.0		≥4.0	
	52.5	≥21.0	≥52.5	≥4.0	≥7.0
	52.5R	≥23.0		≥4.5	

7.3.4　细度(选择性指标)

硅酸盐水泥和普通硅酸盐水泥以比表面积表示,不小于 300 m^2/kg;矿渣硅酸盐水泥、火山灰质硅酸盐水泥、粉煤灰硅酸盐水泥和复合硅酸盐水泥以筛余表示,80 μm 方孔筛筛余不大于 10% 或 45 μm 方孔筛筛余不大于 30% 。

8　试验方法

8.1　组分

由生产者按 GB/T 12960 或选择准确度更高的方法进行。在正常生产情况下,生产者应至少每月对水泥组分进行校核,年平均值应符合本标准第 5.1 条的规定,单次检验值应不超过本标准规定最大限量的 2% 。

为保证组分测定结果的准确性,生产者应采用适当的生产程序和适宜的方法对所选方法的可靠性进行验证,并将经验证的方法形成文件。

8.2　不溶物、烧失量、氧化镁、三氧化硫和碱含量

按 GB/T 176 进行试验。

8.3　压蒸安定性

按 GB/T 750 进行试验。

8.4　氯离子

按 JC/T 420 进行试验。

8.5　标准稠度用水量、凝结时间和安定性

按 GB/T 1346 进行试验。

8.6　强度

按 GB/T 17671 进行试验。但火山灰质硅酸盐水泥、粉煤灰硅酸盐水泥、复合硅酸盐水泥和掺火山灰质混合材料的普通硅酸盐水泥在进行胶砂强度检验时,其用水量按 0.50 水灰比和胶砂流动度不小于 180 mm 来确定。当流动度小于 180 mm 时,须以 0.01 的整倍数递增的方法将水灰比调整至胶砂流动度不小于 180 mm。

胶砂流动度试验按 GB/T 2419 进行,其中胶砂制备按 GB/T 17671 进行。

8.7　比表面积

按 GB/T8074 进行试验。

8.8　80 μm 和 45 μm 筛余

按 GB/T1345 进行试验。

9　检验规则

9.1　编号及取样

水泥出厂前按同品种、同强度等级编号和取样。袋装水泥和散装水泥应分别进行编号和取样。每一编号为一取样单位。水泥出厂编号按年生产能力规定为:

200×10^4 t 以上,不超过 4 000 t 为一编号;

120×10^4 t ~ 200×10^4 t,不超过 2 400 t 为一编号;

60×10^4 t ~ 120×10^4 t,不超过 1 000 t 为一编号;

30×10^4 t ~ 60×10^4 t,不超过 600 t 为一编号;

10×10^4 t ~ 30×10^4 t,不超过 400 t 为一编号;

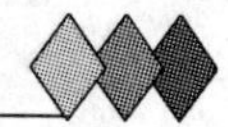

10×10^4 t 以下，不超过 200 t 为一编号。

取样方法按 GB 12573 进行。可连续取，亦可从 20 个以上不同部位取等量样品，总量至少 12 kg。当散装水泥运输工具的容量超过该厂规定出厂编号吨数时，允许该编号的数量超过取样规定吨数。

9.2 水泥出厂

经确认水泥各项技术指标及包装质量符合要求时方可出厂。

9.3 出厂检验

出厂检验项目为 7.1、7.3.1、7.3.2、7.3.3 条。

9.4 判定规则

9.4.1 检验结果符合本标准 7.1、7.3.1、7.3.2、7.3.3 条为合格品。

9.4.2 检验结果不符合本标准 7.1、7.3.1、7.3.2、7.3.3 条中的任何一项技术要求为不合格品。

9.5 检验报告

检验报告内容应包括出厂检验项目、细度、混合材料品种和掺加量、石膏和助磨剂的品种及掺加量、属旋窑或立窑生产及合同约定的其他技术要求。当用户需要时，生产者应在水泥发出之日起 7 d 内寄发除 28 d 强度以外的各项检验结果，32 d 内补报 28 d 强度的检验结果。

9.6 交货与验收

9.6.1 交货时水泥的质量验收可抽取实物试样以其检验结果为依据，也可以生产者同编号水泥的检验报告为依据。采取何种方法验收由买卖双方商定，并在合同或协议中注明。卖方有告知买方验收方法的责任。当无书面合同或协议，或未在合同、协议中注明验收方法的，卖方应在发货票上注明“以本厂同编号水泥的检验报告为验收依据”字样。

9.6.2 以抽取实物试样的检验结果为验收依据时，买卖双方应在发货前或交货地共同取样和签封。取样方法按 GB 12573 进行，取样数量为 20 kg，缩分为二等份。一份由卖方保存 40 d，一份由买方按本标准规定的项目和方法进行检验。

在 40 d 以内，买方检验认为产品质量不符合本标准要求，而卖方又有异议时，则双方应将卖方保存的另一份试样送省级或省级以上国家认可的水泥质量监督检验机构进行仲裁检验。水泥安定性仲裁检验时，应在取样之日起 10 d 以内完成。

9.6.3 以生产者同编号水泥的检验报告为验收依据时，在发货前或交货时买方在同编号水泥中取样，双方共同签封后由卖方保存 90 d，或认可卖方自行取样、签封并保存 90 d 的同编号水泥的封存样。在 90 d 内，买方对水泥质量有疑问时，则买卖双方应将共同认可的试样送省级或省级以上国家认可的水泥质量监督检验机构进行仲裁检验。

10 包装、标志、运输与贮存

10.1 包装

水泥可以散装或袋装，袋装水泥每袋净含量为 50 kg，且应不少于标志质量的 99%；随机抽取 20 袋总质量(含包装袋)应不少于 1 000 kg。其它包装形式由供需双方协商确定，但有关袋装质量要求，应符合上述规定。水泥包装袋应符合 GB 9774 的规定。

10.2 标志

水泥包装袋上应清楚标明：执行标准、水泥品种、代号、强度等级、生产者名称、生产许可证标志(QS)及编号、出厂编号、包装日期、净含量。包装袋两侧应根据水泥的品种采用不同的颜色印刷水泥名称和强度等级，硅酸盐水泥和普通硅酸盐水泥采用红色，矿渣硅酸盐水泥采用绿色；火山灰质硅酸盐水泥、粉煤灰硅酸盐水泥和复合硅酸盐水泥采用黑色或蓝色。

散装发运时应提交与袋装标志相同内容的卡片。

10.3　运输与贮存

水泥在运输与贮存时不得受潮和混入杂物，不同品种和强度等级的水泥在贮运中避免混杂。

二十、常用化工材料名称及代号

表8—18　常用化工材料名称及代号

名　称	代号	名　称	代号	名　称	代号
聚乙烯	PE	乙烯共聚物	EVA	乙酸纤维素	CA
聚丙烯	PP	聚氯乙烯	PVC	乙酸－丁酸纤维素	CAB
高密度聚乙烯	HDPE	聚苯乙烯	PS	乙酸－丙酸纤维素	CAP
低密度聚乙烯	LDPE	改性聚苯乙烯	ABS	甲酚－甲醛树脂	CF
聚脂	PES	有机玻璃	PMMA	羧甲基纤维素	CMC
聚酰胺	PA	酚醛树脂	PF	硝酸纤维素	CN
无碱玻璃纤维	GE	不饱和聚脂	UP	丙酸纤维素	CP
氯化聚乙烯	CPE	环氧树脂	EP	酪素塑料	CS
聚氨酯塑料	PU	有机硅树脂	SI	酪素甲醛树脂	CSF
聚碳酸酯	PC	玻璃纤维增强塑料	GRP	三乙酸纤维素	CTA
乙基纤维素	EC	呋喃甲醛树脂	FF	通用聚苯乙烯	GPS
高抗冲聚苯乙烯	HIPS	液晶聚合物	LCP		
线性低密度聚乙烯	LLDPE	甲基纤维素	MC	三聚氰胺－酚甲醛树脂	MPF
中密度聚乙烯	MDPE	三聚氰胺－甲醛树脂	MF	聚丙烯酸	PAA
聚芳醚酮	PAEK	聚酰胺(酰)亚胺	PAI	聚丙烯酸酯	PAK
聚丙烯腈	PAN	聚丁烯	PB	聚丙烯酸丁酯	PBAK
聚对苯二甲酸丁二酯	PBT	聚碳酸酯	PC	聚三氟氯乙烯	PCTFE
聚邻苯二甲酸二烯丙酯	PDAP	聚间苯二甲酸二烯丙酯	PDAIP	聚二环戊二烯	PDCPD
氯化聚乙烯	PE－C	聚醚醚酮	PEEK	聚醚醚酮酮	PEEKK
聚醚酯	PEES	聚醚(酰)亚胺	PEI	聚醚酮	PEK
聚醚酮醚酮酮	PEKEKK	聚醚酮酮	PEKK	聚氧化乙烯	PEOX
聚醚砜	PESU	聚对苯二甲酸乙二酯	PET	聚酯型聚氨酯	PESUR
聚醚型聚氨酯	PEUR	苯酚－甲醛树脂	PF	全氟烷氧基链烷	PFA
聚酰亚胺	PI	聚异丁烯	PIB	聚异氰脲酸酯	PIR
聚α－氯代丙烯酸甲酯	PMCA	聚甲基丙烯(酰)亚胺	PMI	聚甲基丙烯酸甲酯	PMMA
聚N－甲基甲基丙烯(酰)亚胺	PMMI	聚－4－甲基戊烯－1	PMP	聚α－甲基苯乙烯	PMS

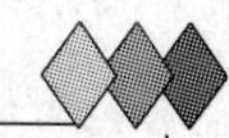

续上表

名 称	代号	名 称	代号	名 称	代号
聚(氧亚甲基);聚甲醛	POM	氯化聚丙烯	PP－C	聚苯醚;聚亚苯醚	PPO
聚苯硫醚;聚对亚苯硫醚	PPS	聚苯砜	PPSU	聚砜	PSU
聚四氟乙烯	PTFE	聚氨酯;聚氨基甲酸酯	PUR	热塑性聚氨酯	PUR-T
聚乙酸乙烯酯	PVAC	聚乙烯醇	PVAL	聚乙烯醇缩丁醛	PVB
氯化聚氯乙烯	PVC－C	聚偏氯乙烯	PVDC	聚偏二氟乙烯	PVDF
聚氟乙烯	PVF	聚乙烯醇缩甲醛	PVFM	聚乙烯基咔唑	PVK
聚乙烯基吡咯烷酮	PVP	间苯二酚－甲醛树脂	RF	(聚)硅氧烷	SI
饱和聚酯	SP	脲－甲醛树脂	UF	超高分子量聚乙烯	UHMWPE

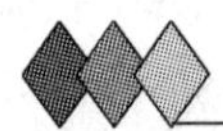

参 考 文 献

[1] 王其昌.无碴轨道钢轨扣件.成都:西南交通大学出版社,2006

[2] 赵国堂.高速铁路无碴轨道结构.北京:中国铁道出版社,2006

[3] 卢祖文.客运专线铁路轨道.北京:中国铁道出版社,2005

[4] 《客运专线铁路工程设计标准使用手册》编写组.客运专线铁路工程设计标准使用手册.北京:中国铁道出版社,2007

[5] 《客运专线铁路工程施工标准使用手册》编写组.客运专线铁路工程施工标准使用手册.北京:中国铁道出版社,2007

[6] 徐日庆、王景春等.土工合成材料应用技术.北京:化学工业出版社,2005

[7] 王钊.土工合成材料.北京,机械工业出版社,2005

[8] 宣天鹏.材料表面功能镀覆层及其应用.北京,机械工业出版社,2008

[9] 张雄.建筑功能性外加剂.北京:化学工业出版社,2004

[10] 刘飞红.蒋元海、叶蓓红,建筑外加剂.北京:中国建筑工业出版社,2006

[11] 沈春林.路桥防水材料.北京:化学工业出版社,2006

[12] 梁新焰.建筑防水工程实用材料手册.太原:山西出版社,2007

[13] 杨静.建筑材料.北京:中国水利水电出版社,2004

[14] 韩喜林.防水工程安全·操作·技术.北京:中国建材工业出版社,2007

[15] 洪向道.新编常用建筑材料手册.北京:中国建材工业出版社,2006

[16] 武必庆.张青喜,道路建筑材料.清华大学出版社、北京交通大学出版社,2006

[17] 李上红.道路建筑材料.北京:机械工业出版社,2006

[18] 田文玉.道路建筑材料.北京:人民交通出版社,2004

[19] 郭杏林.模板工程施工细节详解.北京:机械工业出版社,2007

[20] 李扬海、程潮洋、鲍卫刚、郑学珍.公路桥梁伸缩装置实用手册.北京:人民交通出版社,2007

[21] 冯浩、朱清江.混凝土外加剂工程应用手册.北京:中国建筑工业出版社,2005

[22] 建筑施工必备数据一本全编委会.建筑施工必备数据一本全.北京:地震出版社,2007

[23] 张承志等.建筑混凝土.北京:化学工业出版社,2007

[24] 杨胜、袁大伟、张福中、朱志远、吕联亚.建筑防水材料.北京:中国建筑工业出版社,2007

[25] 柳春圃、侯君伟、王庆春.建筑施工常用数据手册.北京:中国建筑工业出版社,2001